# Electromagnetismo
# (FÍSICA II)

GERARDO V. MORELLI

# Electromagnetismo

# (FÍSICA II)

Pje España 1467. Te/Fax: 5980913. (5000) Córdoba. Argentina – editorialuniversitas@yahoo.com.ar

Diseño de Tapa:            Ing. Jorge G. Sarmiento
Diseño Interior y Gráficos: Jorge Sarmiento - Vicente Dalelucce - Marcelo A. Tejerina
Producción Gráfica:        Universitas.
Tirada:                    500 Ejemplares.
Autor:                     Gerardo V. Morelli

Email: editorialuniversitas@yahoo.com.ar
WEB: www.universitascordoba.com.ar

Hecho el depósito que marca la ley 11.723.

# Prólogo

Este libro contine los temas básicos del electromagnetismo, tradicionalmente abarcados por los programas de física para ingeniería.

La exposición detallada en clase de cada tema, es imposible, dado el escaso tiempo disponible en un cuatrimestre.

Por lo tanto, el alumno deberá completar y afianzar sus conocimientos empleando tiempo extra, fuera de clase. Para esta tarea el libro puede ser útil, es más, es el objetivo que le atribuyo.

El nivel matemático empleado es el que usualmente emplean los textos de física para ingeniería. Elevar dicho nivel (como he estado tentado) quizás provocaría mayores dificultades al alumno, dado que éste, en general, aún no posee los conocimientos del análisis vectorial suficientes. Si he tratado que la notación sea "fuerte", con esto quiero significar que la notación distinga las magnitudes vectoriales de las escalares y distinga operaciones entre ellas. Aconsejo que el alumno ponga el mismo cuidado.

A pesar que el tipeado ha sido revisado varias veces, estoy seguro que se han deslizado errores... ¡ojalá no sean de conceptos! De ser así, ruego que el lector los señale.

En el texto, en lugar de "alumno" digo "lector" pues puede ser leído por otras personas que no son alumnos (como se ve, aún conservo cierto optimismo).

No he incluído las "tandas" de problemas para la ejercitación, aunque deseo en el futuro adjuntar una guía de problemas resueltos y a resolver.

*Gerardo V. Morelli*

# Indice

# 1

# Electrostática

## 1.1. Introducción

A los fines de su estudio al electromagnetismo se lo divide en las siguientes partes:

1) Electroestática

2) Corriente eléctrica constante o contínua (Electrodinámica)

3) Magnestostática

4) Inducción electromagnética

5) Corriente Alterna

Se introduce la noción de carga eléctrica, se las considera en reposo y en el vacío, analizando las fuerzas entre ellas con la Ley de Coulomb y se introduce la noción de campo electrostático o "coulombiano" y el potencial eléctrico. Se incluye además el estudio de los materiales aislantes y los capacitores.

Se introduce la noción de corrientes eléctricas, ley de Ohm y circuitos de corriente contínua (sin considerar los efectos magnéticos).

Se introduce el concepto de campo magnético como producido por el movimiento de cargas eléctricas y corrientes en hilos conductores (suponiendo todo constante en el tiempo). También incluimos algo sobre las propiedades magnéticas de la materia. Se analizan las fuerzas magnéticas entre conductores.

Se logra una mayor generalización teniendo en cuenta el efecto de las variaciones en el tiempo del flujo magnético (Ley de Faraday-Lenz) y por último la máxima generalización clásica con las cuatro ecuaciones de Maxwell.

El tema "corriente alterna" no siempre es tratado en los cursos de física (se suele dejar para electrotecnia). Aquí adjuntamos un resumen sobre corriente alterna.

## 1.2. Noción de cargas eléctricas. Ley de conservación de las cargas eléctricas.

Hoy sabemos de la existencia de "partículas" como electrones, protones, neutrones y átomos que le faltan o sobran electrones (iones). Hay muchas más partículas que no trataremos ya que nos basta con el uso de electrones y protones.

Para poder explicar las fuerzas de interacción que se ejercen ciertas partículas se introdujo (tras un largo proceso histórico) la noción de carga eléctrica; más aún, como las fuerzas pueden ser de atracción o repulsión se introdujo dos tipos de cargas eléctricas, positivas y negativas, siendo válida la siguiente ley

cargas de igual tipo se repelen (+ con + ó – con – )

cargas de distinto tipo se atraen (+ con – )

Esto no tiene nada que ver con la Ley de los signos que usamos en matemática, más bien es una cuestión física experimental. No ocurre así con la gravedad, pues no se conocen, hasta ahora, fuerzas gravitatorias de repulsión, hay un sólo tipo de carga o masa gravitatoria, digamos que siempre son de signo positivo.

Convencionalmente se considera que los electrones son *negativos* y los protones *positivos* (podría ser al revés). Un átomo que ha perdido electrones (al menos uno) es un ión positivo, en cambio un átomo que ha "capturado" electrones es un ión negativo. Finalmente, a nivel "macroscópico" podemos decir lo mismo de los cuerpos construídos por gran cantidad de átomos.

Un cuerpo se carga positivamente si pierde electrones y negativamente si adquiere electrones.

Es interesante señalar que con dos tipos de cargas (+ y – ) es suficiente, pues nunca se observó que tres partículas A, B y C se atraigan todas entre sí. En la figura 1 se muestra un "triángulo" de cargas, con signos arbitrarios. El par A-B se atrae, B-C también pero A y C se repelen.

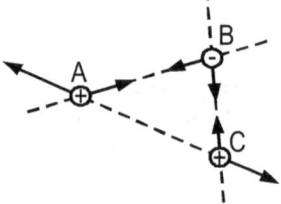

Figura 1

En cambio, ciertas partículas "subatómicas" los llamados *quarks*, pueden formar un "triángulo de carga totalmente atractivo", los *quarks* tienen cierto tipo de cargas "de color" (no son eléctricas), azul, verde y rojo (no teniendo ninguna relación con lo que entendemos comunmente por color).

## 1.3. La carga eléctrica como magnitud (q)

Es claro que distintas partículas, iones o cuerpos cargados pueden tener mayor o menor cantidad de carga elétrica (esta cantidad podrá ser simbolizada aquí con q, Q y para el electrón con e).

La menor cantidad de carga (libre) que se conoce es la del electrón. Si en la antigüedad hubiesen conocido esto, quizás hubiesen adoptado como unidad de carga la del electrón $\left(|e|=1\right)$. Así se hace hoy en física de partículas atómicas. En cambio se definió la unidad de carga en base a la ley de fuerzas de Coulomb (que luego veremos).

Actualmente, al utilizar el sistema internacional de unidades (S.I.), la unidad de carga es el **Coulombio** que simbolizaremos con la letra [C] o [Coul] para evitar confusiones. La carga del electrón, con su signo es $e \cong -1.6 \times 10^{-19} C$. La del protón es exactamente del mismo valor absoluto, de modo que un átomo en estado "normal" (no ionizado) es globalmente neutro, es decir la suma de las cargas de los electrones y protones es cero. Luego veremos que el coulombio es una unidad "muy grande" para la mayoría de los casos electrostáticos (salvo como "carga circulante" a través de un conductor).

El ampere [A], unidad básica de corriente, en el S.I, se define como

$$A \triangleq \frac{Coul}{seg}$$

## 1.4. Ley de conservación de las cargas eléctricas.

*"En el universo las cargas eléctricas no se destruyen ni se construyen, existen en número constante, tanto + como –".*

Quizás el universo sea globalmente neutro, es decir, que el número de cargas + sea igual al de – y de iguales valores absolutos.

Existen en "alta energía" un proceso que produce "pares de cargas eléctricas de signos opuestos e igual valor absoluto" de modo que en total, la carga creada es cero, es la producción de un par electrón-positrón (partícula-antipartícula) a partir de un fotón (neutro) de alta energía (rayos gamma), en símbolos

$$\gamma^{(0)} \rightarrow e^{(-1)} + e^{(+1)}$$

donde los superíndices indican las unidades de carga, en unidades atómicas $\left( |e| = 1 \right)$, de cada corpúsculo. Note el lector que en el primer miembro es cero al igual que el total del segundo miembro.

Cuándo se ionizan átomos o se cargan cuerpos sólo hay intercambio de cargas entre ellos, sin aniquilación ni creación neta. Por ejemplo partiendo de un conjunto constituído por un trozo de vidrio (botella en la fig. 2) y un trapo de lana, inicialmente cada uno neutro, al frotarlos entre sí la lana captura electrones del vidrio ("4" en la fig. 2) de modo que éste queda con carga positiva de valor "q" (son las cargas de los protones "al descubierto") y la lana queda con carga negativa, de valor –q (son del exceso de electrones), pero el conjunto globalmente sigue siendo neutro. A esto se refiere la ley de conservación de la carga eléctrica.

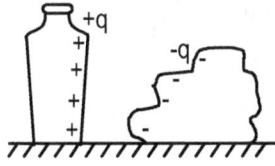

Figura 2

*Comentario*

El lenguaje "coloquial" no siempre es correcto para estos temas, se escucha decir "generador de electricidad"... pero los generadores, como las baterías, dínamos, etc. no generan electricidad, sino que sólo son capaces de "movilizar" las cargas eléctricas ya existentes.

## 1.5. Ley de fuerzas para cargas en reposo. Ley de Coulomb.

> **Nota**
>
> *Usaremos "$\triangleq$" por **igual por definición**, "$\overline{\vee}$" **igual por experiencia** y " = " **igual por deducción**. El símbolo " ~ " indica "**valor aproximado**", no del todo exacto.*

Cuando los cuerpos cargados o las partículas se pueden considerar puntuales (las dimensiones propias son muy pequeñas comparadas con las distancias entre ellos), y están en un ambiente vacío (sin materia, es decir sin gas, líquido o sólido, solo están las partículas cargadas), estando además en reposo con respecto a una cierta referencia (por ejemplo la habitación), la ley de fuerzas de Coulomb es muy simple y análoga a la de Newton de la gravedad.

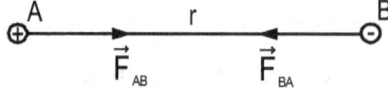

Figura 3

En la fig. 3 se tienen dos puntos A y B cargados con cargas $q_A$, $q_B$, no necesariamente iguales, a una distancia r. Se ha supuesto que los signos son distintos de modo que se atraen.

$\vec{F}_{AB}$ es la fuerza eléctrica que B le hace a A, aplicada en A,

$\vec{F}_{BA}$ es la fuerza eléctrica que A le hace a B, aplicada en B (es un par acción-reacción), tal que $\vec{F}_{AB} \overline{\vee} -\vec{F}_{BA}$.

Están, como vectores, en la recta que une los puntos A y B. Los módulos de estas fuerzas son iguales y están dados por

$$\left\| \vec{F}_{AB} \right\| \overline{\vee} \left\| -\vec{F}_{BA} \right\| \overline{\vee} k_0 \frac{|q_A \cdot q_B|}{r^2}$$

donde $k_0$ es la constante universal del vacío, que "acomoda" las unidades y los valores. Experimentalmente su valor, en el S.I. es aproximadamente

$$k_0 \cong 9 \times 10^9 \frac{N \cdot m^2}{Coul^2}$$

Por convención se ha definido una constante universal $\varepsilon_0$ que es la ***constante eléctrica del vacío***, cuya relación con $k_0$ es

$$\varepsilon_0 \triangleq \frac{1}{4 \cdot \pi \cdot k_0} \cong 8,85 \times 10^{-12} \left[ \frac{Coul^2}{N \cdot m^2} \right]$$

es ésta la constante que figura en las tablas. Con esta constante la ley de Coulomb se escribe así

$$F \stackrel{-}{\vee} \frac{|q_A \cdot q_B|}{4 \cdot \pi \cdot \varepsilon_0 \cdot r^2}$$

*¿Qué implica este valor de la constante?*

Que el coulombio es una unidad muy grande, al menos para nuestra escala humana, en efecto, sean A y B puntos con cargas de 1 Coulombio cada uno, a una distancia r = 1m, entonces la fuerza entre A y B es

$$F \cong 9 \times 10^9 \, \frac{N \cdot m^2}{C^2} \times \frac{1C \times 1C}{1^2 m^2} \cong 9 \times 10^9 \, [N]$$

$F \cong 9.000.000.000 \, [N]$ ¡Aproximadamente 900.000 Toneladas de fuerza!

**Proporciones "normales" de carga de un cuerpo**: sea que deseamos cargar cierto cuerpo, por ejemplo 1 mol de plata (107gr) con una carga positiva $q = 1\mu C = 10^{-6}C$ ¿Qué cantidad de electrones hay que extraerle?

$$n° \text{ de electrones } N = \frac{10^{-6}}{1,6 \times 10^{-19}} = 0,625 \times 10^{13}$$

$$N = 6.250.000.000.000$$

*¿Qué proporción es ésta en relación a la cantidad total de electrones que posee 107 gr de plata?*

Sabemos que en 1 mol hay aproximadamente $6 \times 10^{23}$ átomos de plata, cada átomo posee 47 electrones, de modo que hay $2,82 \times 10^{25}$ electrones, así, la fracción extraída es pequeña

$$\frac{0,625 \times 10^{13}}{2,82 \times 10^{25}} \cong 2 \times 10^{-13}$$

Si se pudiesen extraer todos los electrones del mol de plata (¡no se puede!) ¿Qué carga tendría?

$$q = 2,82 \times 10^{25} \times 1,6 \times 10^{-19} \cong 4,51 \times 10^6 \, [C]$$

$$q = 4.510.000 \, C$$

## 1.6. Principio de superposición de las fuerzas

Al igual que en muchos casos de mecánica, las fuerzas de Coulomb se superponen vectorialmente, esto permite una fácil aplicación de la ley para tres o más cargas. Por ejemplo ¿qué fuerzas se hacen las tres cargas A, B, C entre sí? (ver fig.4).

$$\left\| \vec{F}_{AB} \right\| = \left\| \vec{F}_{BA} \right\| = k_0 \frac{|q_A \cdot q_B|}{r_{AB}^2}$$

$$\left\|\vec{F}_{BC}\right\| = \left\|\vec{F}_{CB}\right\| = k_0 \frac{\left|q_B \cdot q_C\right|}{r_{BC}^2}$$

$$\left\|\vec{F}_{AC}\right\| = \left\|\vec{F}_{CA}\right\| = k_0 \frac{\left|q_A \cdot q_C\right|}{r_{CA}^2}$$

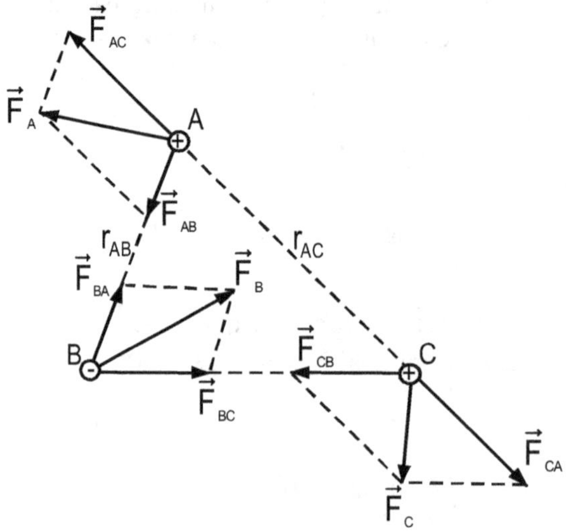

Figura 4

Luego hay que sumar vectorialmente (regla del paralelogramo ) como se ve en la fig. 4

$$\vec{F}_A = \vec{F}_{AC} + \vec{F}_{AB}$$

$$\vec{F}_B = \vec{F}_{BA} + \vec{F}_{BC}$$

$$\vec{F}_C = \vec{F}_{CB} + \vec{F}_{CA}$$

Es evidente que la suma de todas ellas es cero

$$\vec{F}_A + \vec{F}_B + \vec{F}_C = 0$$

de modo que, como todas las fuerzas interiores, su resultante es nula y no pueden acelerar el centro de masa del sistema.

## 1.7. Comparación de las fuerzas de Coulomb con las de gravitación de Newton

Es interesante comparar las fuerzas de atracción gravitacional con la eléctrica entre dos electrones:

$$F_{elect} = k_0 \frac{e^2}{r^2} \quad , \quad F_{grav} = G \frac{m_e^2}{r^2}$$

dividiendo m.a.m.

$$\frac{F_{elect}}{F_{grav}} = \frac{k_0 \; e^2}{G \; m_e^2}$$

recordando que

$$k_0 \cong 9 \times 10^9 \ \frac{N \ m^2}{C^2}$$

$$G \cong 6,67 \times 10^{-11} \ \frac{N \ m^2}{kg^2}$$

$$e \cong 1,6 \times 10^{-19} \ C$$

$$m_e \cong 9,11 \times 10^{-31} \ kg$$

luego

$$\frac{F_{elect}}{F_{grav}} \cong \frac{9 \times 10^9 \times (1,6)^2 \times 10^{-38}}{6,67 \times 10^{-11} \times (9,11)^2 \times 10^{-62}} \cong 4 \times 10^{42}$$

es decir, la fuerza eléctrica entre dos electrones es aproximadamente un 4 seguido de 42 ceros veces más grande que la atracción de la gravedad, por esta razón es que la gravedad no tiene importancia en la explicación de la estructura del átomo.

## 1.8. Ley de Coulomb en forma vectorial

Podemos "vectorizar" la expresión matemática de la ley de Coulomb, de modo que de la fuerza como vector y no solamente su módulo, para ello elegimos un origen "0" cualquiera y definimos los vectores posición de cada carga (ver fig.5) donde

$$\vec{r}_A \text{ es el vector de } q_A$$

$$\vec{r}_B \text{ lo es de } q_B$$

Sea que deseamos expresar la fuerza $\vec{F}_{BA}$ que A realiza sobre B, utilizando el vector posición relativo de B respecto de A: $\vec{r}_B - \vec{r}_A$, la distancia entre A y B es el módulo de este vector

$$r_{AB} = \left\| \vec{r}_B - \vec{r}_A \right\|$$

así el módulo de la fuerza es

$$\left\| \vec{F}_{BA} \right\| = k_0 \frac{|q_A \ q_B|}{\left\| \vec{r}_B - \vec{r}_A \right\|^2}$$

definiendo ahora al versor en la dirección de $\left( \vec{r}_B - \vec{r}_A \right)$

$$\frac{\left( \vec{r}_B - \vec{r}_A \right)}{\left\| \vec{r}_B - \vec{r}_A \right\|}$$

resulta

$$\vec{F}_{BA} = k_0 \frac{q_A \ q_B \left( \vec{r}_B - \vec{r}_A \right)}{\left\| \vec{r}_B - \vec{r}_A \right\|^3}$$

donde las cargas "entran" con su propio signo. En la fig.5 se han supuesto que ambas cargas son de igual signo.

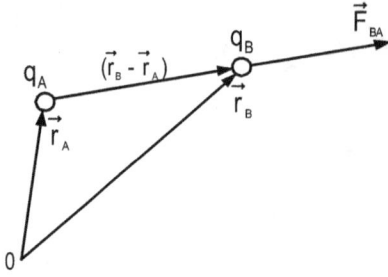

Figura 5

---

**Nota**

*No estudiaremos aquí la ley de Coulomb adaptada a cuerpos "grandes" cargados, sólo diremos que en el caso en que los cuerpos cargados son extensos hay que aplicar el cálculo diferencial e integral. Esto preferimos hacerlo para el caso del cálculo del campo eléctrico.*

---

## 1.9. Noción de campo eléctrico

Nuestra forma de pensar, o mejor dicho, nuestra intuición, no concibe que una carga "aquí" pueda hacer fuerza sobre otra "allá", sin que entre ellas no exista "algo". Suponemos por ello que entre las cargas existe algo que denominaremos "campo".

*¿Sale y/o entra algo en los cuerpos cargados en reposo?*

Según la física cuántica actual las cargas hacen fuerzas entre sí gracias al intercambio de "fotones virtuales". Se denominan "virtuales" pues no han podido ser detectados. En cambio las cargas eléctricas aceleradas intercambian fotones "reales", constituyendo las ondas electromagnéticas (rayos gamma, X, luz, ... ).

Aquí no seguiremos esta línea de estudio, que más bien corresponde a un curso de física cuántica.

## 1.10. Definición del vector campo eléctrico $\vec{E}$

Hasta *nuevo aviso* supondremos que el espacio en estudio está vacío de materia, es decir, no se tienen sustancias sólidas, ni líquidas, ni gaseosas. Se tiene la sola presencia de las cargas que producen el campo.

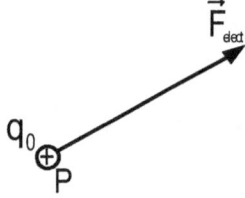

Figura 6

Para comprobar la existencia "local" del campo eléctrico en un punto P (fig.6) utilizaremos una partícula "testigo", cargada con cierto valor positivo "$q_0$" (positiva por convención). **Se coloca la carga testigo en el punto P y si sobre ella aparecen fuerzas es posible que en ese punto se tenga campo elétrico.** Para asegurarnos que sea así es necesario comprobar que las fuerzas actuantes sobre el testigo sean de origen eléctrico y no de otro origen (como la fuerza de gravedad, contacto con otros cuerpos, etc, ...)

*¿Cómo hacer esta comprobación?*

Es fácil: si descargamos al testigo (hacemos $q_0 = 0$) y por ello desaparecen ciertas fuerzas, entonces estas eran de origen eléctrico, las que subsisten son de otro origen (por ejemplo debido a la gravedad, independiente de la carga $q_0$ del testigo).

Supongamos confirmado el origen eléctrico de la fuerza resultante, entonces definiremos al vector campo eléctrico $\vec{E}$, aplicado en P, como

$$\vec{E} \triangleq \frac{\vec{F}_{elect}}{q_0}$$

Aún tenemos un posible problema: que el valor $q_0$ sea muy grande, de modo que el propio campo del testigo altere las "fuentes" que producen el campo que deseamos medir. Para minimizar la alteración habría que tomar el valor $q_0$ más pequeño posible y este es el del electrón (o mejor, el del protón, por ser positivo).

*¿Cómo saber si el valor de la carga testigo está alterando el campo a medir?*

Tomando varios valores testigos $q_0'$, $q_0''$, $q_0'''$ ... cada vez más pequeños y hacer los cocientes con las respectivas fuerzas

$$\frac{\vec{F'}}{q_0'} , \frac{\vec{F''}}{q_0''} , \frac{\vec{F'''}}{q_0'''} , ...$$

si estos cocientes son distintos es porque hay modificación y habrá que seguir probando con valores $q_0$ cada vez más pequeños hasta lograr posiblemente la estabilización de los cocientes, si es así habremos llegado al valor correcto del campo $\vec{E}$. Todo esto se puede expresar así

$$\vec{E} \triangleq \lim_{q_0 \to 0} \frac{\vec{F}_{elect}}{q_0}$$

Pero hay que señalar que físicamente no es posible tener una carga testigo $q_0$ "tan pequeña" como se exige en la definición del límite en matemáticas, pues la menor carga es la del "electrón".

Para poder proseguir, supondremos superado este posible inconveniente (veremos que hay casos en que no se produce ningún inconveniente con el valor de $q_0$).

## 1.11. Unidad de $\vec{E}$ en el S.I

$$\left[\vec{E}\right] = \frac{\left[\vec{F}\right]}{[q]} = \frac{\text{Newton}}{\text{Coul}} = \frac{N}{C}$$   **(no tiene un nombre especial)**

*¿Cómo es el vector $\vec{E}$ ?*

Por ser $q_0$ un número real positivo que divide al vector fuerza $\vec{F}$, $\vec{E}$ tiene la misma dirección y sentido que la fuerza (fig.7). Si retiramos la carga testigo, desaparece la fuerza, pero creemos que el campo $\vec{E}$ sigue existiendo, (fig.8) ¡Es una creencia que físicos e ingenieros tenemos muy arraigada! Suponer que también desaparece el campo es "destruir" la teoría de campo.

Figura 7                    Figura 8

Hasta ahora no nos hemos preocupado por las fuentes del campo: en esencia las fuentes del campo son las cargas eléctricas, pero las propiedades del campo son diferentes si proviene de cargas en reposo o proviene de cargas en movimiento acelerado.

Por ahora **estudiaremos el campo producido por cargas en reposo**, denominado *campo electrostático* o coulombiano.

## 1.12. Campo eléctrico debido a una carga fuente puntual en reposo Q

Sea una carga puntual Q, en reposo respecto a una dada referencia (por ej. la habitación donde nos encontramos).

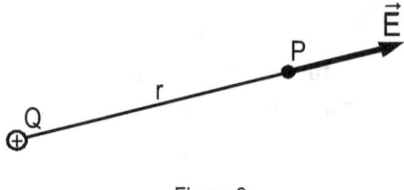

Figura 9

*¿Qué campo produce en el punto P, del vacío, a una distancia r de Q?*

Para responder a esta pregunta poseemos la definición

$$\vec{E} = \frac{\vec{F}_{elect}}{q_0}$$

y la ley de Coulomb. Imaginemos colocar una carga testigo $q_0$ en el punto P, sobre ella actuará una fuerza debida a Q dada por

$$\left\| \vec{F} \right\| = k_0 \frac{|Q\, q_0|}{r^2}$$

ponemos las barras de valor absoluto en las cargas por las dudas que el producto sea negativo cayendo en el absurdo de igualar un módulo a un número negativo. Por definición de campo es

$$\left\| \vec{E} \right\| = \frac{\left\| \vec{F} \right\|}{q_0} = \frac{k_0 |Q|}{r^2}$$

tenemos así el módulo de $\vec{E}$. En la figura 9 se indica cómo es el vector aplicado en P, supuesto Q positiva. En la fig.10 se indica cómo sería si Q es negativa.

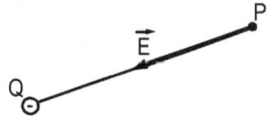

Figura 10

Aquí no hubo necesidad de tomar límite para $q_0 \rightarrow 0$, pues $q_0$ se simplificó, mostrando claramente que *el campo $\vec{E}$ es una propiedad del punto* P *del espacio y no depende de la carga testigo, sino de la distancia y del valor de la carga fuente.*

En la fig. 11 se quiere dar la idea de cómo se debilita el campo con la distancia, en la fig.12 se tiene la gráfica de $\left\| \vec{E} \right\|$ en función de la distancia.

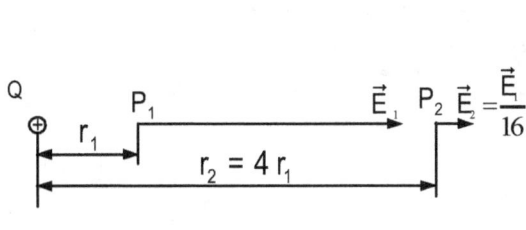

Figura 11

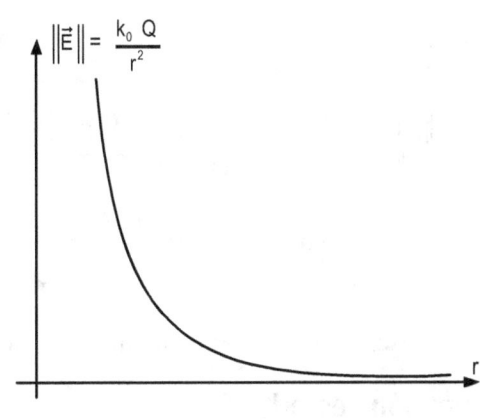

Figura 12

No creemos que hayan cargas exactamente puntuales, pues en ese caso si $r \rightarrow 0$ implicaría $\left\| \vec{E} \right\| \rightarrow \infty$, es decir, "sobre" la carga puntual el campo sería $\infty$ grande. Luego estudiaremos que pasa realmente.

## 1.13. Definición de líneas de campo

*Son líneas tangentes a los vectores del campo.* Para una carga puntual única en el espacio serían líneas rectas radiales, divergentes en el caso de carga positiva (fig.13) o convergentes en el caso negativo (fig.14).

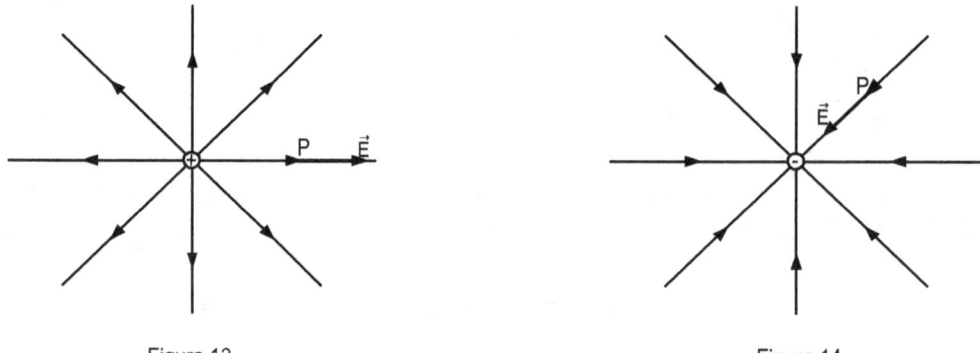

| Figura 13 | Figura 14 |

Debe comprenderse que estas líneas están distribuidas en el espacio tridimensional, en cambio en las figuras 13 y 14 obligadamente hemos dibujado en dos dimensiones (las del plano del dibujo).

Por cada punto del espacio dónde hay campo "pasa" una línea de campo. No debemos confundir al vector $\vec{E}$ aplicado a un punto, con la línea que "pasa" por ese punto.

---

Ejemplo

---

¿Qué campo eléctrico produce el núcleo de hidrógeno (un protón) en la primera órbita del átomo, sabiendo que esta tiene un radio $r \cong 0,5 \overset{o}{A}$ ? ( un amstrong $= 1\overset{o}{A} \equiv 10^{-10}m$ )

*Solución*

$$\left\| \vec{E} \right\| = k_0 \frac{|e|}{r^2} = \frac{9 \times 10^9 \times 1,6 \times 10^{-19}}{(1/2)^2 \times 10^{-20}} \cong 5,76 \times 10^{11} \left[ \frac{N}{C} \right]$$

$$\left\| \vec{E} \right\| \cong 576.000.000.000 \left[ \frac{N}{C} \right]$$

¡Para nuestra escala humana es un campo muy intenso!

## 1.14. Expresión vectorial

En la fig.15 se muestra la carga fuente Q en la posición $\vec{r}_A$ y un punto P, de posición $\vec{r}$, la expresión vectorial para $\vec{E}$ es

$$\vec{E} = \frac{k_0 \ Q \left( \vec{r} - \vec{r}_A \right)}{\left\| \vec{r} - \vec{r}_A \right\|^3}$$

Aquí Q entra con su signo.

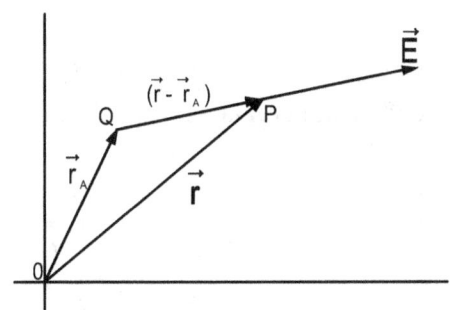

Figura 15

Si la carga Q la posicionamos en el origen "0", o sea $\vec{r}_A = \vec{0}$, resulta la expresión más simple

$$E = \frac{k_0 \, Q \, \vec{r}}{\| \vec{r} \|^3} = \frac{k_0 \, Q \, \hat{r}}{\| \vec{r} \|^2}$$

dónde $\hat{r}$ es un versor de dirección y sentido de $\vec{r}$

$$\hat{r} = \frac{\vec{r}}{\| \vec{r} \|}$$

## 1.15. Campo debido a varias cargas puntuales

Para los campos vale el principio de superposición vectorial (regla del paralelogramo), es decir, el campo eléctrico en un punto P (fig. 16) es la resultante de la suma vectorial de los vectores campo de cada carga, o sea

$$\vec{E}(P) = k_0 \sum_{j=1}^{N} \frac{Q_j \left( \vec{r} - \vec{r}_j \right)}{\| \vec{r} - \vec{r}_j \|^3}$$

En la fig. 17 se muestra la suma $\vec{E}(P) = \vec{E}_1 + \vec{E}_2 + \vec{E}_3$

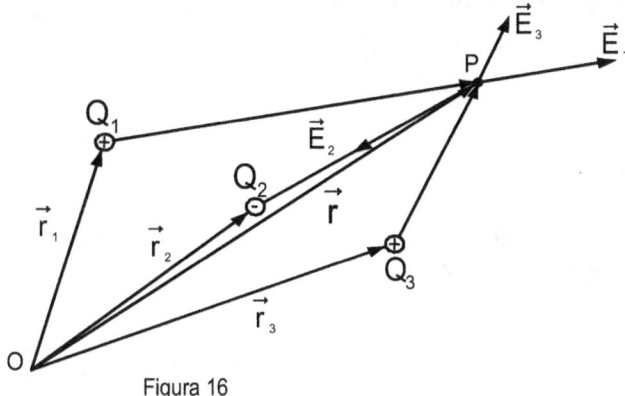

Figura 16

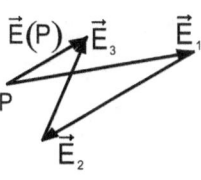

Figura 17

## 1.16. Caso particular: Dos cargas puntuales de igual valor absoluto y signo opuesto. Dipolo.

En el punto A tenemos una carga positiva Q y en el B una netativa –Q de igual valor absoluto. En el punto P el campo $\vec{E}(P)$ se obtiene sumando con la regla del paralelogramo $\vec{E}_A$ y $\vec{E}_B$.

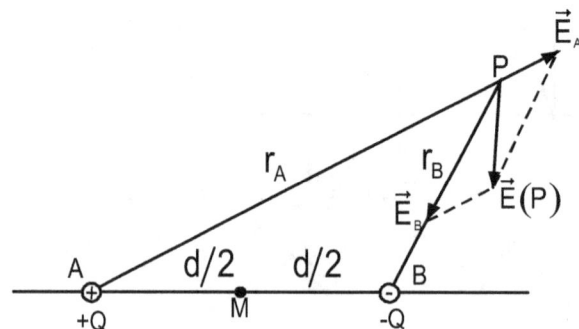

Figura 18

Los módulos de cada vector son

$$\left\|\vec{E}_A\right\| = \frac{k_0\, Q}{r_A^2}$$

$$\left\|\vec{E}_B\right\| = \frac{k_0\, |{-Q}|}{r_B^2}$$

*¿Qué valor tiene el campo en un punto medio M?*

En la fig. 19 vemos los vectores $\vec{E}_A$ y $\vec{E}_B$ en M, son exactamente iguales, de módulo

$$\left\|\vec{E}_A\right\| = \left\|\vec{E}_B\right\| = k_0\, \frac{Q}{\left(\dfrac{d}{2}\right)^2} = 4\,k_0\,\frac{Q}{d^2}$$

dónde d es la distacia entre A y B (fig.18). El campo total tiene un módulo

$$\left\|\vec{E}(M)\right\| = 2\left\|\vec{E}_A\right\| = 8\,k_0\frac{Q}{d^2}$$

Está aplicado en M y apunta hacia B (Fig. 19)

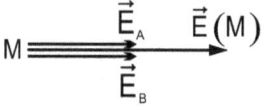

Figura 19

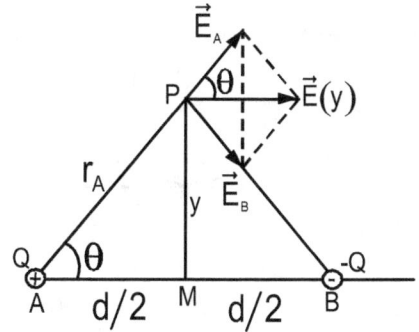

Figura 20

Podemos fácilmente calcular el campo en cualquier punto del plano medio (Fig. 20). Sea P un punto a una distancia "y" del punto medio "M". El módulo del campo en P es

$$\left\|\vec{E}(y)\right\| = 2\left\|\vec{E}_A\right\|\cos(\theta)$$

pero

$$\left\|\vec{E}_A\right\| = k_0\,\frac{Q}{r_A^2} = k_0\,\frac{Q}{\left(\sqrt{y^2 + \left(\dfrac{d}{2}\right)^2}\right)^2} = \frac{k_0\,Q}{y^2 + \left(\dfrac{d}{2}\right)^2}$$

además

$$\cos(\theta) = \frac{d}{2\,r_A} = \frac{d}{2\,\sqrt{y^2 + (d/2)^2}}$$

luego

$$\left\|\vec{E}(y)\right\| = \frac{k_0\,Q\,d}{\left(y^2 + (d/2)^2\right)^{3/2}}$$

para $y = 0$ (punto M) reencontramos el resultado

$$\left\|\vec{E}(M)\right\| = \frac{8\,k_0\,Q}{d^2}$$

Para $y \gg d$ es $(d/2)^2$ despreciable frente a $y^2$, luego

$$\left\|\vec{E}(y)\right\| \approx \frac{k_0\,Q\,d}{y^3}$$

Es decir, el campo disminuye con la distancia al cubo, en lugar de la distancia al cuadrado como en la carga única (***monopolo***).

En la fig. 21 se muestran aproximadamente las líneas de campo para el plano que contiene a las cargas. Son iguales para cualquier plano girado según el eje $\overline{AB}$

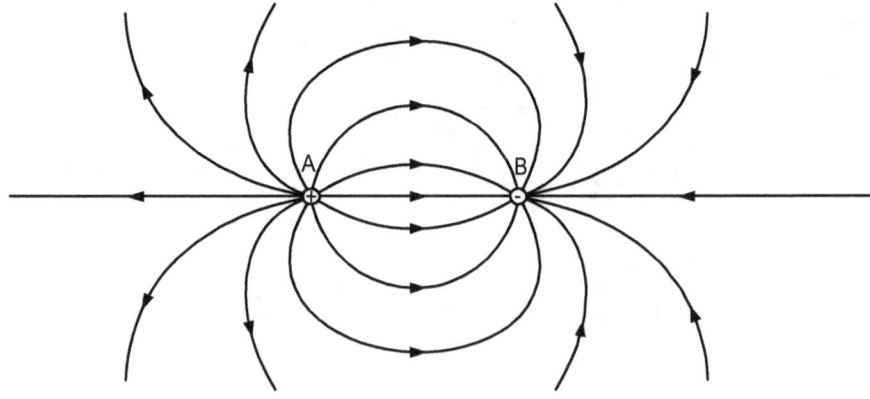

Figura 21

Piense el lector si existe algún punto (a distancia finita) dónde el campo sea nulo.

## 1.17. Campo producido por cargas distribuidas

Hasta aquí hemos considerado cargas puntuales, ahora consideraremos que las cargas están distribuidas en cuerpos extensos, como si fuesen sustancias contínuas. Podemos hablar de cuerpos en forma de hilos, láminas y sólidos tridimensionales (fig.22). En cada caso definiremos una densidad de carga eléctrica.

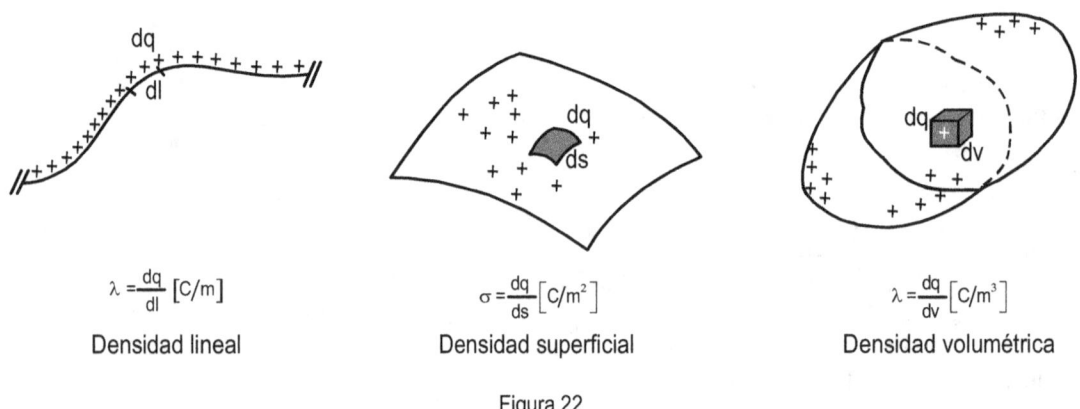

$\lambda = \dfrac{dq}{dl} \, [C/m]$

Densidad lineal

$\sigma = \dfrac{dq}{ds} \, [C/m^2]$

Densidad superficial

$\lambda = \dfrac{dq}{dv} \, [C/m^3]$

Densidad volumétrica

Figura 22

*¿Cómo calcularemos el campo producido por alguno de estos cuerpos?*

Tomando un diferencial de carga dq, planteamos el diferencial de campo $\overrightarrow{dE}$ como si dq fuese puntual y luego integrando para todo el cuerpo.

Por ejemplo, para un cuerpo volumétrico sería (fig.23)

$$\overrightarrow{dE} = \frac{k_0 \, \rho \, dv}{\left\| \overrightarrow{r} - \overrightarrow{r'} \right\|^3} \left( \overrightarrow{r} - \overrightarrow{r'} \right)$$

luego integrando

$$\vec{E}(P) = k_0 \iiint_v \frac{\rho \, dv \left(\vec{r} - \vec{r'}\right)}{\left\|\vec{r} - \vec{r'}\right\|^3}$$

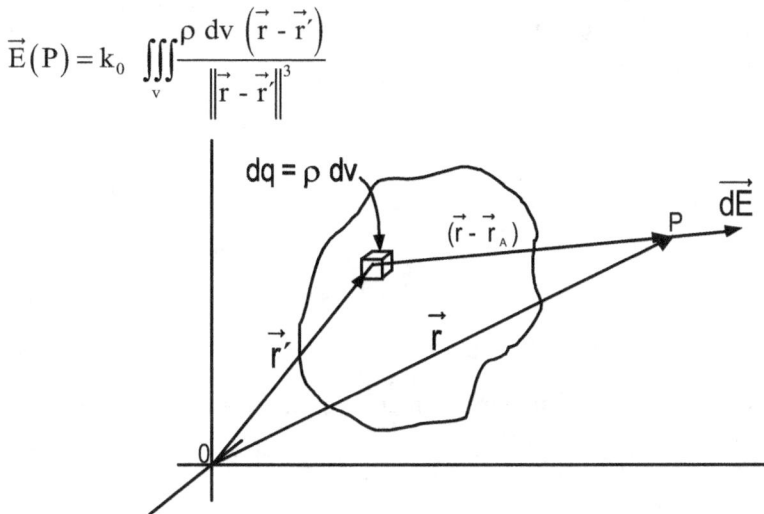

Figura 23.

La integral se podrá calcular si se conoce la densidad $\rho$ como función de la posición $\vec{r'}$ y además si se conoce la forma del cuerpo (necesaria para plantear los límites de integración). Todo esto puede constituir un laborioso problema de Análisis Matemático (*Integrales triples*).

### 1.17.1. Ejemplo simple

Campo debido a un hilo recto "*infinitamente largo*", con densidad de carga $\lambda = $ cte (cargado uniformemente), fig. 24 (suponemos $\lambda$ positivo). Sea un punto P donde calcularemos el campo. Siempre es posible elegir el eje x coincidente con el hilo y el pie de la perpendicular al hilo, desde P, se puede tomar como origen, como indica la fig. 24.

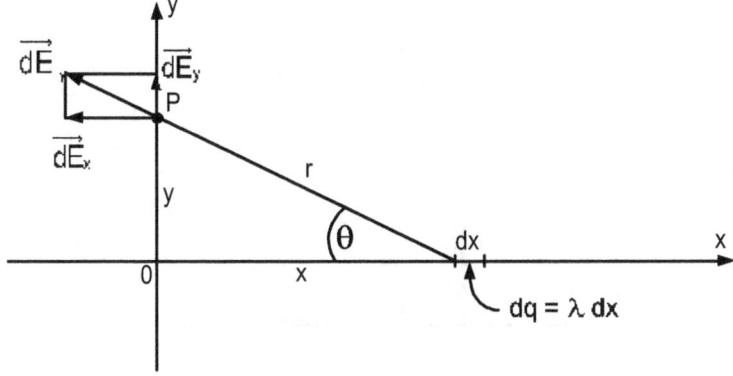

Figura 24

La distancia de P al hilo es "y". El campo $\vec{dE}$ en P tiene un módulo

$$\left\|\vec{dE}\right\| = \frac{k_0 \, \lambda \, dx}{r^2} = \frac{k_0 \, \lambda \, dx}{\left(x^2 + y^2\right)}$$

Las componentes $\vec{dE}_x$ se "equilibran", pues por cada dq hay otro simétrico respecto del origen O, de modo que el campo no tendrá componente x (es perpendicular al hilo, como puede comprenderse por consideraciones de simetría). Sólo las componentes $\overrightarrow{dE}_y$ se adicionan sin cancelarse. La componente $dE_y$ (como número real) es

$$dE_y = \left\|\overrightarrow{dE}\right\| \, \text{sen} \, \theta = \frac{k_0 \, \lambda \, dx}{\left(x^2 + y^2\right)}\left(\frac{y}{\sqrt{x^2 + y^2}}\right)$$

$$dE_y = \frac{k_0 \, \lambda \, y}{\left(x^2 + y^2\right)^{\frac{3}{2}}} dx$$

integrando para todo el hilo (desde $-\infty$ a $+\infty$), teniendo en cuenta que y = cte, pues es la distancia de P al hilo

$$E_y = k_0 \, \lambda \, y \int\limits_{-\infty}^{\infty} \frac{dx}{\left(x^2 + y^2\right)^{\frac{3}{2}}}$$

por tablas de integrales (o utilizando algún software, por ejemplo Matlab) la integral da $\left(\dfrac{2}{y^2}\right)$, luego la expresión resulta

$$E_y = \frac{2 \, k_0 \, \lambda}{y}$$

pero $E_y$ es "todo" el campo, pues $E_x = 0$, luego al fin

$$\left\|\overrightarrow{E}\right\| = \frac{2 \, k_0 \, \lambda}{y}$$

El vector está dibujado en la fig.25

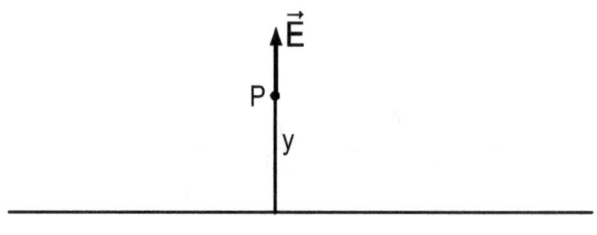

Figura 25

Utilizando $\varepsilon_0 = \dfrac{1}{4 \, \pi \, k_0}$ se escribe

$$\left\|\overrightarrow{E}\right\| = \frac{\lambda}{2 \, \pi \, \varepsilon_0 \, y}$$

Notar que el campo se "debilita" con la distancia (y), no al cuadrado. Este último resultado se encuentra más fácilmente con la ley de Gauss.

## 1.18. Ley de Gauss sobre el flujo del campo eléctrico

La ley de Gauss (originalmente demostrada como teorema) utiliza el concepto de flujo del campo $(\phi_E)$. Este concepto es heredado de la mecanica de los fluídos, también denominado caudal, pero en electrostática no tenemos movimiento de materia, ni siquiera de energía, sólo se mantiene el concepto formal o matemático de flujo.

### 1.18.1. Definición de flujo de campo

En la fig. 26 se tiene una superficie S, de área A. Esta superficie es geométrica ,es decir, no necesariamente es de algún material. Está "sumergida" en un campo eléctrico $\vec{E}$, cuyas líneas se muestran en la fig.26

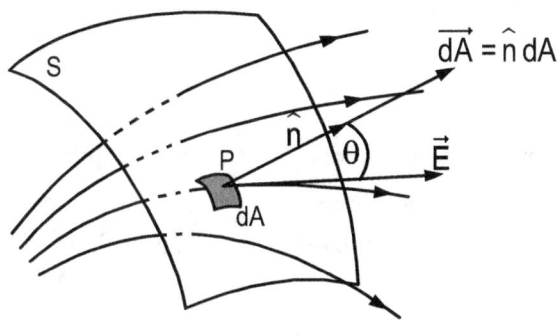

Figura 26

En un punto P de la misma se tendrá aplicado un campo $\vec{E}$. Sea un entorno de P, de área diferencial dA. Definimos al diferencial de área de manera vectorial asi

$$\vec{dA} \triangleq \hat{n}\, dA$$

dónde $\hat{n}$ es el versor normal a la superficie en el punto P $\left( \| \hat{n} \| = 1 \right)$. Se define al diferencial de flujo de $\vec{E}$ en dA así

$$d\phi_E = \vec{E} \cdot \vec{dA}$$

dónde el punto denota producto interno entre el vector $\vec{E}$ y el vector $\vec{dA} = \hat{n}\, dA$.

Si $\phi$ es el ángulo entre $\vec{E}$ y $\vec{dA}$ (fig.26), el producto desarrollado es

$$d\phi_E = \left\| \vec{E} \right\| \left\| \vec{dA} \right\| \cos \theta$$

dónde $\left\| \vec{dA} \right\| = \left\| \hat{n} \right\| dA = dA$ es simplemente el diferencial de área (como escalar) del entorno de P.

El flujo total de $\vec{E}$ en la superficie S es la integral de superficie, es decir, el límite de la suma de todos los flujos diferenciales en todas las "parcelas" en que imaginamos dividida la superficie

$$\phi_E = \iint_S \vec{E} \cdot \vec{dA}$$

Estas integrales se resuelven por integrales dobles. Se pueden resolver si se conoce la función $\vec{E}$ que da el valor del campo en cada punto de S y además se conoce la forma de S, necesaria para plantear los límites de integración.

### 1.18.2. Unidad de medida del flujo

$$\left[\phi_E\right] = \left[\vec{E}\right]\left[\overrightarrow{dA}\right] = \frac{N}{C}m^2$$

**No tiene nombre especial**

---

Ejemplo

---

Sea un campo uniforme (constante) fig.27, de valor

$$\left\|\vec{E}\right\| = 1000 \text{ N/C}$$

y una superficie plana, en forma de cuadrado, de área $A = 0,5 \text{ m}^2$. El flujo de $\vec{E}$ en dicho cuadrado depende del ángulo entre $\vec{E}$ y la normal $\hat{n}$ al plano. En la fig. 27 se indican tres posiciones posibles. Observamos que cuando $\hat{n}$ forma 90° con el campo $\vec{E}$ no hay flujo (las líneas de campo pasan "razantes", sin atravesar al plano).

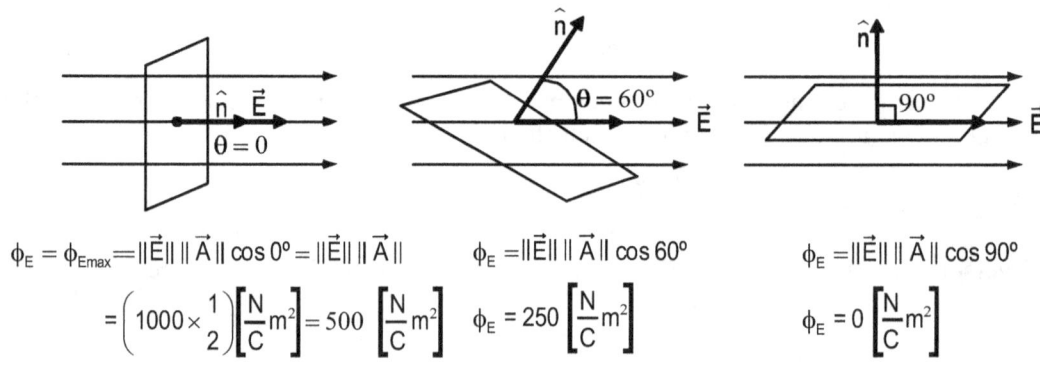

$$\phi_E = \phi_{Emax} = \|\vec{E}\| \, \|\vec{A}\| \cos 0° = \|\vec{E}\| \, \|\vec{A}\|$$

$$= \left(1000 \times \frac{1}{2}\right)\left[\frac{N}{C}m^2\right] = 500 \left[\frac{N}{C}m^2\right]$$

$$\phi_E = \|\vec{E}\| \, \|\vec{A}\| \cos 60°$$

$$\phi_E = 250 \left[\frac{N}{C}m^2\right]$$

$$\phi_E = \|\vec{E}\| \, \|\vec{A}\| \cos 90°$$

$$\phi_E = 0 \left[\frac{N}{C}m^2\right]$$

Figura 27

**Superficies cerradas**: son superficies que determinan o definen un volumen (fig.28), por ejemplo, son superficies cerradas una esfera, un elipsoide, un cubo, ... no lo es un plano, un hiperboloide hiperbólico, ...

La normal $\hat{n}$ se tomará con sentido "hacia afuera" (hacia el exterior)

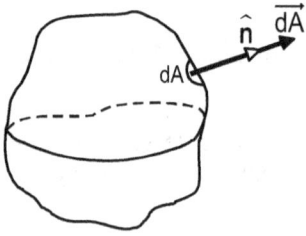

Figura 28

La integral que da el flujo se indicará con un círculo para recordar que se está evaluando sobre una superficie cerrada

En algunos libros se define el flujo como "cantidad de lineas por unidad de área". Pero esta definición carece de valor cuantitativo. Piense el lector que siempre la "cantidad de lineas por unidad de área" es infinita.

## 1.19. Ley de Gauss

Pensemos en las cargas eléctricas de "todo el universo" y en el campo eléctrico que estas cargas producen en cada punto del espacio. Dada una superficie cerrada S (fig.29) tendremos en general cargas en su interior $\left( q_1, q_2, ..., q_j, ..., q_N \right)$ y cargas en el exterior $\left( q_{N+1}, ... \right)$.

Supondremos que no hay cargas puntuales sobre la superficie. Sea además $\vec{E}$ el campo eléctrico en los puntos de S, producido por TODAS las cargas, tanto interiores como exteriores.

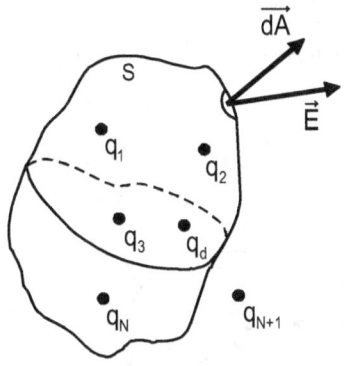

Figura 29

Admitiremos como una igualdad experimental que "el flujo de $\vec{E}$ evaluado sobre S es proporcional a la suma de las cargas encerradas por S"

$$\oiint_S \vec{E} \cdot \vec{dA} \; \nabla \; \frac{1}{\varepsilon_0} \sum_{j=1}^{N} q_j$$

En la suma, las cargas entran con su signo.

Esta ley, denominada ley de Gauss del flujo es de validéz tanto en electrostática como en electrodinámica (cargas en movimiento), es decir, es de validez más general que la ley de Coulomb. Dicho sea de paso: admitida la ley de Gauss, la ley de Coulomb pasa a ser demostrada fácilmente, como luego veremos. También es válida tanto si las cargas son puntuales o no.

¿Por qué a pesar de ser $\vec{E}$ el campo de todas las cargas, incluyendo las exteriores, en la suma sólo deben intervenir las interiores? es decir ¿Por qué las exteriores a S no contribuyen al flujo de $\vec{E}$ sobre S?

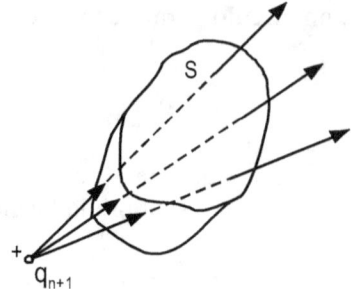

Figura 30

En la fig.30 intentamos mostrar esta cuestión en forma intuitiva:

> el campo de la carga exterior $q_{N+1}$ produce flujo tanto entrante (negativo) como saliente (positivo), de iguales valores absolutos,

o dicho de otro modo,

> las líneas del campo de $q_{N+1}$ atraviesan de lado a lado a S compensándose el flujo de entrada con el de salida.

Si elegimos una superficie cerrada S que encierre un dipolo (fig.31) resultará que el flujo sobre S es nulo.

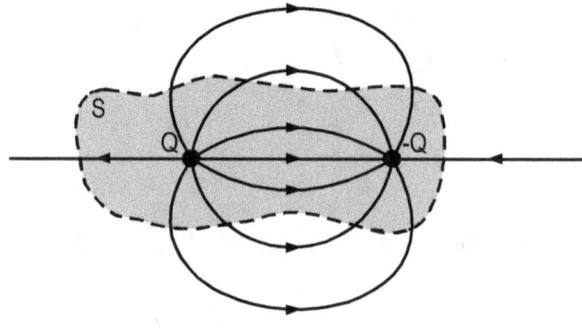

Figura 31

Observe que toda línea que "sale" vuelve a "entrar".

## 1.20. Caso de cargas distribuidas con densidad volumétrica $\rho$

En la fig.32 se tiene que la superfcie S está sumergida en una "masa" de cargas eléctricas con densidad $\rho$, de modo que la carga total encerrada por S está dada por la integral triple extendida en el volumen encerrado por S

$$\iiint_v \rho \, dv = \text{Carga total encerrada}$$

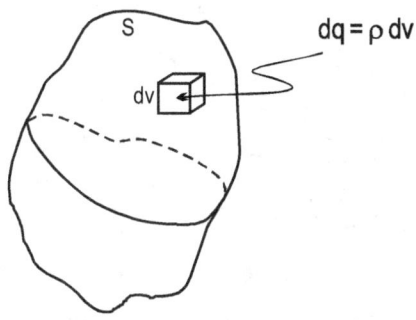

Figura 32

de modo que la ley de Gauss se puede escribir así

$$\oiint_S \vec{E} \cdot \overrightarrow{dA} \ \triangledown \ \frac{1}{\varepsilon_0} \iiint_v \rho \ dv$$

*¿Cuál es la utilidad de la ley de Gauss?*

Es de utilidad "doble", por un lado **es una ley fundamental del electromagnetismo** (se verá que es adoptada como la $1^{ra}$ de las leyes de Maxwell, normalmente planteada de forma local o diferencial con el concepto de divergencia de campo) y por otro lado **es útil para calcular campo** $\vec{E}$ cuando se conocen ciertas simetrías de $\vec{E}$ a priori, como luego veremos en algunos ejemplos.

## 1.21. La ley de Gauss implica a la ley de Coulomb

Sea una carga q puntual, la rodeamos con una superficie S, de radio r, centrada en q. Admitiendo que el campo $\vec{E}$ es radial, de igual módulo en todos los puntos de S (¿De que otro modo sería?) se tiene el flujo de $\vec{E}$ sobre S es de fácil cálculo

$$\oiint_S \vec{E} \cdot \overrightarrow{dA} = \left\|\vec{E}\right\| \oiint_S \left\|\overrightarrow{dA}\right\| \cos 0° = \left\|\vec{E}\right\| 4 \pi r^2$$

ahora por ley de Gauss este flujo es igual a la carga encerrada sobre $\varepsilon_0$

$$\left\|\vec{E}\right\| 4 \pi r^2 \ \triangledown \ \frac{q}{\varepsilon_0}$$

luego

$$\left\|\vec{E}\right\| = \frac{q}{4 \pi \varepsilon_0 r^2}$$

que es la misma expresión que se obtuvo con la ley de Coulomb.

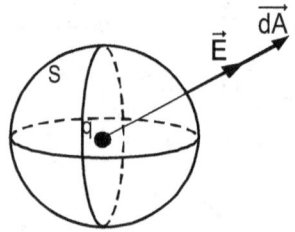

Figura 33

La integral de superficie es relativamente fácil de calcular si se elige la forma de S acorde a la simetría del campo. Si hubiésemos elegido en el caso anterior un cubo en lugar de la esfera, o inclusive, una esfera descentrada, el cálculo de la integral no sería fácil, pues el módulo de $\left\|\vec{E}\right\|$ no sería constante ni tampoco al ángulo entre $\vec{E}$ y $\vec{dA}$, pero de todos modos al fin su valor sería igualmente $q/\varepsilon_0$ acorde a la ley de Gauss, pues esta ley no depende de la forma de S.

---

Ejemplos

---

### 1.21.1. Hilo recto, $\infty$ largo, con densidad $\lambda$ = cte

Deseamos calcular el campo $\vec{E}$ en un punto P, a la distancia r del hilo: ahora la superficie cerrada conviene que sea un cilindro co-axial con el hilo, de longitud $1$ cualquiera y radio r, como indica la fig.34. El campo tiene un módulo constante en los puntos de la superficie lateral y forma allí un ángulo nulo con la normal exterior ( $\cos 0° = 1$ ).

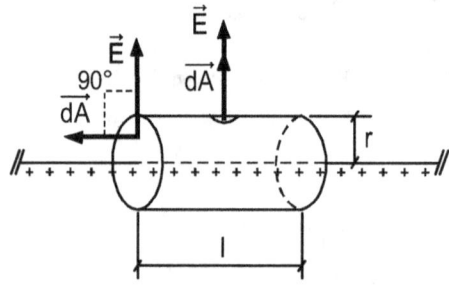

Figura 34

En las "tapas" el ángulo entre $\vec{E}$ y $\vec{dA}$ es de 90° ( $\cos 90° = 0$ ), de modo que en las tapas no hay fujo (las líneas de campo no atraviesan a las tapas), *el flujo total queda reducido entonces al flujo en la superficie lateral* dado por

$$\phi_E = \oiint_S \vec{E} \cdot \vec{dA} = \left\|\vec{E}\right\| \iint_{Sup.lateral} \left\|\vec{dA}\right\| \cos 0° = \left\|\vec{E}\right\| \cdot 2\pi r \ell$$

igualando este flujo a la carga encerrada sobre $\varepsilon_0$

$$\left\|\vec{E}\right\| \cdot 2\pi r \ell \triangledown \frac{\lambda \ell}{\varepsilon_0} \text{ (pues } q_{encerrada} = \lambda \ell \text{ )}$$

luego

$$E = \frac{\lambda}{2\pi\varepsilon_0 r}$$

que es la misma expresión que se obtuvo tomando diferencial de carga e integrando para todo el hilo.

### 1.21.2. Esfera "maciza" de carga, con densidad $\rho = cte$.

Aunque en la realidad es difícil poseer una esfera cargada volumétricamente, con densidad cte, supuesta su existencia, el campo ha de ser radial, es decir, estamos frente a una simetría esférica.

¿Qué módulo tendrá el campo en el interior, a una distancia r del centro ($r \leq R$)?

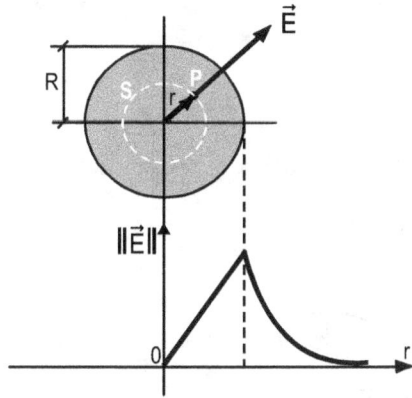

Figura 35

Tomamos una superficie cerrada S, de radio $r \leq R$ y planteamos la ley de Gauss. El flujo en S es

$$\oiint_S \vec{E} \cdot \vec{dA} = \|\vec{E}\| \cdot 4\pi r^2$$

la carga encerrada por S es

$$\frac{4}{3}\pi r^3 \rho$$

luego

$$\|\vec{E}\| . 4\pi r^2 \bigtriangledown \frac{1}{\varepsilon_0} \cdot \frac{4}{3}\pi r^3 \rho$$

así

$$\|\vec{E}\| = \left(\frac{\rho}{3\varepsilon_0}\right) \cdot r = cte.r \qquad\qquad \text{(para todo } r \leq R)$$

es decir, el módulo del campo desde el centro hasta la superficie de radio R, *varía linealmente* (fig.35). Para $r = R$ resulta el máximo valor

$$\|\vec{E}_{max}\| = \frac{q_{total}}{4\pi\varepsilon_0 R^2} = \frac{\frac{4}{3}\pi R^3 \rho}{4\pi\varepsilon_0 R^2} = \frac{\rho}{3\varepsilon_0} R$$

Para $r > R$ el campo varía como si toda la carga estuviese puntualmente concentrada en el centro. Esto también resulta de aplicar la ley de Gauss para una superficie cerrada de radio $r > R$. Observe el lector que el campo en lugar de tender a $\infty$ para $r \to 0$, tiende a cero, cosa que resulta más fácil de aceptar. La carga puntual es una idealización que produce el absurdo de campo $\infty$.

El mismo razonamiento se puede aplicar para masas gravitatorias en lugar de cargas. Si nuestro planeta fuese perfectamente esférico, con densidad constante

$$\rho \cong 5,5x10^3 \left[ \frac{Kg.}{m^3} \right]$$

la gráfica de $\left\| \vec{g} \right\|$ sería igual a la de la fig.35, de modo que la máx. gravedad se tiene en la superficie.

### 1.21.3. "Cáscara" esférica, con la densidad $\rho = cte$.

La aplicación de la ley de Gauss conduce a la gráfica de $\left\| \vec{E} \right\|$ indicada el la figura. Deduzca el lector la función $\left\| \vec{E} \right\|$ entre $R_i$ y $R_e$, verá que no es lineal.

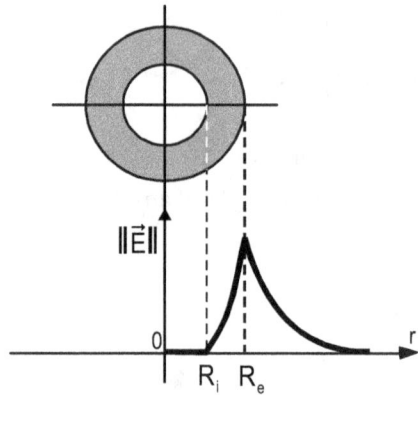

Figura 36

Observe que el campo dentro de la cáscara (vacía) es nulo. Este es un caso muy interesante y útil pues algo así se produce cuando se carga una esfera conductora, como veremos luego.

## 1.22. Clasificación de los materiales desde el punto de vista eléctrico

Si bien toda sustancia esta formada por átomos y a su vez éstos poseen electrones y protones, la estructura atómica de los materiales no es igual para todos ellos.

### 1.22.1. Materiales aislantes

No poseen "cargas libres", es decir libres de moverse por toda la masa del material: los electrones y protones están fuertemente ligados entre sí formando átomos estables. Se denominan aislantes pues sometidos a un campo eléctrico, éste no produce circulación de cargas (corriente eléctrica). Son aislantes, entre otros, vidrio, baquelita, PVC, mica, agua destilada (pura), aceites puros, gases, ...

Todo aislante lo es hasta cierto valor del campo eléctrico, si el campo supera el valor típico de cada sustancia ésta deja de ser aislante. El campo electrico máximo que soporta un aislante se denomina *"campo de ruptura"* o *"rigidez dieléctrica"*.

### 1.22.2. Materiales conductores

Sus átomos están ionizados, los electrones exteriores (los de valencia) están libres, se pueden mover por toda la masa del material. Ejemplo típico de materiales conductores son los metales (conductores de primera especie). Se denominan conductores pues en ellos un campo eléctrico (por débil que sea) hace circular las cargas libres, es decir, produce corriente (si hay un circuito constituido). Si bien los electrones están libres, un trozo de material conductor es globalmente neutro, salvo que se lo haya cargado.

No estudiaremos aquí a los materiales semiconductores, tan importantes para la electrónica moderna.

## 1.23. Cuerpo de material conductor, cargado electrostáticamente

En la fig.37(a) se ha dibujado una barra de material aislante, por ejemplo de plástico, que se ha cargado negativamente (o positivamente), en un extremo. Los electrones extras quedan acumulados en ese extremo, sin movimiento a nivel macroscópico; esto es así porque los materiales aislantes no poseen cargas libres en su estructura atómica o molecular. Si la barra es sujetada con la mano por el otro extremo no se descarga. Esta es la razón por la cual, con los materiales aislantes (por ej. con el ámbar) es que primeramente se constató la electrificación. En griego al *ámbar* se lo denomina "electrón".

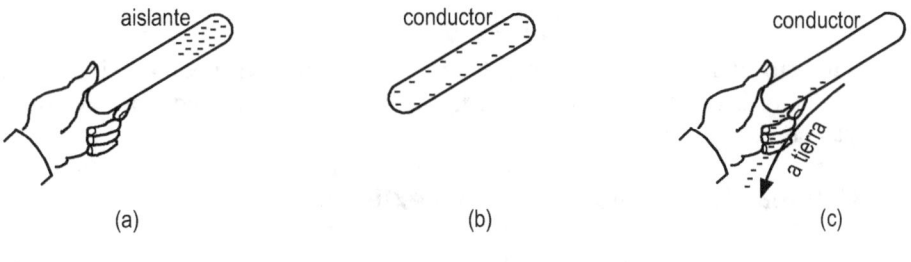

aislante

conductor

conductor

a tierra

(a)           (b)           (c)

Figura 37

En cambio, si la barra es conductora (por ej. el Cu), los electrones extras se reparten por toda la superficie (fig.37b). En el interior de la masa material no se registra desequilibrio eléctrico, es decir, masivamente se mantiene neutro (equilibrio entre protones y electrones). La densidad de carga es superficial $(\sigma \neq 0)$ pero la volumétrica en el interior es nula $\rho = 0$. El espesor de la capa superficial con el exceso de electrones quizás no supere al amstrong ($10^{-10}$m). Si se toca con la mano (fig.37c), el cuerpo se descarga a través de la persona, pues también el cuerpo humano es conductor y los electrones extras van a tierra. Todo lo dicho es igualmente válido para un defecto de electrones (cargas positivas).

De modo que debemos aceptar, como un hecho experimental, que todo cuerpo conductor cargado (+ ó -) manifiesta la carga en su superficie, es decir, es una capa eléctrica de "espesor despreciable". Esto es así cuando el proceso de carga ha finalizado (Carga electrostática).

### 1.23.1. Consecuencia

Como consecuencia resulta un hecho muy importante. En un conductor cargado electrostáticamente no puede haber campo eléctrico (macroscópico) en su interior. Si lo hubiese, el campo movería aún a los electrones libres hacia algún lado definido, contra el supuesto de que ya está todo en reposo a nivel macroscópico.

## 1.24. Campo de una esfera conductora cargada

Por todo lo dicho anteriormente, debemos admitir que una esfera conductora cargada equivale a una cáscara eléctrica de espesor despreciable, de modo que la gráfica de campo en función de r es la de la fig.38.

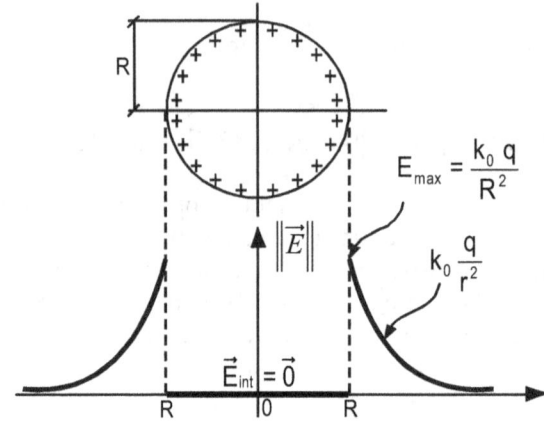

Figura 38

El campo es nulo en el interior y desde la superficie, hacia ∞, el campo varía como si la carga fuese puntual, ubicada en su centro. En la superficie es máximo. Si la esfera es hueca vale lo mismo con tal de que no haya cargas en el interior.

## 1.25. Campo de una lámina plana, conductora, muy extensa

Por ser conductora se carga superficialmente, en ambas caras, con densidad $\sigma$ supuesta constante (lejos de los bordes).

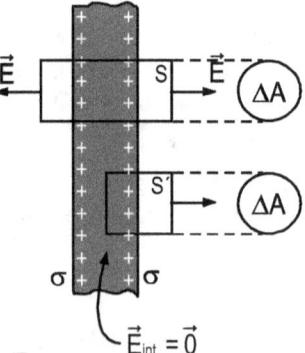

Figura 39

En la fig.39 se observa por su espesor. Para calcular el campo $\vec{E}$ en puntos próximos a la superficie (lejos de los bordes), utilizamos la ley de Gauss: elegimos una superficie cerrada S (o también S') en forma de cilindro con eje perpendicular a la lámina. En la superficie lateral no hay flujo, solo hay flujo en las tapas, en S' solo en la tapa exterior, porque en la interior el campo es nulo como en todo conductor. Para S tenemos

$$2\left\|\vec{E}\right\|.\Delta A = \frac{2\sigma\Delta A}{\varepsilon_0}$$

para S':

$$\left\|\vec{E}\right\|.\Delta A = \frac{\sigma\Delta A}{\varepsilon_0}$$

en ambos casos el resultado es

$$\left\|\vec{E}\right\| = \frac{\sigma}{\varepsilon_0}$$

Resulta así un campo uniforme. Este valor es válido aun para puntos de la superficie de la lámina.

## 1.26. Campo entre dos placas planas conductoras paralelas, con cargas Q y –Q ("dipolo plano" o capacitor plano).

Sea que dos placas conductoras se conectan a una batería, como se indica en la fig.40. La batería extrae electrones de A (por lo tanto A queda positiva) y los inyecta en B (por lo tanto B queda negativa).

Si A y B están muy alejados, como en la fig.40(a), el campo se parece al de un dipolo puntual, en cambio si la distancia entre A y B es pequeña comparada con el largo y ancho de las placas, el campo es casi uniforme entre las placas y prácticamente nulo fuera de ellas (fig.40b). Las cargas Q y –Q están depositadas en las caras internas, con densidad $\sigma$ y $-\sigma$ casi constante, salvo cerca de los bordes.

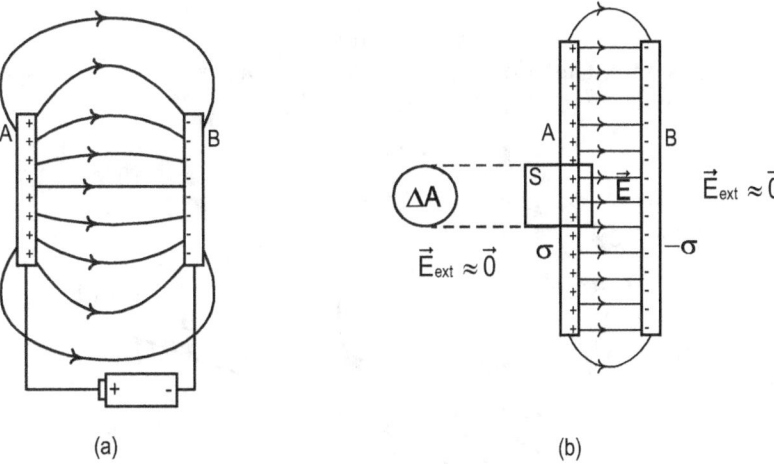

(a)                                    (b)

Figura 40

El campo lejos de los bordes se puede calcular con la ley de Gauss, en forma similar al caso anterior. Para la superficie cilíndrica S se tiene flujo sólo en la cara interna (entre placas), de modo que

$$\phi_E = \left\|\vec{E}\right\|.\Delta A = \frac{\sigma\Delta A}{\varepsilon_0}$$

luego

$$\left\|\vec{E}\right\| = \frac{\sigma}{\varepsilon_0}$$

Para todo punto entre las placas, lejos de los bordes.

Para puntos exteriores al dispositivo es $\vec{E} = \vec{0}$. El resultado no depende de la distancia entre las placas, con tal que sea pequeña, ni del material de las placas, con tal que sea conductor.

Lo estudiado aquí va a ser aplicado más adelante en el estudio de la capacidad (o capacitancia) de un capacitor plano.

## 1.27. Potencial eléctrico en un punto (V) y diferencia de potencial entre dos puntos $(\Delta V)$

### 1.27.1. Introducción

Los campos de gravedad y coulombianos (o electrostáticos) se dice que son CONSERVATIVOS.

Los campos conservativos admiten ser derivados de un campo escalar denominado potencial del campo.

Dada la función potencial V, el campo $\vec{E}$ se calcula por medio del gradiente:

$$\vec{E} = -\ grad\ V$$

El concepto de gradiente se estudia en análisis matemático, aunque lo básico lo veremos aquí.

*¿Por qué se dice que el campo coulombiano es conservativo?*

Porque cuando intervienen sólo este tipo de fuerzas en un sistema, la energía mecánica (cinética más potencial) se mantiene constante. Cuando esta fuerza actúa sobre una carga $q$ y ésta recorre una curva cerrada o circuito $C$ cualquiera, el trabajo total es nulo (fig.41).

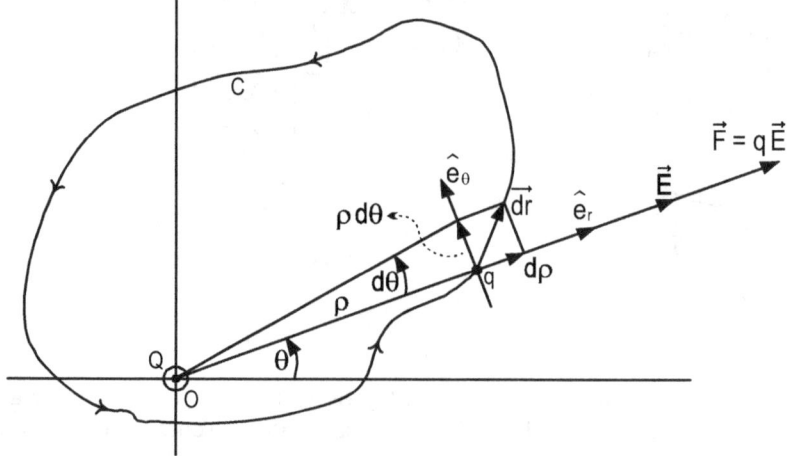

Figura 41

Matemáticamente esto se expresa así: si $\vec{F} = q\vec{E}$ es la fuerza sobre la carga q que recorre la curva C y $\vec{dr}$ son los desplazamientos sobre C, tenemos que el trabajo total en C es

$$\oint_C q\vec{E} \cdot \vec{dr} \equiv 0$$

para cualquier curva C. Como q es constante, se puede simplificar, quedando

$$\oint \vec{E} \cdot \vec{dr} \equiv 0$$

Esta integral ya no es un trabajo (es trabajo sobre carga, en $\left[\frac{Joul}{Coul}\right]$).

Se denomina "circulación de $\vec{E}$ sobre C", y la expresamos como

$$circ\vec{E} \triangleq \oint \vec{E} \cdot \vec{dr}$$

de modo que podemos decir que para los campos conservativos "la circulación es nula en todo circuito". Se puede tomar como definición de campo conservativo.

> **Para un campo conservativo la circulación es nula en todo circuito.**

Este tipo de integrales se denomina "curvilíneas", se estudian en análisis, pero por ahora basta comprender que "es la suma de todos los productos $\vec{E} \cdot \vec{dr}$ a lo largo de C"

## 1.28. Demostración de $\oint_C \vec{E} \cdot \vec{dr} = 0$

Para hacer relativamente simple la demostración, nos basaremos en un caso particular en que la carga fuente ($Q$) que produce el campo es puntual (fig.41). La generalización para cuerpos extensos se realiza por la validez del principio de superposición. Se considera que los cuerpos cargados están integrados por cargas puntuales diferenciales ($dq$). Para mayor sencillez aún supondremos que la curva C es plana y adoptamos un sistema de ejes polares: distancia $\rho$ y ángulo $\theta$ (fig.41). Note el lector que $\rho$ es el módulo del vector posición $\vec{r}$

La carga $Q$ se supone en el origen. El desplazamiento $\vec{dr}$ en general tiene dos componentes: la radial $d\rho$ y la trasversal $\rho\,d\theta$, de modo que en base de los versores $\hat{e}_r$, $\hat{e}_\theta$ podemos escribir

$$\vec{dr} = d\rho\,\hat{e}_r + \rho\,d\theta\,\hat{e}_\theta$$

El campo $\vec{E}$ es "puramente" radial

$$\vec{E} = E\,\hat{e}_r + 0\,\hat{e}_\theta$$

Hacemos el producto interno (o escalar)

$$\vec{E} \cdot \vec{dr} = E\,d\rho + 0\,r d\theta = E\,d\rho$$

Al ser $Q$ puntual es

$$E = k_0 \frac{Q}{\rho^2},$$

$Q$ va con su signo, luego

$$\vec{E} \cdot \vec{dr} = k_0 \frac{Q}{\rho^2} d\rho$$

Si integramos entre dos puntos (A y B) de C, de distancias $\rho_A$, $\rho_B$ se tiene

$$\int_{r_A}^{r_B} \vec{E} \cdot \vec{dr} = k_0 Q \int_{\rho_A}^{\rho_B} \overline{\rho}^2 \cdot d\rho = k_0 Q \left( -\frac{1}{\rho} \right)_{\rho_A}^{\rho_B} = k_0 Q \left( \frac{1}{\rho_A} - \frac{1}{\rho_B} \right)$$

pero si completamos un circuito, por ej. partimos de A y volvemos a A, resulta

$$B \equiv A \rightarrow \rho_A = \rho_B$$

luego es

$$k_0 Q \left( \frac{1}{\rho_A} - \frac{1}{\rho_A} \right) = 0$$

con lo que queda demostrado que la circulación es nula.

### 1.28.1. Consecuencia

El trabajo del campo entre dos puntos distintos A y B no depende de la forma del "camino" entre A y B (fig.42)

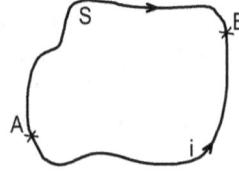

Figura 42

$$\int_{A,i,B,S,A} \vec{E} \cdot \vec{dr} = \int_{A,i,B} \vec{E} \cdot \vec{dr} + \int_{B,S,A} \vec{E} \cdot \vec{dr} = 0$$

invirtiendo el sentido de recorrido en la última, cambia de signo

$$\int_{A,i,B} \vec{E} \cdot \vec{dr} - \int_{A,S,B} \vec{E} \cdot \vec{dr} = 0$$

luego queda demostrado que

$$\int_{A,i,B} \vec{E} \cdot \vec{dr} = \int_{A,S,B} \vec{E} \cdot \vec{dr}$$

## 1.29. Definición del potencial V en un punto del campo

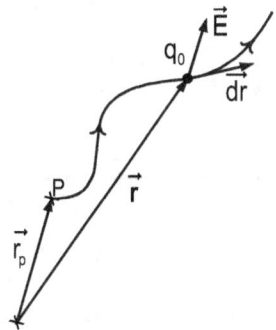

Figura 43

Supongamos que una carga testigo $q_0$ suficientemente pequeña en valor absoluto (por las mismas razones que comentábamos a propósito de la definición de $\vec{E}$), parte de un punto $P$ del espacio (fig.43) y se aleja de las cargas fuentes hacia el infinito, por cualquier camino. Definiremos al potencial eléctrico en $P$ como el siguiente cociente:

$$V(p) \triangleq \frac{\int_{r_p}^{\infty} q_0 \vec{E} \cdot \vec{dr}}{q_0} = \int_{r_p}^{\infty} \vec{E} \cdot \vec{dr}$$

es decir, *V(P)* es "el trabajo" del campo realizado sobre la carga testigo cuando ésta va de P hasta $\infty$, dividido por el valor de dicha carga testigo.

Como los cuerpos cargados reales son de tamaño finito, esta integral arroja un valor finito. Definir así el potencial tiene sentido por ser la integral independiente de la trayectoria.

### 1.29.1. Unidades de potencial (en el S.I.)

$$[V] = \frac{Joul}{Coul} \triangleq Voltio\,(V)$$

## 1.30. Diferencia de potencial

En general cada punto del espacio poseerá un potencial, dados dos puntos A y B (fig.44), A tendrá un potencial *V(A)* y B un potencial *V(B)*.

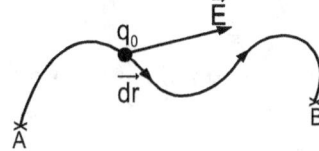

Figura 44

Si imaginamos que "vamos" de A hacia B, la diferencia de potencial se definirá como el potencial del punto de llegada *V(B)*, menos el de partida *V(A)*

$$\Delta V_{A,B} \triangleq V(B) - V(A)$$

en cambio si vamos de B hacia A es

$$\Delta V_{B,A} \triangleq V(A) - V(B) = -\Delta V_{A,B}$$

---

**Nota**

*Es interesante comparar las propiedades matemáticas del potencial con la altura geográfica de localidades: son las mismas.*

---

### 1.30.1. Otra definición equivalente de diferencia de potencial

Podemos definir a la diferencia de potencial $\Delta V_{A,B}$ como "el trabajo" del campo realizado sobre la carga testigo cuando ésta va de A a B por cualquier camino, dividimos por $q_0$, con signo menos $(-)$. Luego explicaremos el signo menos. En términos matemáticos es

$$\Delta V_{A,B} \triangleq V_B - V_A = -\frac{\int_{\vec{r}_A}^{\vec{r}_B} q_0 \vec{E} \cdot \vec{dr}}{q_0} = -\int_{\vec{r}_A}^{\vec{r}_B} \vec{E} \cdot \vec{dr}$$

La definición implica la de potencial de un punto, por ejemplo el de A: si B se "va a $\infty$" y admitimos que en el infinito es $V(B) = 0$, luego

$$0 - V_A = -\int_{\vec{r}_A}^{\infty} \vec{E} \cdot \vec{dr}$$

se simplifican los menos y queda la definición dada anteriormente para el potencial.

### 1.30.2. Explicación del signo menos

En los casos concretos que luego veremos (por ej. el de carga puntual) se comprende que el vector campo siempre "apunta" hacia dónde el potencial es menor (como el vector gravedad $\vec{g}$ apunta hacia los puntos de menor altura), por lo tanto, según se ve en la fig.44 ha de ser $V(B) < V(A)$, o sea $V(B) - V(A)$ negativo, en cambio la integral

$$\int_A^B \vec{E} \cdot \vec{dr}$$

es positiva, pues en el camino que une A con B predominan los productos $\vec{E} \cdot \vec{dr} > 0$. Luego si ha de igualarse una cosa con la otra, ha de agregarse el signo menos. Esto no depende de si "nos movemos" de A hacia B o a la inversa. El signo menos podría desaparecer si definimos a la diferencia de potencial en orden inverso ("partida-llegada"), por lo tanto es algo convencional, pero una vez aceptada la convención debe ser respetada (***un error de signo es muy grave*!!!**)

---

Ejemplos

---

Potencial y diferencia de potencial producida por una carga puntual $Q$

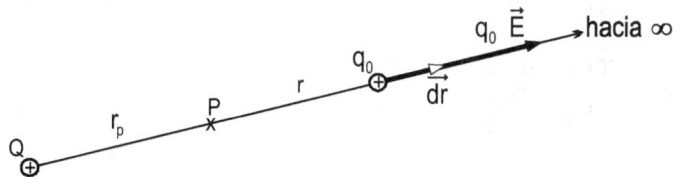

Figura 45

Para mayor sencillez de cálculo, supondremos que se va de P a $\infty$ en línea recta, pero ya sabemos que el resultado no depende del camino, por definición es

$$V(P) \triangleq \int_{r_p}^{\infty} \vec{E} \cdot \vec{dr} = k_0 Q \int_{r_p}^{\infty} \frac{dr}{r^2} = \frac{k_0 Q}{r_p}$$

En general, para un punto cualquiera, a distancia r de Q, es

$$V(r) = \frac{k_0 Q}{r}$$

Dados dos puntos A y B (fig.46), a distancias $r_A, r_B$ de Q es (fig.46)

$$\Delta V_{AB} = V_B - V_A = k_0 Q \left( \frac{1}{r_B} - \frac{1}{r_A} \right)$$

si Q es positiva esto da un valor negativo, pues $\dfrac{1}{r_B} < \dfrac{1}{r_A}$ según el caso de la fig.46, o bien

$V(B) < V(A)$

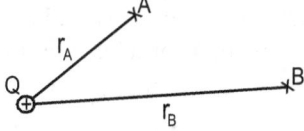

Figura 46

En la fig.47(a) se tiene la gráfica de

$$V(r) = \frac{k_0 Q}{r}$$

y en la fig.47(b) las esferas equipotenciales (definiremos luego a las "superficies equipotenciales")

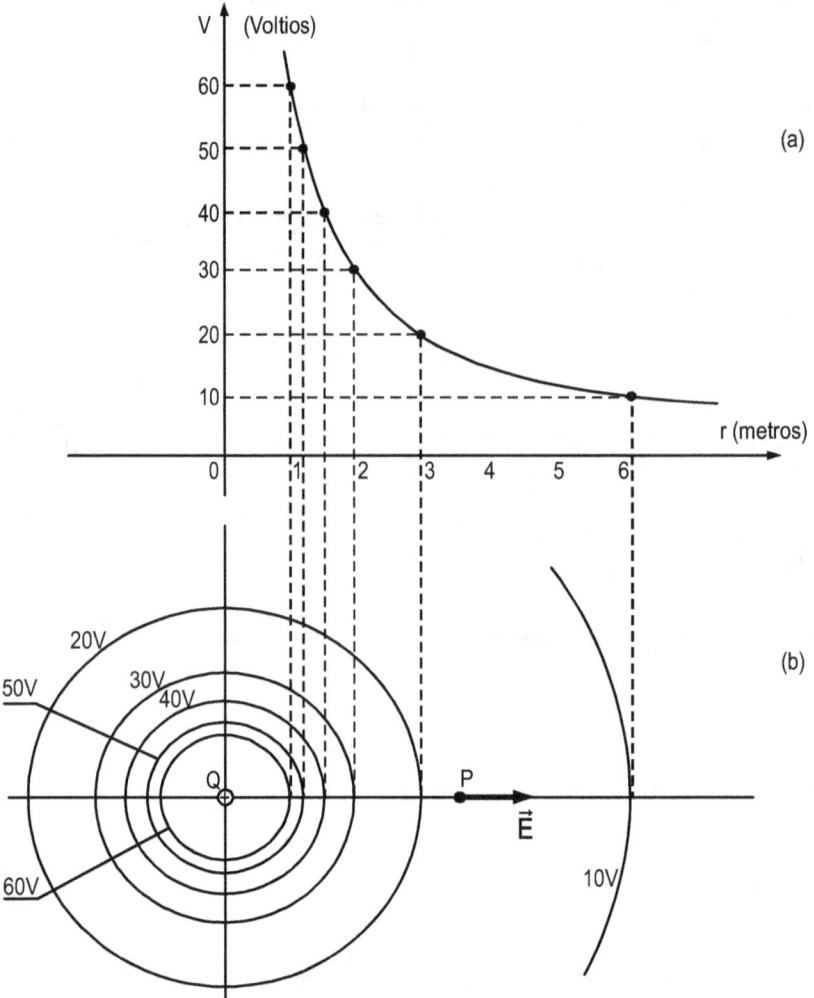

Figura 47

En las figuras 47 a y b se ha supuesto un valor tal de $Q$ que se tiene los valores de V indicados (de 10 en 10). Observe que a pesar de considerar V de 10V en 10V, las distancias no son iguales, es una ley de variación "hiperbólica", no lineal. En la fig.47b debe imaginarse esferas (en 3 dimensiones) no circunferencias.

Si Q es negativa, los valores absolutos anteriores son igualmente válidos, sólo hay que cambiar el signo. Ahora se comprende fácilmente que el vector campo "apunta" hacia donde disminuye el potencial (sea Q positiva o negativa).

## 1.31. Superficies equipotenciales

Son las superficies constituidas por todos los puntos del espacio que tienen igual valor del potencial. En los libros de análisis suelen denominarle "superficies de nivel", pensando quizás en alturas en lugar de potencial. Es la correspondiente idea en el espacio tridimensional de las "curvas de nivel" en el plano. El alumno conoce seguramente las curvas de igual altura que se observan en los mapas orográficos.

En el caso de una única carga puntual (caso ideal), las superficies equipotenciales son esferas concéntricas con la carga (fig.47b).

Es interesante adelantar la idea de que las líneas de campo son curvas "perpendiculares" a las superficies equipotenciales. En la fig.47b se ve claramente que es así, pues las líneas de campo son rectas radiales, pero la perpendicularidad es general ,válido para cualquier campo.

## 1.32. Potencial debido a varias cargas puntuales

Sean $N$ cargas puntuales de valores y posiciones conocidas:

el potencial (total) en un punto P es simplemente la suma de los potenciales debidos a cada carga (suma de números reales, cada uno con su signo).

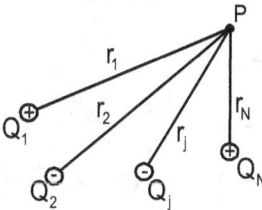

Figura 48

En la fig.48 se ilustra la idea, las $r_j$ son las distancias de $P$ a cada carga $Q_j$. De modo que

$$V(P) = \sum_{j=1}^{N} \frac{k_0 Q_j}{r_j}$$

Esto también responde al principio de superposición (escalar).

## 1.33. Potencial debido a un dipolo

El potencial en el punto P, a distancia $r_A$ de $+Q$ y $r_B$ de $-Q$, por lo dicho en el punto anterior es

$$V(P) = \frac{k_0 Q}{r_A} + \left( \frac{-k_0 Q}{r_B} \right)$$

$$V(P) = \frac{k_0 Q}{r_A} - \frac{k_0 Q}{r_B}$$

Se comprende que el plano medio es una superficie equipotencial de valor $V = 0\ V$. En la fig.49 se han dibujado aproximadamente algunas superficies equipotenciales (no son esféricas). Se les ha dado valores numéricos para fijar ideas.

*¿Qué diferencia de potencial hay entre el punto H y N?*

Si vamos de H hacia N se tiene

$$V_N - V_H = -10 - 10 = -20V$$

(significa que N tiene 20V menos que H). En cambio si vamos de N hacia H se tiene

$$V_H - V_N = 10 - (-10) = +20V$$

*¿Qué diferencia de potencial hay entre H y R?*

Cero, pues ambos puntos están sobre la misma superficie equipotencial. Es interesante señalar que en ausencia de cualquier fuerza extraña al campo dipolar (por ejemplo la gravedad), soltada en el campo una carga positiva ésta iría de los potenciales mayores hacia los menores, terminando en B. La trayectoria que realizaría no es necesariamente coincidente con las líneas de campo, como a primera vista puede parecer (pues la carga se acelera por las fuerzas del campo). Sería muy interesante resolver este problema de mecánica (dinámica).

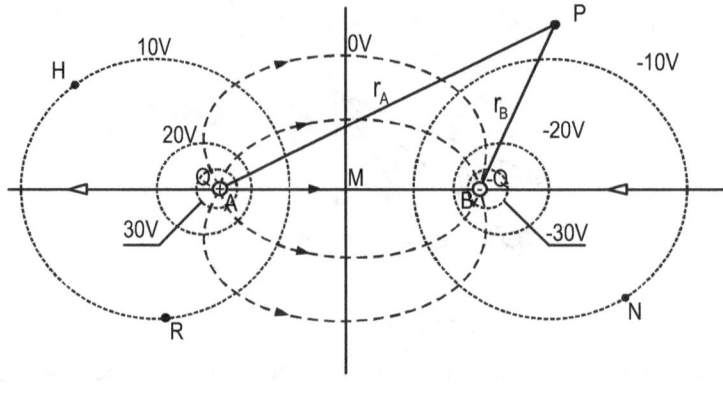

Figura 49

En la fig. 49 también se han dibujado las líneas de campo tratando que sean perpendiculares a la superficie. Note el alumno algo muy importante, en la superficie plana del medio, el potencial es nulo, pero el campo $\vec{E}$ no es nulo.

*¿Cómo ha de ser entonces la relación entre el campo escalar V y el vectorial $\vec{E}$ ? Esto lo veremos luego.*

En síntesis, ahora tenemos que en cada punto del espacio se tiene un vector campo eléctrico $\vec{E}$ y además un escalar potencial eléctrico $V$.

## 1.34. Gradiente de Potencial

Para entender la relación entre $V$ y $\vec{E}$ comencemos con un caso particular muy simple pero muy sugerente, el caso de carga puntual (fig. 50). Introduzcamos un eje radial $r$ con su correspondiente versor $\hat{e}_r$ (no hace falta otro eje dada la simetría esférica de este caso).

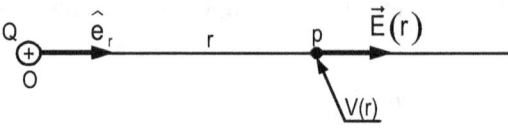

Figura 50

En un punto P cualquiera, a distancia $r$ de $Q$ se tiene el campo eléctrico

$$\vec{E}(r) = \frac{k_0 Q}{r^2} \hat{e}_r$$

y el potencial

$$V(r) = \frac{k_0 Q}{r}$$

Es evidente que derivando *V(r)* respecto de *r* y cambiando el signo se tiene $\vec{E}$

$$\vec{E}(r) = -\frac{d}{dr} V(r) \hat{e}_r$$

en efecto, es

$$\frac{d}{dr}\left(\frac{k_0 Q}{r}\right) = -\frac{k_0 Q}{r^2}$$

Esto tan sencillo ya esta indicando que para hallar $\vec{E}$ a partir de *V* hay que derivar respecto a las "coordenadas de posición".

## 1.35. Generalización para cualquier caso.

Utilizaremos coordenadas cartesianas para mayor sencillez.

Supongamos 2 puntos *A* y *B* (fig.51) tan cercanos que la aproximación lineal (diferencial) de las variaciones de potencial y campo sea suficiente. Sea $\vec{dr}$ el desplazamiento de *A* a *B*, entonces por definición de diferencia potencial de tiene

$$dV = V_B - V_A = -\vec{E} \cdot \vec{dr} \qquad (1)$$

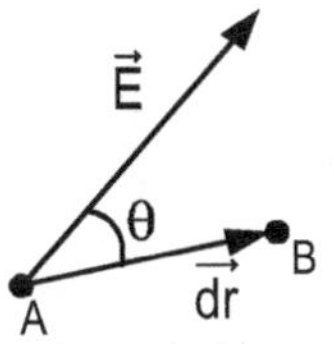

Figura 51

En coordenadas cartesianas es

$$\vec{E} = E_x \hat{i} + E_y \hat{j} + E_z \hat{k}$$
$$\vec{dr} = dx\,\hat{i} + dy\,\hat{j} + dz\,\hat{k}$$

por otro lado, dada la función potencial $V(x, y, z)$, su diferencial total es

$$dV = \frac{\partial V}{\partial x} dx + \frac{\partial V}{\partial y} dy + \frac{\partial V}{\partial z} dz$$

por (1), al ser un producto escalar , resulta la suma de productos de componentes escalares homólogas de $\vec{E}$ y de $\vec{dr}$ :

$$\frac{\partial V}{\partial x} dx + \frac{\partial V}{\partial y} dy + \frac{\partial V}{\partial z} dz = -\left(E_x dx + E_y dy + E_z dz\right)$$

Como esta igualdad debe ser válida para *dx, dy, dz* cualesquiera, ha de cumplirse:

$$E_x = -\frac{\partial V}{\partial x}; \qquad E_y = -\frac{\partial V}{\partial y}; \qquad E_z = -\frac{\partial V}{\partial z}$$

luego el vector $\vec{E}$ es

$$\vec{E} = -\left( \frac{\partial V}{\partial x}\hat{i} + \frac{\partial V}{\partial y}\hat{j} + \frac{\partial V}{\partial z}\hat{k} \right)$$

El parentesis (sin el signo menos) es un vector denominado **Gradiente de Potencial**, anotaremos *grad V*; asi se puede escribir que :

$$\vec{E} = -grad\ V$$

## 1.36. Operador "nabla" o de Hamilton

Es usual considerar el operador (símbolo que "ordena" hacer las derivadas respecto a las coordenadas de posición):

$$\vec{\nabla} \doteq \hat{i}\frac{\partial}{\partial x} + \hat{j}\frac{\partial}{\partial y} + \hat{k}\frac{\partial}{\partial z}$$

Aplicado a la función potencial $V$ da el gradiente de $V$:

$$grad\ V = \vec{\nabla}\ V = \hat{i}\frac{\partial V}{\partial x} + \hat{j}\frac{\partial V}{\partial y} + \hat{k}\frac{\partial V}{\partial z}$$

Con este símbolo "*nabla*" podemos escribir

$$\vec{E} = -\vec{\nabla}\ V$$

---

Ejemplo

---

Supongamos que como dato dan

$$V(x,y,z) = 3x^2 y\ z^3 - 4y^2 z + x^4$$

donde *x, y, z* son las coordenadas cartesianas de los puntos del campo, en metros y los coeficientes numéricos han de tener las unidades apropiadas para que $V$ de en voltios, por ejemplo el coeficiente 3 posee las unidades $\left[ \dfrac{V}{m^6} \right]$

Podemos calcular $\vec{E}$ con el gradiente de $V$

$$E_x = -\frac{\partial V}{\partial x} = -6xyz^3 - 4x^3$$

$$E_y = -\frac{\partial V}{\partial y} = -3x^2 z^3 + 8yz$$

$$E_z = -\frac{\partial V}{\partial z} = -9x^2yz^3 + 4y^2$$

luego el vector $\vec{E}$ es

$$\vec{E} = \left(-6xyz^3 - 4x^3\right)\hat{i} + \left(-3x^2z^3 + 8yz\right)\hat{j} + \left(-9x^2yz^2 + 4y^2\right)\hat{k}$$

## 1.37. Ecuaciones diferenciales de las líneas de campo

Aunque no nos detendremos en el estudio matemático de las líneas de campo, plantearemos las ecuaciones diferenciales que integradas darían las ecuaciones de las mismas.

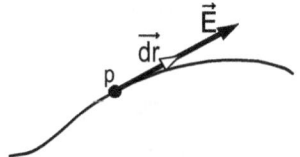

Figura 52

Para ello planteamos el paralelismo de un "*trozo*" diferencial de linea

$$\vec{dr} = dx\,\hat{i} + dy\,\hat{j} + dz\,\hat{k}$$

(fig.52) y el vector de campo $\vec{E}$ aplicado allí

$$\vec{E} = \lambda\,\vec{dr}$$

donde $\lambda$ es un numero real cualquiera, luego por componentes se tiene

$$E_x = \lambda dx; \qquad E_y = \lambda dy; \qquad E_z = \lambda dz$$

o también despejando de todas ellas $\lambda$ e igualando

$$\frac{dx}{E_x} = \frac{dy}{E_y} = \frac{dz}{E_z}$$

Tomadas de a pares, podemos plantear

$$\frac{dy}{dx} = \frac{E_y}{E_x}; \qquad \frac{dz}{dx} = \frac{E_z}{E_x}$$

(supuesto $E_x \neq 0$). Si podemos resolver este sistema, tendremos las líneas de campo. Para el ejemplo anterior sería

$$\frac{dx}{-6xyz^3 - 4x^3} = \frac{dy}{-3x^2z^3 + 8yz} = \frac{dz}{-9x^2yz^2 + 4y^2}$$

Las ecuaciones de las superficies equipotenciales se obtienen facilmente haciendo

$$V(x,y,z) = C$$

pero en general no es tan fácil visualizar que forma tienen tales superficies. Por ejemplo, para el caso anterior, la superficie de 10 V sería

$$3x^2yz^3 - 4y^2z + x^4 = 10, \text{ etc.}$$

Otro ejemplo más simple. Sea

$$V(x,y,z) = 2x + 2y + 2z$$

los coeficientes 2 van en $\left[\dfrac{V}{m}\right]$. El campo es uniforme (constante):

$$\vec{E} = -2\hat{i} - 2\hat{j} - 2\hat{k}$$

de módulo

$$\left\|\vec{E}\right\| = \sqrt{2^2 + 2^2 + 2^2} = \sqrt{12}$$

las líneas de campo son rectas y las superficies equipotenciales planas (aproximadamente esto se muestra en la figura 53).

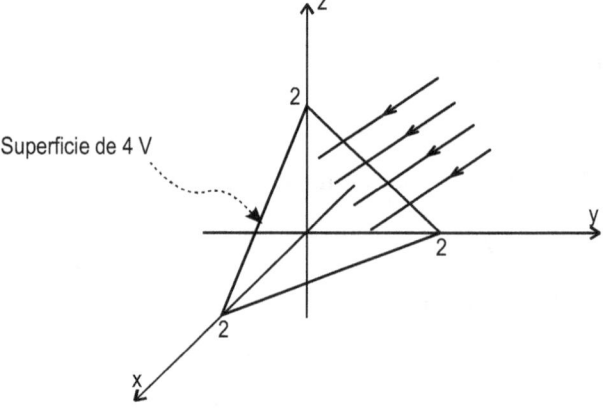

Figura 53

Recordemos que siempre hay perpendicularidad entre las líneas de campo y las superficies equipotenciales.

## 1.38. Caso de dos placas planas paralelas (capacitor plano)

Sea que se conecta una batería de 12 *V* entre las placas A y B, con la polaridad indicada en la figura 54 (a). Por la ley de Gauss hemos visto que

$$\left\|\vec{E}\right\| = \frac{\sigma}{\varepsilon_0}$$

Vectorialmente podemos escribir, si el eje $x$ se toma positivo hacia la izquierda (como se indica en la fig.54 b),

$$\vec{E} = -\frac{\sigma}{\varepsilon_0}\hat{i}$$

es decir la única componente de $\vec{E}$ es en $x$: $E_x = E = -\dfrac{\sigma}{\varepsilon_0}$ y por el concepto de gradiente es:

$$-\frac{dV}{dx} = E = -\frac{\sigma}{\varepsilon_0}$$

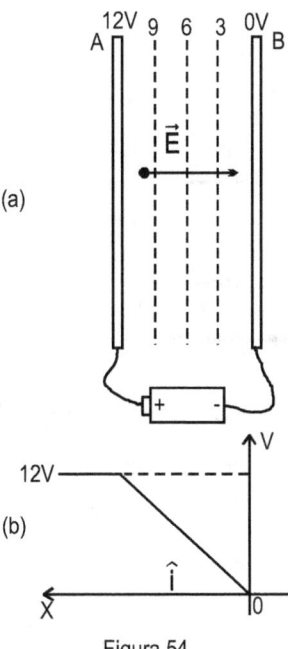

(a)

(b)

Figura 54

luego

$$dV = \frac{\sigma}{\varepsilon_0}dx$$

integrando

$$V(x) = \frac{\sigma}{\varepsilon_0}x + cte.$$

podemos arbitrariamente hacer que el potencial de la placa B sea cero, es decir

$$V(B) = 0 \qquad\qquad \text{luego } cte. = 0$$

así

$$V(x) = \frac{\sigma}{\varepsilon_0}x$$

Vemos que el potencial crece linealmente de B hacia A. En las fig. 54 b se observa la gráfica y las superficies equipotenciales de 3 en 3 *voltios*. Si la distancia entre las caras internas de A y B es, por ejemplo $d = 0,4\ mm = 4\times10^{-4}m$, se tiene

$$|\Delta V_{AB}| = \|\vec{E}\| d, \qquad \text{luego}$$

$$\|\vec{E}\| = \frac{|\Delta V_{AB}|}{d} = \frac{12V}{4 \times 10^{-4} m} = 30.000 \left[\frac{V}{m}\right]$$

la densidad de carga ha de ser

$$\sigma = \|\vec{E}\| \varepsilon_0 = 3 \times 10^4 \times 8,85 \times 10^{-12} \frac{Coul}{m^2}$$

$$\sigma = 2,655 \times 10^{-6} = 2655 \frac{\mu C}{m^2}$$

---

**Nota**

*El campo $\vec{E}$ ahora puede medirse en* $\left[\dfrac{Volt}{metro}\right] \equiv \left[\dfrac{N}{C}\right]$

---

## 1.39. Potencial de un cuerpo conductor cargado electroestáticamente

Hemos comprendido antes que una vez cargado un cuerpo conductor (por ejemplo de metal) no puede existir campo eléctrico macroscópico en su interior (fig.55), luego al ser

$$\vec{E}_{int.} = -\left(\frac{\partial V}{\partial x}\hat{i} + \frac{\partial V}{\partial y}\hat{j} + \frac{\partial V}{\partial z}\hat{k}\right) = 0$$

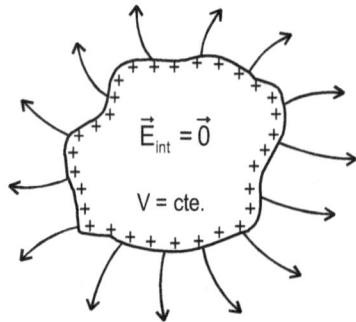

Figura 55

resulta $V = cte.$, es decir, el potencial es constante en toda la masa (incluyendo la superficie). Más que una superficie equipotencial, tenemos un volumen equipotencial: podemos decir que si entre dos puntos cualesquiera del cuerpo hubiere una diferencia de potencial, las cargas libres del conductor se moverían (los electrones lo harían del potencial menor hacia el mayor), contra el supuesto que las cargas ya no se mueven (electrostática). Las líneas de campo de la supeficie hacia el exterior son perpendiculares a la superficie (fig. 55).

### 1.39.1. Caso esférico

Sea una esfera conductora cargada de radio $R$. El campo en su interior es nulo, luego el potencial es constante. Como sabemos que para todo punto cuya distancia $r$ al centro es $r \geq R$, la esfera se comporta como puntual, se tiene

$$V(r) = \frac{k_0 Q}{r}; \qquad r \geq R$$

en valor absoluto, el potencial máximo es

$$V_{máx} = \frac{k_0 Q}{R}; \; (\text{válido para } r \leq R)$$

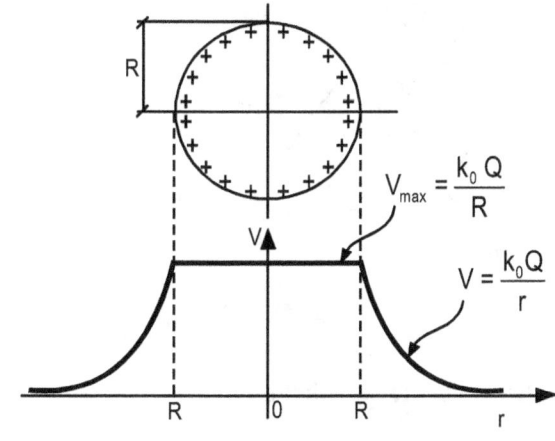

Figura 56

Es interesante advertir que cuanto menor es el radio $R$ de una esfera, a igualdad de carga $Q$, mayor es el potencial y el campo en su superficie:

$$V_{máx} = \frac{k_0 Q}{R}; \quad \left\|\vec{E}\right\|_{máx} = \frac{k_0 Q}{R^2}$$

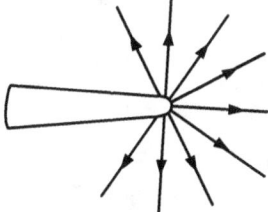

Figura 57

Esto explica el efecto "descargador" de las puntas. Una punta aguda es una semiesfera de radio muy pequeño (fig.57), de modo que se produce en su superficie en campo muy intenso, tanto, que se puede llegar a ionizar el aire, los iones de igual signo son "soplados" y los de signos contrario caen sobre la punta, esto constituye el llamado *viento eléctrico*, que contribuye a descargar rápidamente los cuerpos (por ello, si deseamos que las cargas permanezcan en los cuerpos estos no deben tener puntas ni bordes en filo).

## 1.40. Demostración de la perpendicularidad entre el campo $\vec{E}$ (o las lineas de campo) y las superficies equipotenciales

Sea $T$ el plano tangente en $P$ a una superficie equipotencial ($V=cte.$) fig.58. Elegimos un desplazamiento diferencial $\overrightarrow{dr}$ sobre el plano tangente, con origen en $P$. Sabemos que $dV = -\vec{E} \cdot \overrightarrow{dr} = 0$, pues hemos elegido $\overrightarrow{dr}$ tangente a la superficie equipotencial, luego

$$-\vec{E} \cdot \overrightarrow{dr} = \vec{\nabla}V \cdot \overrightarrow{dr} = 0$$

como $\vec{E} \neq \vec{0}$, $\overrightarrow{dr} \neq \vec{0}$, debe ser necesariamente $\vec{E}$ perpendicular a $\overrightarrow{dr}$ y por ende a la superficie equipotencial.

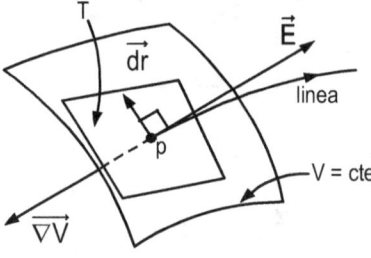

Figura 58

### 1.40.1. Resumen de las propiedades del vector gradiente

*Derivada direccional*

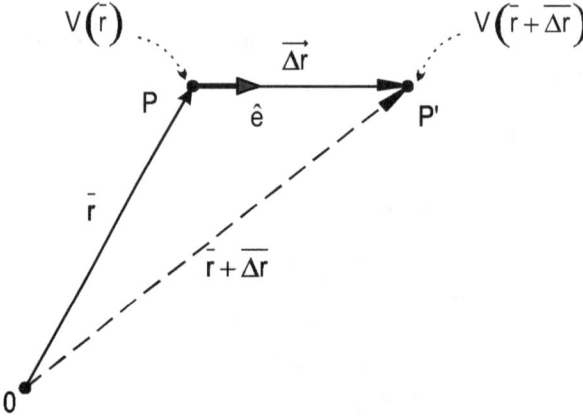

Figura 58 (a)

Si "estamos en un punto $P$ de un campo escalar $V\left(\vec{r}\right)$ (fig.58 a) y nos desplazamos $\overrightarrow{\Delta r}$ en cualquier direccción (sin salir del campo), se producirá en general una variación

$$\Delta V = V\left(\vec{r}+\overrightarrow{\Delta r}\right) - V\left(\vec{r}\right)$$

Podemos definir un versor $\hat{e}$ en la dirección y sentido de $\overrightarrow{\Delta r}$, de modo que $\overrightarrow{\Delta r} = \hat{e} \left\| \overrightarrow{\Delta r} \right\|$. Por definición: la "derivada direccional" de $V$ en la dirección $\hat{e}$, evaluada en $P$ es:

$$D_{\hat{e}} \, V(P) \triangleq \lim_{\left\| \overrightarrow{\Delta r} \right\| \to 0} \frac{V\left( \vec{r} + \hat{e} \left\| \overrightarrow{\Delta r} \right\| \right) - V\left( \vec{r} \right)}{\left\| \overrightarrow{\Delta r} \right\|}$$

(no hay uniformidad en el símbolo empleado, aquí hemos utilizado $D_{\hat{e}}$).

El valor de esta derivada direccional depende no sólo del punto donde se evalúa sino también de la dirección $\hat{e}$. Ahora bien, de los $\infty$ valores de esta derivada, correspondientes a las $\infty$ direcciones de $\hat{e}$ (aplicado en $P$) habrá un valor máximo: se demuestra que este valor máximo se registra en la dirección del vector gradiente. El módulo del gradiente es precisamente este valor máximo:

$$D_{\hat{e}} \, V(P)_{máx} = \left\| \nabla V \right\|$$

El sentido de $\nabla V$ es hacia donde crece $V$, su dirección, como hemos demostrado, es perpendicular a la superficie equipotencial que contiene a $P$.

Dado $\nabla V$ podemos hallar la derivada en cualquier dirección $\hat{e}$ así

$$D_{\hat{e}} \, V = \hat{e} \cdot \nabla V$$

Las derivadas parciales $\dfrac{\partial V}{\partial x}$, $\dfrac{\partial V}{\partial y}$, $\dfrac{\partial V}{\partial z}$ son las derivadas direccionales en las direcciones de los versores $\hat{i}$, $\hat{j}$, $\hat{k}$ de los ejes $x$, $y$, $z$.

## 1.41. Materiales aislantes

Hasta ahora hemos pensado en campos eléctricos en el vacío de materia y en el campo (nulo) en el interior de los materiales conductores. Estudiaremos ahora, de un modo resumido, el comportamiento del campo electrostático en un material aislante.

Ya hemos dicho que los materiales son aislante porque en su estructura atómica o molecular no existen cargas libres de moverse. Todo material es aislante hasta cierto valor del campo (a una temperatura dada). Cuando el campo supera el valor típico, denominado **campo de ruptura o "rigidez dieléctrica"**, el material se ioniza, se liberan cargas y deja de ser aislante. Este campo $\left( E_R \right)$ puede interpretarse gracias al concepto de gradiente, como la diferencia de potencial máxima que puede aplicarse entre las caras de una lámina de espesor unidad (por ejemplo de 1 $mm$). Damos algunos ejemplos en *Kilovolt por milímetro*

$$Aire \approx 1 \left[ \frac{kV}{mm} \right], \qquad Papel \approx 14 \left[ \frac{kV}{mm} \right], \qquad Mica \approx 160 \left[ \frac{kV}{mm} \right]$$

## 1.42. Coeficiente dieléctrico adimensional $k_e$ y dimensionado $\varepsilon \doteq k_e \varepsilon_0$

### 1.42.1. Hechos experimentales

En las fig.59 tenemos nuevamente un capacitor plano cargado, sólo que ahora hemos retirado la batería y la hemos reemplazado por un "electroscopio de hojuelas", que permite medir la diferencia de potencial entre las placas. Si conectamos un voltímetro común (por ejemplo de bobina móvil), éste cierra el circuito y descarga al capacitor. En *(a)* el capacitor está vacío, en *(b)* lo hemos llenado con un material aislante.

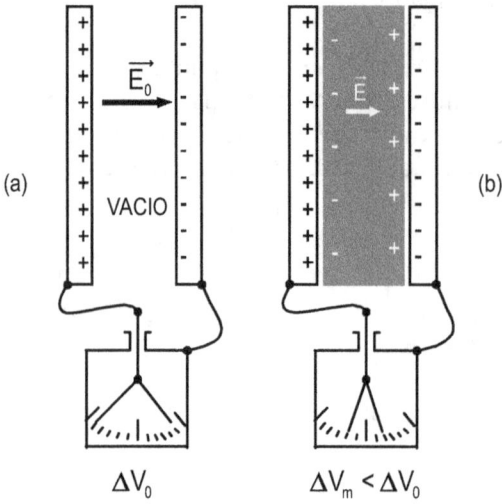

Figura 59

El llenado con aislante hace descender el valor de la diferencia de potencial, según indica el electroscopio:

$$\Delta V_m < \Delta V_0$$

Sin embargo las placas conductoras no pudieron perder carga, pues no hay conexión conductiva entre ellas (los electrones de B no tienen cómo ir hacia la placa A). Si la diferencia de potencial ha disminuído entonces también tiene que haber disminuído el campo, pues en base al concepto de gradiente:

$$E_0 = \frac{\Delta V_0}{d}$$

$$E = \frac{\Delta V_m}{d} < E_0$$

donde *d* es la distancia entre las caras internas de las placas A, B. En las figuras 59 se muestran los vectores $\vec{E}_0$ y $\vec{E}$ (este último algo menor). Luego deberemos explicar el porqué de esta disminución de campo. A una dada temperatura el grado de disminución del campo en el material respecto del campo en el vacío depende de la sustancia en cuestión y puede caracterizar a la sustancia. Para ello se define un coeficiente denominado *"permitividad dieléctrica adimensional"* así

$$k_e \doteq \frac{E_0}{E_m} = \frac{\Delta V_0}{\Delta V_m}$$

donde

$E_0$, $\Delta V_0$     son los valores de campo y de diferencia de potencial entre las placas en el vacío.

$E_m$, $\Delta V_m$     lo son con el material aislante (luego no usaremos más el subíndice $m$ por "material").

$k_e$ no debe ser considerada una constante sino un coeficiente, pues depende del material, de la temperatura e inclusive puede depender de la presión a que se somete el material. También hay materiales "no lineales" donde $k_e$ depende del propio campo $\vec{E}$.

### 1.42.2. Algunos valores de $k_e$ (a 20°C)

Agua pura:     $k_e \approx 80$

Mica:     $k_e \approx 5,4$

Porcelana:     $k_e \approx 6,5$

No hay relación entre el campo de ruptura $E_R$ y la permitividad dieléctrica $k_e$, por ejemplo la mica tiene un

$$E_R = 160 \frac{kV}{mm} \qquad \text{y} \qquad k_e = 5,4$$

en cambio la porcelana es

$$E_R = 4 \frac{kV}{mm} \qquad \text{pero } k_e \text{ es mayor } (= 6,5)$$

*¿Qué significan los valores de $k_e$?*

Dan el debilitamiento del campo en el material, con respecto al del vacío

$$E = \frac{E_0}{k_e}$$

Observe que el agua debilita mucho

$$E \ (en \ agua) \cong \frac{E_0 \left( en \ vacio \right)}{80}$$

Hay materiales con mayor $k_e$ aún, pero no son muchos, por ejemplo el titanato de bario.

Para campos electrostáticos o de baja frecuencia es $k_e \doteq \dfrac{E_0}{E} > 1$, para el vacío obviamente es $k_{e0} = 1$. Para el aire es $k_e \cong 1,0006$.

### 1.42.3. Modelo sencillo para un aislante

Sin recurrir a la física cuántica (como corresponde a los fenómenos atómicos), elaboraremos un modelo molecular o atómico válido para campos estáticos o de baja frecuencia (pues en muy alta frecuencia, por ejemplo para los rayos X, aparecen fenómenos dinámicos como la resonancia). Pensaremos que un aislante está formado por átomos o moléculas que son (o se comportan como) dipolos. Un ejemplo típico lo constituye la molécula de agua ($H_2O$).

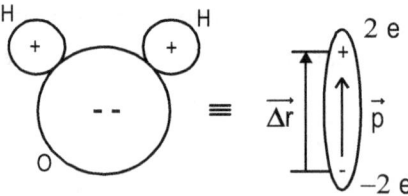

Figura 60

Está formada por 2 átomos de hidrógeno ionizados (2 protones) y un átomo de oxígeno doblemente ionizado (2 electrones en exceso).

De modo que se tiene un centro de carga positiva, de valor de $2|e|$ y un centro de carga negativa de valor $-2|e|$, es decir la molécula es un dipolo. La distancia entre ambos centros es $\left\|\overrightarrow{\Delta r}\right\|$, donde $\overrightarrow{\Delta r}$ es la posición del centro positivo respecto del negativo (fig.60).

Definimos como "**vector momento dipolar eléctrico** $\vec{p}$" de la molécula a

$$\vec{p} \doteq 2|e|\overrightarrow{\Delta r}$$

El vector $\vec{p}$ apunta de (-) a (+). En general, es

$$\vec{p} \doteq Q \,\overrightarrow{\Delta r}$$

donde $Q$ es la carga del centro positivo. Como

$$|e| \approx 1,6 \times 10^{-19}\, Coul \quad \text{y} \quad \left\|\overrightarrow{\Delta r}\right\| \approx 1\ \overset{\circ}{A} \equiv 10^{-10}\, m$$

los momentos dipolares de las moléculas son del orden de $10^{-29}$ a $10^{-30}$ $Coulomb \times metro$

Hay moléculas y átomos con simetría esférica tal que el centro (+) coincide con el centro (-) (fig.61a), es decir, $\overrightarrow{\Delta r} = 0$ luego $\vec{p} = \vec{0}$ (moléculas no polares), pero si se las somete a un campo $\vec{E}$, este las "estira", separando algo el centro (+) del (-) (fig.61b).

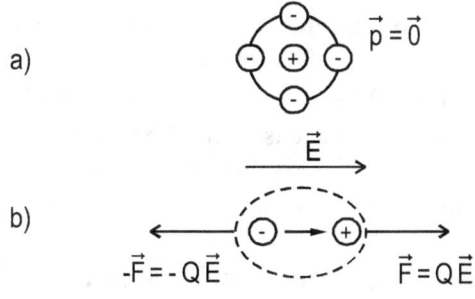

Figura 61

Se tiene así un momento dipolar inducido $\vec{p}$ de modo que frente a un campo toda molécula se comporta al fin como polar ($\vec{p} \neq \vec{0}$).

Como siempre supondremos que el material estará sometido a campo, siempre lo consideraremos como formado por dipolos. Esquematizaremos una molécula o átomo dipolar así

$$\bigcirc\!\!\!\!\!\!\!\!- \;\!\! + \quad \equiv \quad \xrightarrow{\;\;\vec{p}\;\;}$$

En la fig. 62 queremos dar una idea de cómo imaginaremos un trozo muy pequeño de aislante de volumen $\Delta v$, tal que a nivel macroscópico (a "escala humana") pueda ser considerado como un punto, pero al nivel microscópico contenga unos cuantos cientos de dipolos. Es lo que se suele denominar "un infinitésimo físico".

La agitación molecular, de origen térmico, normalmente provoca la orientación al azar de los dipolos (fig.62a)

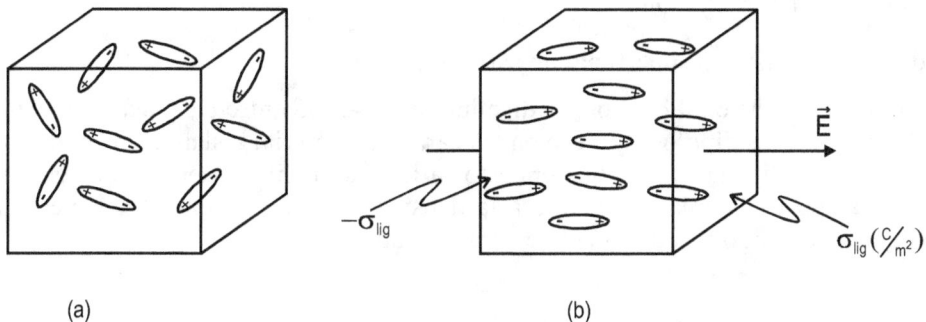

Figura 62

Si en la fig. 62a efectuamos la suma vectorial de los dipolos (supuesto que hay varios cientos) resulta

$$\sum \vec{p}_j \approx \vec{0}$$

se dice que el aislante no está polarizado. En cambio aplicando un campo eléctrico $\vec{E}$, se produce cierto orden (no perfecto), fig.62b. Ahora resulta que

$$\sum \vec{p}_j \neq \vec{0}$$

y se dice que el aislante está polarizado. Los extremos (+) quedan hacia donde apunta $\vec{E}$, en cambio los extremos (-) quedan en sentido contrario, de modo que en la cara derecha se manifiesta una densidad superficial de carga dipolar ($\sigma_{lig}$), positiva y en la cara izquierda una $-\sigma_{lig}$. El subíndice *"lig"* está para indicar que es debido a cargas "ligadas" o no libres. Estas cargas constituyan dipolos y no pueden moverse libremente por el material. Los dipolos sólo pueden rotar por acción del campo, pero no trasladarse (supuesto el campo $\vec{E}$ uniforme).

## 1.43. Vector densidad de dipolos o vector polarización eléctrica $\left(\vec{P}\right)$

Para cuantificar el grado de polarización local en un material definiremos el vector polarización eléctrica $\vec{P}$ como una densidad volumétrica de momentos dipolares, así

$$\vec{P} = \frac{\sum\limits_{j=1}^{N}\vec{p}_j}{\Delta v}$$

donde $\Delta v$ es el volumen que ocupan los $N$ momentos $\vec{p}_j$. Es una magnitud que sólo tiene sentido a nivel macroscópico (como la densidad de masa o de carga eléctrica $\rho$). De todos modos se puede considerar que $\vec{P}$ es un campo de vectores en el seno del material. Cuando el material está polarizado es $\vec{P} \neq \vec{0}$, cuando está despolarizado es $\vec{P} = \vec{0}$.

## 1.44. Unidades de $\vec{P}$

$$\left[\vec{P}\right] = \frac{\left[\sum\vec{p}\right]}{\left[\Delta v\right]} = \left[\frac{C\cdot m}{m^3}\right] = \left[\frac{C}{m^2}\right]$$

las mismas unidades que la densidad superficial de carga $\sigma$.

Estamos en condiciones ahora de explicar porqué disminuyó el campo entre las placas del capacitor plano (fig.59b). Al ordenarse los dipolos, aparece en las caras del material aislante, enfrentadas a las placas, densidades de cargas ligadas, de signos opuestos a las cargas libres depositadas en las placas, de modo que al campo de las placas, debido a la densidad de cargas libres, se superpone un campo de sentido contrario debido a la densidad de cargas ligadas (fig.63).

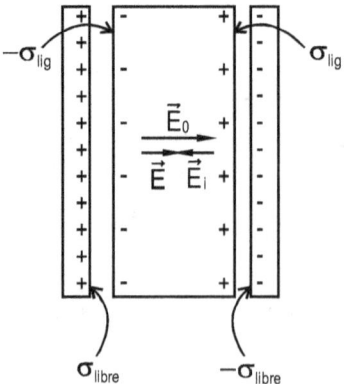

Figura 63

Este campo se puede denominar "campo inducido $\vec{E}_i$". El campo resultante es:

$$\vec{E} = \vec{E}_0 + \vec{E}_i \qquad \text{Es el campo en el seno del material.}$$

Denominamos densidad de cargas libres a la depositada sobre las placas conductoras puesto que es debida a a movilización de los electrones libres efectuada por la batería. La experiencia muestra que $|\sigma_{lig}| < |\sigma_{libre}|$. Si fuese $|\sigma_{lig}| = |\sigma_{libre}|$ el campo en el material sería nulo. Sería así si en lugar de un aislante colocamos un conductor, que no toque a las placas.

## 1.45. Relación entre la polarización $\vec{P}$ y la densidad superficial de carga ligada.

Sea un trozo prismático de aislante, uniformemente polarizado (fig.64), que contiene *"x"* dipolos a lo largo, *"y"* a lo ancho y *"z"* a lo alto, es decir, un número total $N = x \cdot y \cdot z$. Por el modo en que está cortado (a "bisel"), *"x"* es el promedio de los que están a lo largo.

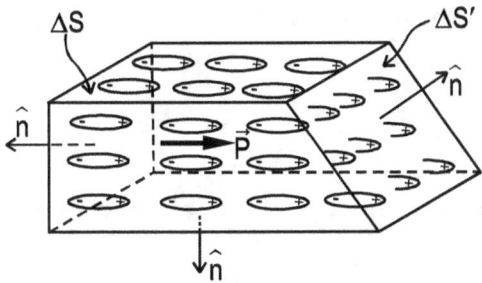

Figura 64

Supongamos para mayor sencillez que todos los dipolos sean iguales (material homogéneo), todos paralelos (ordenamiento perfecto) y que están en contacto (no como en la fig.64, que están algo separados). La carga de cada centro o extremo de los dipolos es $q$ y la longitud de cada dipolo es $\|\vec{\Delta r}\|$, de modo que el momento dipolar de cada dipolo es, en módulo:

$$\|\vec{p}\| = q \|\vec{\Delta r}\|$$

y que la suma de todos ellos es

$$\left\| \sum_{j=1}^{N} \vec{p} \right\| = q \|\vec{\Delta r}\| N = q \|\vec{\Delta r}\| \, x \, y \, z$$

pero $x\|\vec{\Delta r}\| = $ longitud promedio del trozo, $q \, y \, z = Q_{lig}$ es la carga total en la cara cortada a bisel, en la cara izquierda tiene el mismo valor absoluto, pero negativa, de modo que el momento dipolar total es simplemente

$$\left\| \sum \vec{p}_j \right\| = Q_{lig} \ell$$

como si fuese un único "gran dipolo" (fig.65). Denominando con $\Delta S$ al área de la cara izquierda y

$$\Delta S' = \frac{\Delta S}{\cos\theta}$$

al área de la cara a bisel, se tiene que el volumen del trozo es

$$\Delta v = \Delta S \cdot \ell = \Delta S' \cdot \ell \cos\theta$$

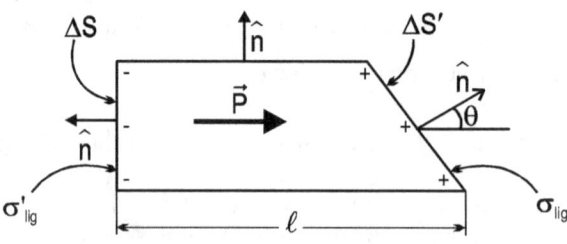

Figura 65

La polarización $\vec{P}$ del trozo tendrá un módulo que es

$$\left\| \vec{P} \right\| = \frac{\left\| \sum \vec{p}_j \right\|}{\Delta v} = \frac{Q_{lig}\ell}{\Delta S\ell} = \frac{Q_{lig}\ell}{\Delta S'\ell\cos\theta}$$

pero $\dfrac{Q_{lig}}{\Delta S'}$ es la densidad $\sigma_{lig}$ de la cara a bisel y $\dfrac{Q_{lig}}{\Delta S}$ es el valor absoluto de $\sigma'_{lig}$ de la cara izquierda, de modo que $\left\| \vec{P} \right\| = \dfrac{\sigma_{lig}}{\cos\theta}$ para la cara a bisel y $\left\| \vec{P} \right\| = \left| \sigma'_{lig} \right|$ para la cara izquierda.

Definiendo versores normales $\hat{n}$ a las caras, apuntando hacia el exterior, se puede escribir, en general

$$\sigma_{lig} = \vec{P} \cdot \hat{n}$$

en efecto, en base al concepto de producto escalar se tiene

cara a bisel: $\sigma_{lig} = \left\| \vec{P} \right\| \cos\theta$

cara izquierda: $\sigma'_{lig} = \left\| \vec{P} \right\| \cos 180° = -\left\| \vec{P} \right\|$ (negativa)

caras laterales: $\sigma''_{lig} = \left\| \vec{P} \right\| \cos 90° = 0$

## 1.46. Relacion entre la polarización $\vec{P}$ y el campo eléctrico en el aislante $\vec{E}$. Coeficiente "susceptibilidad eléctrica $\chi_e$" (adimensional)

La experiencia indica que hay una relación entre el campo $\vec{E}$ y la polarización $\vec{P}$ del material, cuestión fácil de aceptar si se piensa que cada dipolo molecular está sometido al campo resultante

$$\vec{E} = \vec{E}_0 + \vec{E}_i$$

manteniéndose orientado gracias a él. La relación se puede escribir así

$$\vec{P} = \varepsilon_0 \chi_e \vec{E}$$

donde $\chi_e$ es denominado "susceptibilidad". Es adimensional, en cambio otros autores denominan susceptibilidad al producto $\varepsilon_0 \chi_e$. No es un coeficiente independiente del anterior $k_e$, luego demostraremos que

$$k_e = \chi_e + 1$$

## 1.47. Dieléctricos

Si a temperatura constante es $\chi_e$ constante, para un dado material, es decir, si $\chi_e$ (y por ende $k_e$) es independiente de $\vec{E}$, la relación

$$\vec{P} = \varepsilon_0 \chi_e \vec{E}$$

es lineal y el aislante se denomina "dieléctrico". La mayoría de los autores hacen (inapropiadamente) sinónimo dieléctrico con aislante, pero no debe ser así: los dieléctricos son un caso especial de aislantes... "son aislantes lineales", si

$$\vec{E} = \vec{0} \text{ entonces } \vec{P} = \vec{0}$$

Luego veremos que hay otros tipos de aislantes.

## 1.48. Vector desplazamiento o inducción eléctrica $\vec{D}$

Es usual introducir otro vector en el estudio de los aislantes, es el vector "inducción o desplazamiento eléctrico $\vec{D}$". La denominación "desplazamiento" no debe ser asociada con el desplazamiento de la cinemática, esta denominación tiene una razón histórica (Maxwell) pero hoy es inadecuada. Veamos: hemos dicho que el campo en el seno del aislante es la superposición del campo $\vec{E}_0$ del vacío (producido por las cargas libres en las placas conductoras) con el inducido $\vec{E}_i$ (producido por las cargas ligadas de los dipolos)

$$\vec{E} = \vec{E}_0 + \vec{E}_i$$

Como $\vec{E}_i$, puede suponerse producido por un par de planos con densidades $\sigma_{lig}, -\sigma_{lig}$, por la ley de Gauss podemos deducir, al igual que $\vec{E}_0$ que

$$\left\| \vec{E}_i \right\| = \frac{\left| \sigma_{lig} \right|}{\varepsilon_0}$$

además

$$\sigma_{lig} = \vec{P} \cdot \vec{n}$$

de modo que

$$\left\| \vec{E}_i \right\| = \left| \frac{\vec{P} \cdot \vec{n}}{\varepsilon_0} \right|$$

vectorialmente, por ser $\vec{E}_i$ de sentido contrario a $\vec{P}$, ha de ser

$$\vec{E}_i = -\frac{\vec{P}}{\varepsilon_0}$$

luego

$$\vec{E} = \vec{E}_0 + \vec{E}_i = \vec{E}_0 - \frac{\vec{P}}{\varepsilon_0}$$

además se tiene que $\vec{P} = \varepsilon_0 \chi_e \vec{E}$, de modo que

$$\vec{E} = \vec{E}_0 - \chi_e \vec{E}$$

así

$$\vec{E}_0 = \vec{E} \left( \chi_e + 1 \right)$$

de aquí que

$$k_e = \frac{\left\| \vec{E}_0 \right\|}{\left\| \vec{E} \right\|} = \chi_e + 1$$

como habíamos adelantado. Para el vacío es $k_e = 1$, $\chi_e = 0$.

Definimos al vector desplazamiento $\vec{D}$ como:

$$\vec{D} = \varepsilon_0 \vec{E}_0 = \varepsilon_0 \left( \vec{E} + \frac{\vec{P}}{\varepsilon_0} \right) = \varepsilon_0 \vec{E} + \vec{P}$$

Dado el paralelismo que se ha supuesto entre estos vectores (materiales isótropos), también podemos escribir que

$$\vec{D} = \varepsilon_0 \vec{E} + \varepsilon_0 \chi_e \vec{E} = \varepsilon_0 \vec{E} \left( \chi_e + 1 \right) = \varepsilon_0 k_e \vec{E} = \varepsilon \vec{E}$$

donde $\varepsilon = \varepsilon_0 k_e$ (permitividad dimensionada).

## 1.49. Unidad de $\vec{D}$

$$\left[ \vec{D} \right] = \left[ \varepsilon_0 \right] \left[ k_e \right] \left[ \vec{E} \right] = \frac{C}{m^2} = \left[ \sigma \right]$$

En resumen, tenemos los siguientes vectores:

$\vec{E}_0$      (campo en el vacío)

$\vec{E}_i$      (campo en el inducido, debido a $\sigma_{lig}$ )

$\vec{E}$      (campo en el material)

$\vec{P}$      (polarización del aislante)

$\vec{D}$      (inducción o "desplazamiento)

y tenemos las siguientes relaciones

$$\vec{E} = \vec{E}_0 + \vec{E}_i$$
$$\vec{P} = \varepsilon_0 \chi_e \vec{E}$$
$$\vec{D} = \varepsilon_0 \vec{E} + \vec{P}$$

además

$$k_e = \chi_e + 1$$

$$\left\| \vec{E}_i \right\| = \frac{\left| \sigma_{lig} \right|}{\varepsilon_0}$$

$$\left\| \vec{D} \right\| = \varepsilon_0 k_e \left\| \vec{E} \right\| = \varepsilon_0 k_e \frac{\left\| \vec{E}_0 \right\|}{k_e}$$

$$\left\| \vec{D} \right\| = \varepsilon_0 \left\| \vec{E}_0 \right\| = \varepsilon_0 \frac{\sigma_{lib}}{\varepsilon_0} = \sigma_{lib}$$

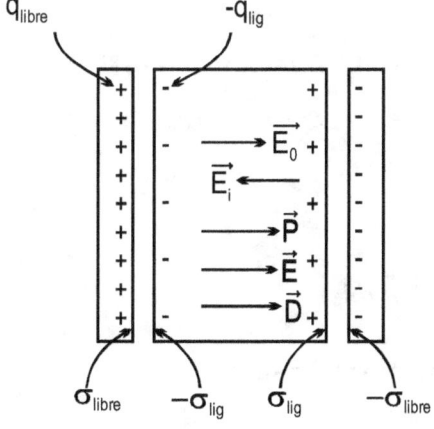

Figura 66

En la fig.66 se observan estos vectores (fuera de escala).

## 1.50. Propiedades del vector $\vec{D}$. Teorema de Gauss del flujo de $\vec{D}$

Admitamos que el bloque de material aislante entre las placas conductoras equivale a dos superficies planas con densidades superficiales de cargas ligadas (fig.67). Para un material homogéneo, polarizado uniformemente $\left(\vec{P} = \overrightarrow{cte.}\right)$ no hay densidad volumétrica de carga ligada $\left(\rho_{lig} = 0\right)$, es decir, no hay cargas ligadas netas masivamente en el material.

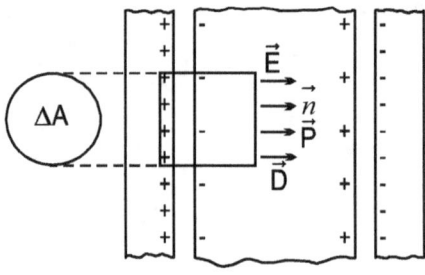

Figura 67

Tomemos una superficie cilíndrica para plantear la ley de Gauss

$$\text{flujo de } \vec{E} = \oiint_A \vec{E} \cdot \vec{n} \, dA = \frac{q_{lib} + q_{lig}}{\varepsilon_0}$$

donde $q_{lib}$ y $q_{lig}$ son las cargas libres (en la placa conductora +) y las cargas ligadas (en la cara del aislante, -), encerradas por el cilindro, además

$$q_{lig} = \oiint_A \sigma_{lig} dA$$

pero

$$\sigma_{lig} = -\vec{P} \cdot \vec{n}$$

el menos se debe a que $\vec{P} \cdot \vec{n}$ es positivo (ver fig.67) y $\sigma_{lig}$ es negativa, luego

$$q_{lig} = -\oiint_A \vec{P} \cdot \vec{n} \, dA$$

reemplazando en la ley de Gauss

$$\oiint_A \vec{E} \cdot \vec{n} \, dA = \frac{q_{lib}}{\varepsilon_0} - \frac{1}{\varepsilon_0} \oiint_A \vec{P} \cdot \vec{n} \, dA$$

agrupando las integrales y multiplicando por $\varepsilon_0$ resulta

$$\oiint_A \left(\varepsilon_0 \vec{E} + \vec{P}\right) \cdot \vec{n} \, dA = q_{libre}$$

como $\vec{D} = \varepsilon_0 \vec{E} + \vec{P}$, resulta:

$$\oiint_A \vec{D} \cdot \vec{n} \, dA = q_{libre}$$

es decir, el flujo de $\vec{D}$ es igual a la carga libre solamente, en cambio el de $\vec{E}$ es la suma de libre con ligada, sobre $\varepsilon_0$, comparemos:

$$\oiint_A \vec{E} \cdot \vec{n} \, dA = \frac{q_{libre} + q_{lig}}{\varepsilon_0}$$

$$\oiint_A \vec{D} \cdot \vec{n} \, dA = q_{libre}$$

Es importante distinguir entre estos flujos, pues ayuda a entender las diferencias entre las propiedades de $\vec{E}$ y $\vec{D}$.

## 1.51. Relación entre densidad de carga ligada con libre

Tenemos que

$$\left\| \vec{P} \right\| = \left| \sigma_{lig} \right| = \varepsilon_0 \chi_e \left\| \vec{E} \right\|$$

por otro lado es

$$\left\| \vec{E} \right\| = \frac{\left\| \vec{E}_0 \right\|}{k_e} = \frac{\left| \sigma_{libre} \right|}{\varepsilon_0 k_e}, \quad y \quad \chi_e = k_e - 1$$

luego

$$\sigma_{lig} = \frac{\left( k_e - 1 \right)}{k_e} \sigma_{libre}$$

Por ejemplo, si el aislante posee un $k_e = 2$, se tiene

$$\sigma_{lig} = \frac{\sigma_{libre}}{2}$$

Si A es el área de las placas, es

$$q_{lig} = A\sigma_{lig} = \frac{\left( k_e - 1 \right)}{k_e} q_{libre}$$

A su vez, la carga libre es la que moviliza la batería durante el proceso de carga.

## 1.52. Los campos $\vec{E}$ y $\vec{D}$ en la juntura de distintos aislantes. Refracción de las líneas de campo

Para darle a este tema mayor generalidad supongamos un caso en que las líneas de campos $\vec{E}$ y $\vec{D}$ no son perpendiculares a las superficies de separación entre los aislantes (hasta ahora eran perpendiculares). La no perpendicularidad se consigue colocando dos placas aislantes juntas inclinadas respecto a las placas conductoras (fig.68). Suponemos que $k_{e1} \neq k_{e2}$.

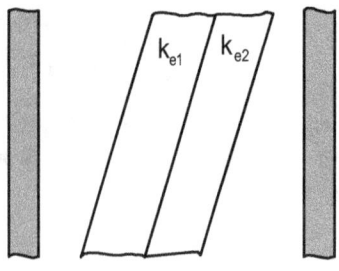

Figura 68

En las superficies de los aislantes se inducen densidades de cargas ligadas (fig.69). En el aislante 1, las densidades $-\sigma_{lig1}$; $\sigma_{lig1}$ (ésta última se indicó en la fig.69), en el aislante 2, las densidades $\sigma_{lig2}$; $-\sigma_{lig2}$ (ésta última se indicó en la fig.69). Hemos supuesto que $k_{e2} > k_{e1}$; por ejemplo $k_{e2} = 2k_{e1}$, de modo que $|\sigma_{i2}| > |\sigma_{i1}|$. Estas densidades producen los campos inducidos $\vec{E}_{i1}$; $\vec{E}_{i2}$ perpendiculares a la superficie de separación (en la medida en que las densidades sean uniformes). Ahora estos campos inducidos no son paralelos al de $\vec{E}_0$ las placas conductoras. Las sumas vectoriales

$$\vec{E}_1 = \vec{E}_0 + \vec{E}_{i1}$$

$$\vec{E}_2 = \vec{E}_0 + \vec{E}_{i2}$$

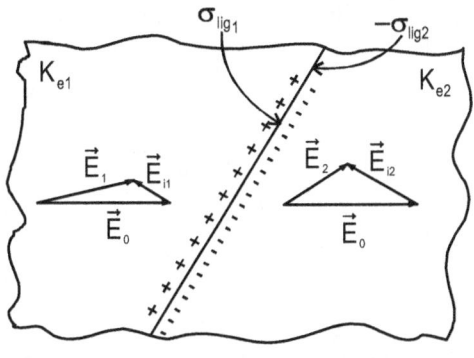

Figura 69

tampoco serán paralelos a $\vec{E}_0$ ni perpendiculares a la superficie de separación. Así hemos logrado que las lineas de campos no sean perpendiculares a la superficie de separación.

Es interesante señalar que ahora ya no es

$$k_e = \frac{\|\vec{E}_0\|}{\|\vec{E}\|}$$

aunque si los aislantes son isótropos sigue siendo válido que $\vec{D} = \varepsilon \vec{E}$. Estamos observando en la fig. 69 que efectivamente $\vec{E}_1$, $\vec{E}_2$ y por ende $\vec{D}_1$, $\vec{D}_2$ no son perpendiculares a la superficie de separación (juntura).

Queremos estudiar cómo se relacionan estos vectores a ambos lados de la juntura, en puntos muy próximos.

En la fig.70 reproducimos la juntura girada respecto a la fig.69 para mejor presentación.

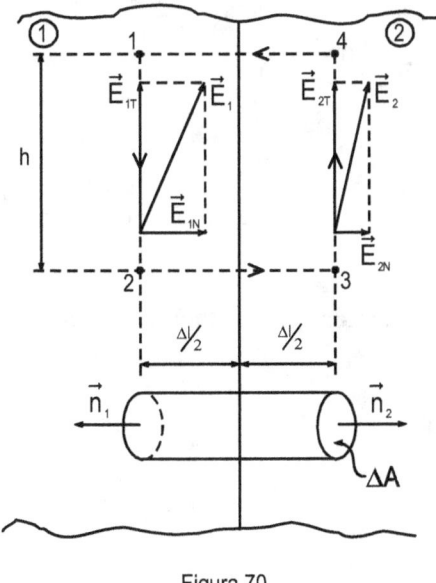

Figura 70

Para estudiar el comportamiento de $\vec{E}$ y $\vec{D}$ utilizamos las siguientes propiedades:

carácter conservativo de $\vec{E}$ :

$$\oint_C \vec{E} \cdot \vec{dr} = 0 \qquad\qquad [1]$$

flujo de $\vec{D}$ :

$$\oiint_A \vec{D} \cdot \vec{dA} = q_{libre} \qquad\qquad [2]$$

para aplicar (1) pensamos en una curva cerrada C, rectangular, de vértices 1-2-3-4-1. Para aplicar la (2) pensamos en una superficie cilíndrica cerrada. Consideramos además que los campos son uniformes en todos los puntos de estas figuras, en cada aislante. Además suponemos que no hay cargas libres en la juntura, de modo que la integral (2) es nula. Con subíndice T se indican las componentes paralelas a la juntura y con N las perpendiculares.

Desarrollaremos la (1) empezando por el vértice 1 y recorreremos la curva en sentido antihorario

$$\oint \vec{E} \cdot \vec{dr} = -E_{1T}h + E_{1N}\frac{\Delta\ell}{2} + E_{2N}\frac{\Delta\ell}{2} + E_{2T}h - E_{2N}\frac{\Delta\ell}{2} - E_{1N}\frac{\Delta\ell}{2} = 0$$

luego resulta

$$E_{2T} = E_{1T}$$

es decir, las componentes paralelas a la juntura son iguales en ambos lados. Apliquemos ahora la (2), suponiendo como hemos dicho que no hay cargas libres en la juntura. Se comprende que las componentes perpendiculares a la juntura no producen flujo en la superficie lateral, sólo tenemos flujo en las "tapas" de áreas $\Delta A$: en la tapa izquierda el flujo de $\vec{D}$ es negativo por ser el versor $\vec{n}_1$ opuesto a la componente $D_{1N}$ y vale $-D_{1N}\Delta A$. En la tapa derecha es positivo y vale $D_{2N}\Delta A$ de modo que

$$\oiint_A \vec{D} \cdot \vec{dA} = -D_{1N}\Delta A + D_{2N}\Delta A = 0$$

luego

$$D_{2N} = D_{1N}$$

es decir, las componentes normales del vector inducción $\vec{D}$ no cambian al pasar de un aislante al otro.

En base a que $\vec{D}_2 = \varepsilon_2 \vec{E}_2$ y $\vec{D}_1 = \varepsilon \vec{E}_1$, podemos deducir fácilmente que

$$\text{para } \vec{E}: \left\{ \begin{array}{l} E_{2T} = E_{1T} \\ \varepsilon_2 E_{2N} = \varepsilon_1 E_{1N} \end{array} \right\}$$

$$\text{para } \vec{D}: \left\{ \begin{array}{l} \dfrac{D_{2T}}{\varepsilon_2} = \dfrac{D_{1T}}{\varepsilon_1} \\ D_{2N} = D_{1N} \end{array} \right\}$$

## 1.53. Refracción de la lineas de $\vec{E}$ y $\vec{D}$

En la fig.71 se ha representado una linea de campo de $\vec{E}$ (o de $\vec{D}$). Medimos los ángulos respecto de la normal a la juntura (como se estila en óptica).

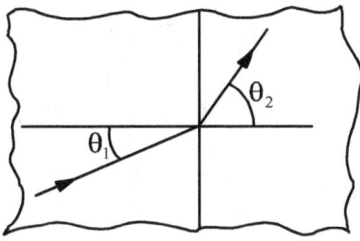

Figura 71

Es claro que

$$\text{tg }\theta_1 = \frac{E_{1T}}{E_{1N}}; \qquad \text{tg }\theta_2 = \frac{E_{2T}}{E_{2N}}$$

pero

$$E_{1T} = E_{2T}; \qquad E_{2N} = \frac{\varepsilon_1}{\varepsilon_2}E_{1N}$$

luego resulta

$$\text{tg }\theta_2 = \frac{E_{1T}}{\frac{\varepsilon_1}{\varepsilon_2}E_{1N}} = \frac{\varepsilon_2}{\varepsilon_1}\text{tg }\theta_1$$

He aquí la ley de refracción para las lineas de $\vec{E}$ :

$$\frac{\text{tg }\theta_1}{\varepsilon_1} = \frac{\text{tg }\theta_2}{\varepsilon_2}$$

Pruebe el alumno que lo mismo resulta para $\vec{D}$.

Interesante es el caso donde la juntura es perpendicular a las lineas de campo, de modo que no hay componentes T.

En la fig.72 se indica que ocurre con el campo $\vec{E}$ y $\vec{D}$ al pasar del vacío $\left(k_e = 1\right)$, al aislante; se ha supuesto $\left(k_e = 2\right)$. En el aislante $\vec{E}$ es la mitad de $\vec{E}_0$ o en general

$$\vec{E} = \frac{\vec{E}_0}{k_e}$$

pero $\vec{D}$ no cambia, pues

$$D_0 = \varepsilon_0 E_0$$

$$D = \varepsilon E = \varepsilon_0 k_e E = \varepsilon_0 k_e \frac{E_0}{k_e} = D_0$$

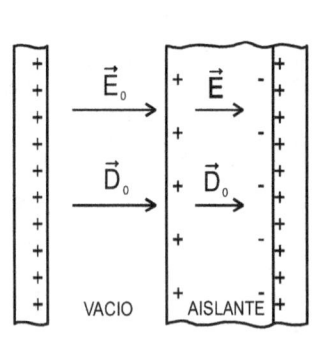

Figura 72

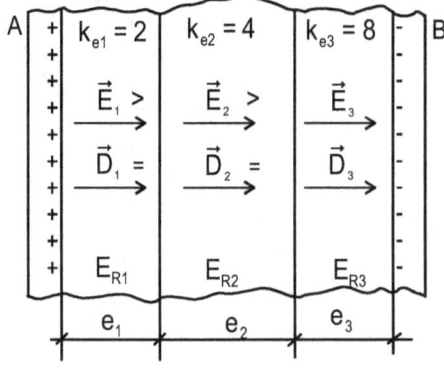

Figura 73

En la fig.73 se tienen 3 aislantes de permitividad 2,4,8. El saber que

$$D_1 = D_2 = D_3 = \varepsilon_1 E_1 = \varepsilon_2 E_2 = \varepsilon_3 E_3$$

es útil para calcular la diferencia de potencial máxima que puede resistir entre las placas conductoras A, B si se conocen las rigideces $E_{R1}$, $E_{R2}$, $E_{R3}$ y los espesores $e_1$, $e_2$, $e_3$.

Para terminar, recordemos que los aislantes pueden ser "*lineales*", son los dieléctricos (gases y los líquidos no orgánicos) y **no *lineales***, como los electretos, ferroeléctricos, piezoeléctricos, eléctroópticos.

## 1.54. Electretos (o electretes)

Algunas sustancias (por ejemplo ceras), estando derretidas se las somete a un fuerte campo $\vec{E}$ que las polariza. Al solidificarse bajo esta condición, no pierden la polarización al anular el campo $\vec{E}$ (por lo tanto deja de ser válida la relación $\vec{P} = \varepsilon_0 \chi_e \vec{E}$).

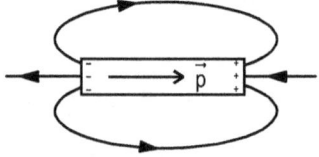

Figura 74

Resulta así un "imán eléctrico" (fig.74), con cargas ligadas en los extremos. Esto dura poco si no hay protección, pues las cargas ligadas atraen cargas libres de signo contrario que siempre existen en el medio ambiente.

## 1.55. Ferroeléctricos

Es una denominación impropia que se utiliza para hacer mención a ciertas analogías entre algunos aislantes cristalinos (sal de Rochelle, titanato de Bario, etc) y el comportamiento de los materiales ferromagnéticos (hierro, níquel, etc.). En los ferroeléctricos $\vec{D}$ varía no linealmente con $\vec{E}$ (por causa de la polarización $\vec{P}$). Exhiben también polarización permanente como los electretes.

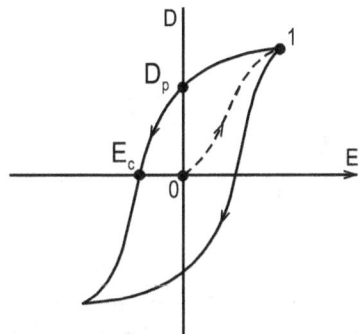

Figura 75

En la fig.75 se observa una gráfica que muestra la variación de $D$ en función de $E$. Si partimos con $E = 0$ y $D = 0$ ( que implica $P = 0$ ) y crece $E$ hasta un valor cualquiera $E_{má'x}$ deseado, $D$ aumenta por la linea de trazos hasta llegar al valor que corresponde al punto 1, pero luego si desciende $E$, $D$ lo hace por otra curva (en linea llena en la fig.75).

A tal punto que la anulación de $E$ no implica la anulación de $D$ (no vale la expresión $D = \varepsilon E$ ), quedando un valor $D_p$ que denominaremos inducción permanente. En este punto se cumple

$$D_p = \varepsilon_0 E + P = P$$

es decir $D$ no es nulo gracias a la polarización $P$. Para anular $D$ es necesario un campo eléctrico opuesto $E_c$ denominado "coercitivo". En este punto se cumple

$$D = 0 = \varepsilon_0 E_c + P$$

$$P = -\varepsilon_0 E_c$$

de modo que tampoco se anula la polarización. Si $E$ varía entre $E$ y $E_{má'x}$ se cumple un ciclo, denominado ciclo de histéresis eléctrica. En magnetismo veremos algo similar. Damos por terminado el estudio de los aislantes.

## 1.56. Capacitores. Capacidad eléctrica o capacitancia (C).

### 1.56.1. Introducción

> *Los capacitores son dispositivos de múltiples usos en electrónica, capaces de contener un campo eléctrico en una región limitada y por ende, capaces de almacenar energía eléctrica. La denominación de capacitores a estos dispositivos debería reemplazar a la de "condensadores", pues en ellos no hay nada que se condense.*

Todo capacitor está constituído por trozos de material conductor aislados entre sí por "aislantes" o simplemente por el vacío. Ya hemos adelantado que 2 placas conductoras enfrentadas, separadas por aislante o vacío constituyen un capacitor plano, que en cierto sentido es el dispositivo básico. En él se ha inspirado el símbolo del capacitor empleado en los planos de los circuitos eléctricos o electrónicos:

Otros símbolos parecidos son

⊣∎⊢  (capacitor electrolítico)

⊣⟋⊢  (capacitor variable o ajustable)

Las partes conductoras se suelen denominar "armaduras o placas". Se dice que un capacitor está cargado cuando las armaduras poseen cargas libres. Normalmente las cargas son de igual valor absoluto y distintos signos, de modo que globalmente considerando el capacitor no posee carga total, por ello más bien que cargado, deberíamos decir que el capacitor está "polarizado".

Entre sus múltiples usos podemos mencionar

✦ Aplicar tensión sobre otros elementos de un circuito.

✦ Combinado con una bobina puede constituir un circuito oscilante.

✦ Puede actuar como elemento de sintonía.

✦ Constituyente de circuitos filtros de señales.

✦ Circuitos temporizadores ("timer").

✦ Elemento auxiliar para el arranque de motores monofásicos, inclusive hay motores monofásicos con capacitores permanentes.

✦ Conectado en paralelo con los "platinos" evita la producción de chispas (arcos eléctricos) entre ellos.

✦ Conectado en paralelo en circuitos inductivos de empresas y talleres aumenta el factor de potencia $(\cos\varphi)$.

Es interesante señalar que en algunos circuitos la capacidad puede se indeseable (capacitancia "de pérdida" en líneas de trasmisión de energía o señales).

Todo capacitor se caracteriza por lo menos por 2 magnitudes: la ***capacidad*** o *capacitancia* C (en faradios) y la ***tensión admisible*** (en voltios), en decir, la máxima tensión que se puede aplicar en sus bornes sin que se dañe o al menos se produzca un arco entre las armaduras.

Empezaremos definiendo la capacidad y luego la evaluaremos en casos sencillos.

## 1.57. Capacidad de un cuerpo conductor único en el vacío

La situación planteada aquí es una idealización, pues todo cuerpo está rodeado de otros, pero esta idealización es útil para introducir fácilmente el concepto de capacidad eléctrica.

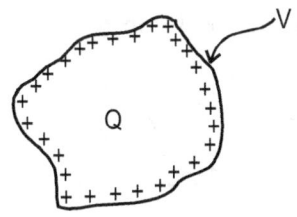

Figura 76

Antes que nada, recordemos que un cuerpo conductor es un volumen equipotencial, incluída su superficie. Este potencial está indeterminado por una constante aditiva cualquiera, es decir, su valor puede ser $V$, o $V + cte$. Lo único definido es la diferencia de potencial $\Delta V$ entre 2 ptos. De todos modos pensamos que el potencial $V$ que adquiere el cuerpo respecto al infinito $(V_\infty \hat{=} 0)$, es proporcional a la carga libre $Q$, es decir, pensamos que existe una relación linel entre $Q$ y $V$. Dicho de otro modo: si con la carga $Q'$ el potencial es $V'$, con $Q''$ es $V''$, etc, pero los cocientes respectivos dan una constante C

$$\frac{Q}{V} = \frac{Q'}{V'} = \frac{Q''}{V''} = \cdots \hat{=} C$$

Precisamente a esta constante se la define como la capacidad o capacitancia del cuerpo en cuestión. Es una propiedad del cuerpo, aunque también depende del medio ambiente que rodea al cuerpo (que aquí es el vacío). No depende del valor de la carga, su valor subsiste aún sin carga (y por ende sin tensión). Es análogo al concepto de capacidad de un recipiente: un recipiente posee una capacidad de, digamos, 1000 lts. y esto es así contenga o no contenga líquido. Así como es posible calcular la capacidad de un recipiente en base a sus dimensiones, deberá ser igualmente posible calcular la capacidad eléctrica. Esto puede ser una tarea muy dificil o aún imposible en forma analítica, para cuerpos cualesquiera, pero cuando hay gran simetría se torna relativamente simple. Veremos que es muy fácil para una esfera.

## 1.58. Unidad de capacidad. El faradio $(F)$

$$[C] \hat{=} \frac{[Q]}{[V]} = \frac{Coulombio}{Voltio} \hat{=} Faradio\,(F)$$

Generalmente, para usos comunes, es una unidad muy grande, por ello se utilizan con frecuencia los submúltiplos:

$$mili\ F = mF = 10^{-3}\,F$$
$$micro\ F = \mu F = 10^{-6}\,F$$
$$nano\ F = \eta F = 10^{-9}\,F$$
$$pico\ F = pF = 10^{-12}\,F$$

## 1.59. Capacidad de una esfera conductora en el vacío

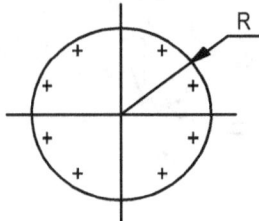

Figura 77

Sabemos que cuando la esfera posee una carga total $Q$, adquiere un potencial

$$V = k_0 \frac{Q}{R}$$

luego resulta que

$$C = \frac{Q}{V} = \frac{Q}{k_0 Q} R = \frac{R}{k_0} = 4\pi\varepsilon_0 R$$

Vemos que la capacidad resulta proporcional al radio R. Veremos que la unidad $F$ es muy grande para la mayoría de los fines prácticos y de paso que la esferas únicas necesitan grandes radios para lograr algo de capacidad.

¿Qué radio $(R_1)$ debe poseer una esfera en el vacío para que su capacidad sea de 1F?

De $C = \dfrac{R}{k_0}$ despejamos $R$: $R = k_0 C$, poniendo $C = 1F = 1\dfrac{C}{V}$, se tiene

$$R_{1F} = 9 \times 10^9 \frac{Nm^2}{C^2} \cdot 1 \frac{C}{V} = 9.000.000.000 \; m = 9.000.000 \; km \; ¡!$$

Para una capacidad usual $C = 1\mu F$ aún tenemos

$$R_{1\mu F} = 9.000 \; km$$

---

**Nota**

*Resaltamos que, con tal que el cuerpo sea conductor, todo lo dicho no depende del tipo de material, puede ser cualquier metal o aún líquidos electrolíticos (o pastas). Así ocurre en el capacitor electrolítico: una de las armaduras es un electrolito, de ahí su denominación.*

*El requisito es que el o los cuerpos sean equipotenciales, por ello no se estila hablar de capacidad de un cuerpo aislante: por ejemplo, una esfera de vidrio cargada no es equipotencial.*

## 1.60. Cálculo de la capacidad de un capacitor plano con material aislante

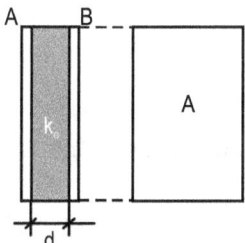

Figura 78

Sea "A" el área "enfrentada" entre las placas A y B, *"d"* la distancia entre las caras internas (donde se supone que *"d"* es pequeño frente al largo y al ancho de las placas, y *"$k_e$"* la permitividad del material aislante.

En rigor, lo que calculamos es la "capacidad mutua" entrelas placas, despreciando la capacidad de cada placa individual, dado que estas son extraordinariamente pequeñas frente a la capacidad mutua.

Esta capacidad se define como la carga libre de la placa positiva $(Q_{lib})$ sobre la diferencia de potencial $\Delta V$ entre ambas placas (todo en valor absoluto).

$$C = \frac{Q_{lib}}{\Delta V}$$

ahora bien, partiendo de esta definición, debemos deducir una expresión donde no figure ni la carga ni la tensión, reflejando que es una propiedad del dispositivo y no de su estado de carga. Por la ley de Gauss hemos visto que el campo entre las placas, en el vacío, es

$$\left\|\vec{E}\right\| = \frac{\sigma_{libre}}{\varepsilon_0} = \frac{Q_{lib}}{A\,\varepsilon_0}$$

con aislante resulta

$$\left\|\vec{E}\right\| = \frac{\left\|\vec{E}_0\right\|}{k_e} = \frac{Q_{lib}}{A\,\varepsilon_0 k_e}$$

por otro lado, por el concepto de gradiente, siendo el campo uniforme entre las placas, resulta

$$\Delta V = \left\|\vec{E}\right\| d$$

reemplazando

$$C = \frac{Q_{lib}}{\Delta V} = \frac{Q_{lib}}{\dfrac{Q_{lib}\,d}{A\,\varepsilon_0 k_e}} = \frac{\varepsilon_0 k_e A}{d}$$

de modo que la capacidad del capacitor plano es proporcional al área de la cara interna (o mejor, al área enfrentada) e inversamente a la distancia entre las caras internas.

La capacidad sin aislante (en vacío) es

$$C_0 = \frac{\varepsilon_0 A}{d}$$

o sea que la capacidad con aislante es "$k_e$ veces" superior a la capacidad en vacío. De aquí surge un posible método para medir la permitividad $k_e$ del aislante: mide la capacidad con aislante y sin aislante, luego es

$$k_e = \frac{C\left(con\ aislante\right)}{C_0\left(en\ el\ vacio\right)}$$

Se puede utilizar un capacitor plano "patrón", que en vacío posee la capacidad $\frac{\varepsilon_0 A}{d}$.

Si $E_R$ es le campo máximo que resiste el aislante ("rigidez dieléctrica"), el capacitor con ese aislante, llenando el espacio entre las placas, resistirá una "tensión" máxima dada por

$$E_R \cdot d = \Delta V_{ma'x}$$

De modo que, si bien disminuyendo la distancia entre placas (*"d"*), aumenta la capacidad, por otro lado tenemos que disminuye la máxima tensión admisible (esto es bastante general:cuanto mayor es la capacidad de un capacitor, aunque no necesariamente plano, menor es la tensión máxima admisible).

## 1.61. Capacitor esférico con aislante

Sea una esfera conductora (B), hueca, de radio interno $R_2$ (fig.79), que contiene otra concéntrica, de radio $R_1$. El espacio entre ellas está lleno de material aislante, de permitividad $k_e$. Por un orificio pequeño entra un hilo conductor conectado a la esfera interna, por medio de estos hilos se aplica una diferencia de potencial $\Delta V_{AB}$ con una batería.

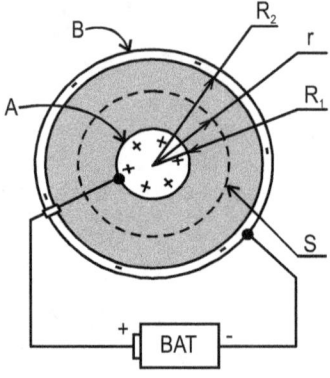

Figura 79

Las esferas se cargarán con cargas libres $Q_{lib}$ y $-Q_{lib}$. Estas cargas se depositan en la superficie de la esfera interna y en la superficie interna de la esfera externa respectivamente. Como las cargas son de igual valor absoluto pero las áreas son diferentes las densidades $\sigma_A$, $\sigma_B$ son diferentes, tal que

$$\sigma_A > |\sigma_B|$$

Queremos calcular la capacidad partiendo de

$$C = \frac{Q_{lib}}{\Delta V_{AB}}$$

La diferencia de potencial $\Delta V_{AB}$ ya no es posible calcularla por el simple producto $\|\vec{E}\|d$, pues el campo ahora no es uniforme sino radial, disminuyendo desde la esfera interna hacia la externa. El campo está establecido entre las dos esferas, es decir, $\vec{E} = \vec{0}$ para $r < R_1$ y también $\vec{E} = \vec{0}$ para $r > R_2$. Para calcular el campo en un punto cualquiera, a distancia r del centro, aplicamos la ley de Gauss, pero en términos de $\vec{D} = \varepsilon_0 k_e \vec{E}$, para ello elegimos una superficie gaussiana de radio r $\left( \text{con } R_1 < r < R_2 \right)$, dibujada en lineas de trazos a la fig.79, luego

$$\oiint_S \vec{D} \cdot \vec{ds} = \varepsilon_0 k_e \|\vec{E}\| 4\pi r^2 = Q_{lib}$$

(la carga ligada no figura explícitamente cuando se utiliza el flujo de $\vec{D}$), luego despejando $\|\vec{E}\|$

$$\|\vec{E}\| = \frac{Q_{lib}}{4\pi\varepsilon_0 k_e r^2}$$

además, por el concepto de gradiente:

$$E_{radial} = -\frac{dV}{dr}$$

pero por el modo de tomar el eje $r$ esta componente es igual al módulo del campo:

$$\|\vec{E}\| = E_{rad} = -\frac{dV}{dr}$$

luego

$$dV = -\|\vec{E}\| dr = -\frac{Q_{lib}}{4\pi\varepsilon_0 k_e} r^{-2} dr$$

integrando entre $R_1$ y $R_2$ tenemos $\left( V_B - V_A \right)$

$$V_B - V_A = -\frac{Q_{lib}}{4\pi\varepsilon_0 k_e} \int_{R_1}^{R_2} r^{-2} dr$$

$$V_B - V_A = \frac{Q_{lib}}{4\pi\varepsilon_0 k_e} \left( \frac{1}{R_2} - \frac{1}{R_1} \right)$$

este valor es negativo pues $R_2 > R_1$, tomando el valor absoluto es

$$V_A - V_B = \frac{Q_{lib}}{4\pi\varepsilon_0 k_e}\left(\frac{1}{R_1} - \frac{1}{R_2}\right)$$

luego

$$C = \frac{Q_{lib}}{V_A - V_B} = 4\pi\varepsilon_0 k_e\left(\frac{R_1 \cdot R_2}{R_2 - R_1}\right)$$

## 1.62. Capacitor cilíndrico

Sean dos cilindros conductores, coaxiales, de radios $R_1$ y $R_2$ (fig.80), el espacio entre ellos está lleno de aislante.

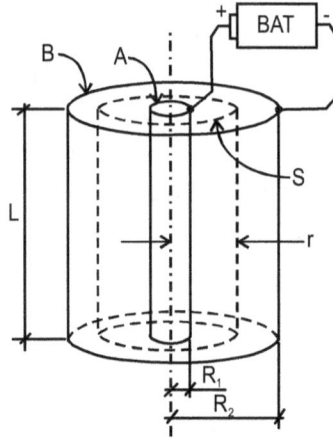

Figura 80

La batería aplica una diferencia de potencial $\Delta V_{AB}$. Para calcular el campo entre los cilindros aplicamos nuevamente la ley de Gauss en términos de $\vec{D}$, para ello elegimos una superficie de Gauss $S$ cilíndrica, de radio r $\left(R_1 < r < R_2\right)$, resultando

$$\oiint_S \vec{D} \cdot \vec{ds} = \varepsilon_0 k_e \left\|\vec{E}\right\| 2\pi r L = Q_{lib}$$

donde $L$ es la longitud de los cilindros, de modo que $2\pi r L$ es el área de la superficie de Gauss, despejando el campo

$$\left\|\vec{E}\right\| = \frac{Q_{lib}}{2\pi\varepsilon_0 k_e L\, r}$$

luego por gradiente

$$dV = -\left\|\vec{E}\right\| dr = \frac{-Q_{lib}}{2\pi\varepsilon_0 k_e L} r^{-1} dr$$

integrando entre $R_1$ y $R_2$ tenemos

$$V_B - V_A = \frac{-Q_{lib}}{2\pi\varepsilon_0 k_e L} \int_{R_1}^{R_2} r^{-1} dr = -\frac{Q_{lib}}{2\pi\varepsilon_0 k_e L} \left( \ln \frac{R_2}{R_1} \right)$$

como esto es negativo, tomamos el valor absoluto

$$V_A - V_B = \frac{Q_{lib}}{2\pi\varepsilon_0 k_e L} \ln \frac{R_2}{R_1}$$

luego la capacidad $C$ es

$$C = \frac{Q_{lib}}{V_A - V_B} = \frac{2\pi\varepsilon_0 k_e L}{\ln \dfrac{R_2}{R_1}}$$

Si $R_1$ crece, disminuye $\ln \dfrac{R_2}{R_1}$, luego aumenta $C$, lo que es intuitivo si pensamos que equivale a disminuir la distancia entre las "armaduras".

Para tener una expresión válida "por unidad de longitud", dividimos por $L$, luego

$$\left( \frac{Faradio}{m} \right) = \frac{C}{L} = \frac{2\pi\varepsilon_0 k_e}{\ln \dfrac{R_2}{R_1}}$$

Esta expresión es útil para el cálculo de la capacidad de cables coaxiales.

## 1.63. Conexión de capacitores

Hay motivos, que luego señalaremos, que llevan a conectar dos o más capacitores entre sí. Tenemos dos tipos básicos de conexiones

✦ En paralelo
✦ En serie

### 1.63.1. Conexiones en paralelo

Consiste en conectar 2 ó más capacitores de modo que la diferencia de potencial (d.d.p.) sea común a todos ellos. En la fig.81, los 3 capacitores, de capacidades $C_1$, $C_2$, $C_3$ (en general distintas) están sometidos a una misma d.d.p. $\Delta V_{AB}$ provista por la batería.

> **Nota**
>
> *Llamaremos nudos a los puntos de un circuito donde están conectados 3 o más conductores, por ejemplo en la fig.81, A y B son nudos.*

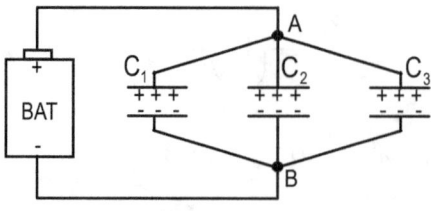

Figura 81

Debido a la d.d.p. $\Delta V_{AB}$ los capacitores adquieren cargas libres acorde a sus capacidades

$$q_1 = C_1 \Delta V_{AB}; \qquad q_2 = C_2 \Delta V_{AB}; \qquad q_3 = C_3 \Delta V_{AB}$$

La carga total libre que la batería a "bombeado" es la suma

$$q_{tot} = q_1 + q_2 + q_3 = \left( C_1 + C_2 + C_3 \right) \Delta V_{AB}$$

### 1.63.2. Capacidad equivalente

Visto el circuito desde los bornes A y B se tiene una capacidad equivalente dada por

$$C_{eq.} = \frac{q_{tot}}{\Delta V_{AB}} = \frac{\left( C_1 + C_2 + C_3 \right)}{\Delta V_{AB}} \Delta V_{AB} = C_1 + C_2 + C_3$$

De modo que la capacidad equivalente es la suma de las capacidades individuales de los capacitores en paralelo. Para $n$ capacitores, de capacidades $C_j$, se tiene

$$C_{eq.} = \sum_{j=1}^{n} C_j$$

Si todas las capacidades $C_j$ son iguales a $C$ se tiene

$$C_{eq.} = \sum_{j=1}^{n} C_j = n\ C$$

Resulta así que podemos lograr gran capacidad conectando suficientes capacitores en paralelo. Esto soluciona el problema de la carencia de un solo capacitor de gran capacidad. Algunos denominan "banco de capacitores" a un conjunto de capacitores en paralelo.

*Advertencia*

La máxima d.d.p. que admite el conjunto es la del capacitor que admite la menor "tensión" máxima.

### 1.63.3. Ventajas de la conexión en paralelo

Se logran grandes capacidades, como ya se dijo, pero además, el corte o desconexión de uno de ellos no invalida posiblemente al conjunto si el dispositivo en el que se encuentra la conexión admite la merma de capacidad.

### 1.63.4. Desventaja de la conexión en paralelo

El cortocircuito de uno de ellos (por ejemplo el contacto conductivo entre las placas) cortocircuitúa al conjunto.

### 1.63.5. Conexión en serie

En la fig.82 se muestra la conexión en serie de 3 capacitores de capacidades $C_1$, $C_2$, $C_3$. La batería "bombea" carga positiva desde la placa conectada al borne B inyectándolas en la placa conectada al borne A. Son las 2 únicas placas conectadas conductivamente a la batería.

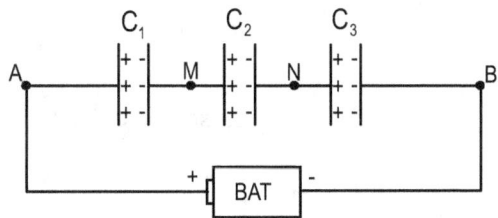

Figura 82

Las placas intermedias se cargan igualmente por inducción, es decir, el campo eléctrico producido por las placas extremas movilizan a los electrones libres de las placas intermedias, resultando que, en valor absoluto, todas las cargas resultan iguales, es decir, $q_1 = q_2 = q_3$ (por ello, en la fig.82 hemos dibujado igual cantidad de signos (+) y (-) en las placas). Visto desde los bornes A y B, la batería solo ha bombeado la carga de cualquiera de ellos, de modo que la carga total (que es la bombeada por la batería) es igual a las individuales, es decir

$$q_{tot} = q_1 = q_2 = q_3$$

Esto debe ser tenido presente para entender la conexión serie.

Esta conexión produce una "división de tensión": entre los bornes A y M tenemos la ddp:

$$\Delta V_{AM} = \frac{q_1}{C_1} = \frac{q_{tot}}{C_1}$$

entre los bornes MN tenemos la ddp:

$$\Delta V_{MN} = \frac{q_2}{C_2} = \frac{q_{tot}}{C_2}$$

y entre los bornes NB la ddp es:

$$\Delta V_{NB} = \frac{q_3}{C_3} = \frac{q_{tot}}{C_3}$$

Es claro que

$$\Delta V_{AB} = \Delta V_{AM} + \Delta V_{MN} + \Delta V_{NB} = q_{tot} \left( \frac{1}{C_1} + \frac{1}{C_2} + \frac{1}{C_3} \right)$$

### 1.63.6. Capacidad equivalente

Entre los bornes A y B la batería movilizó a la carga total $q_{tot}$, de modo que la capacidad equivalente entre esos bornes es

$$C_{eq.} = \frac{q_{tot}}{\Delta V_{AB}} = \frac{1}{\dfrac{1}{C_1} + \dfrac{1}{C_2} + \dfrac{1}{C_3}}$$

Como resulta incómodo escribir la doble fracción, es más usual escribir

$$\frac{1}{C_{eq}} = \frac{1}{C_1} + \frac{1}{C_2} + \frac{1}{C_3}$$

En general, si tenemos $n$ capacitores de capacidades $C_j$ en serie, se tiene

$$\frac{1}{C_{eq}} = \sum_{j=1}^{n} \frac{1}{C_j}$$

En el caso en que todos sean iguales, es decir $C_j = C$, resulta

$$\frac{1}{C_{eq}} = \frac{n}{C} \longrightarrow C_{eq} = \frac{C}{n}$$

Esto muestra claramente que la capacidad equivalente es menor que las individuales ¡*la conexión serie hace perder capacidad*!

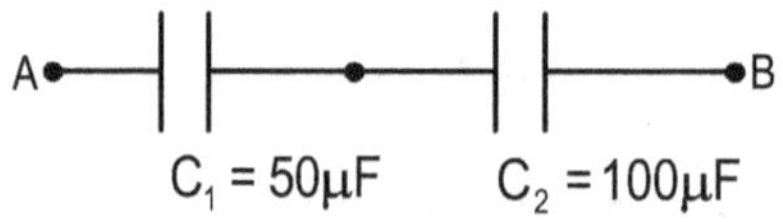

$$C_1 = 50\mu F \qquad C_2 = 100\mu F$$

Figura 83

Por ejemplo, sea la conexión serie de la fig.83, la capacidad equivalente entre A y B es

$$\frac{1}{C_{eq}} = \frac{1}{C_1} + \frac{1}{C_2} \longrightarrow C_{eq} = \frac{C_1 \cdot C_2}{C_1 + C_2} = \frac{50\mu F \times 100\mu F}{150\mu F}$$

$$C_{eq} = 33,\widehat{3}\mu F$$

valor menor que la menor capacidad $(50\mu F)$

---

### Ejemplo

---

Veamos otro ejemplo, con 3 capacitores (fig.84)

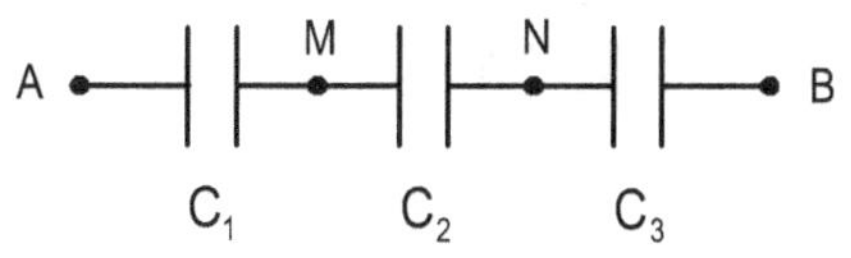

$C_1 = 20\mu F$
$C_2 = 40\mu F$
$C_3 = 100\mu F$

Figura 84

$$\frac{1}{C_{eq}} = \frac{1}{C_1} + \frac{1}{C_2} + \frac{1}{C_3} \longrightarrow C_{eq} = \frac{C_1 \cdot C_2 \cdot C_3}{C_1 C_2 + C_1 C_3 + C_2 C_3}$$

$$C_{eq} = \frac{20 \times 40 \times 100 \left(\mu F\right)^3}{\left(120 \times 40 + 20 \times 100 + 40 \times 100\right)\left(\mu F\right)^2} \cong 11,76 \mu F$$

Si se pierde capacidad en la conexión serie... ¿cuál puede ser la utilidad de esta conexión? Supongamos que la capacidad equivalente es aceptable, entonces tenemos la ventaja de la "división de tensión" que hace que entre los bornes extremos A y B podamos tener más tensión que la que pueda aceptar un capacitor individual.

## Ejemplo

Sea un ejemplo simple: supongamos que entre A y B debe aplicarse 5000 $V$, pero solo tenemos capacitores iguales que solo soportan 500 $V$, entonces hacemos una serie de 10 de estos capacitores, supuesto que la capacidad resultante $\left(C/10\right)$ es un valor aceptable.

### Desventaja

Obviamente el corte o desconexión de uno de ellos deja fuera de servicio la serie.

### Ventaja

El cortocircuito (o puenteado) de uno de ellos deja al resto en funcionamiento ¡con un aumento de la capacidad equivalente! En efecto, supongamos que tenemos inicialmente $n$ capacitores de igual capacidad $C$ en serie, de modo que

$$C_{eq} = \frac{C}{n}$$

Se puentea uno de ellos, la nueva capacidad equivalente es

$$C'_{eq} = \frac{C}{n-1} > C_{eq}$$

## Ejemplo

Sea la conexión serie de la fig.84, sometida a una d.d.p. $\Delta V = 400V$. Calcular la d.d.p. a los bornes de cada uno de ellos y la carga total e individual.

### Solución

Vimos que $C_{eq} \cong 11,76 \mu F$, luego

$$q_{tot} = q_1 = q_2 = q_3 \cong \Delta V_{AB} C_{eq} = 400V \times 11,76\mu F$$

$$q_{tot} \cong 4.704 \ \mu Coul = q_1 = q_2 = q_3$$

$$\Delta V_{AM} = \frac{q_1}{C_1} = \frac{q_{tot}}{C_1} \cong \frac{4.704 \ \mu Coul}{20\mu F} \cong 235,2V$$

$$\Delta V_{MN} = \frac{q_2}{C_2} = \frac{q_{tot}}{C_2} \cong \frac{4.704 \ \mu Coul}{40\mu F} \cong 117,6V$$

$$\Delta V_{NB} = \frac{q_3}{C_3} = \frac{q_{tot}}{C_3} \cong \frac{4.704 \ \mu Coul}{100\mu F} \cong 47,04V$$

Se comprueba que la suma $\Delta V_{AM} + \Delta V_{MN} + \Delta V_{NB} \approx 400V$ (errores de redondeado).

Aquí tenemos la oportunidad de comprender mejor la "división de tensión", el conjunto soporta 400 V, pero cada capacitor está sometido a menor tensión.

---

### Ejemplo

Ejemplo de un circuito que "puede ser confuso" cuando se lo ve por primera vez (fig.85)

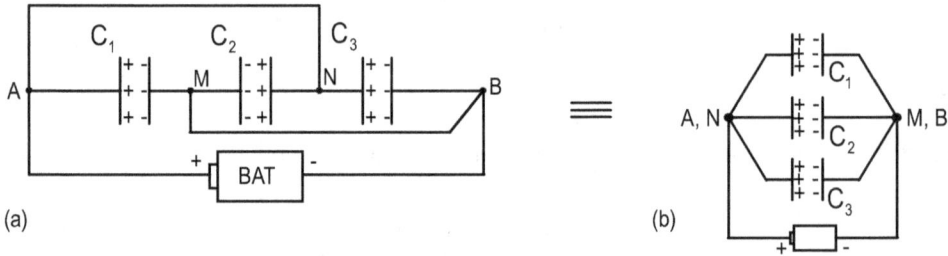

Figura 85

Los "puentes" $\overline{AN}$ y $\overline{MB}$ ponen a igual potencial los nudos A y N, por un lado, y M y B por otro lado, es decir, eléctricamente A y N son un "único punto", al igual que M y B. En la fig.85(b) se replantea el circuito teniendo en cuenta que el circuito (a) que a primera vista parece una serie, es en realidad un paralelo. Observe el alumno la polaridad de las cargas en (b) y (a).

*Interconexión de capacitores no reducible a serie-paralelo*

En la fig.85 (a) tenemos una *RED* con baterías y capacitores ya cargados, es decir, en situación electrostática. Si los datos son las diferencias de potencial en los bornes de las baterías $\Delta V_j$ (más adelante veremos el concepto de "fuerza electromotriz") y las capacidades $C_j$, no es posible hallar las cargas $q_j$ en valor y polaridad por las expresiones vistas anteriormente en los circuitos serie-paralelo.

*Para la resolución emplearemos dos conceptos:*

Cuando se recorre con un sentido definido (horario o antihorario) un circuito (o malla), la sumatoria de las diferencias de potencial que se van encontrando debe dar cero (pues se parte de un punto y se llega al mismo punto). Claro está que cada diferencia de potencial llevará un signo apropiado, como luego veremos.

Aquellas placas o armaduras que están conectadas directamente a un mismo nudo, pero no a un borne de batería, son equivalentes a un único bloque conductor. Este bloque no puede adquirir cargas libres al no estar conectado conductivamente a alguna batería; sólo aparecen en él cargas inducidas de modo que la sumatoria de tales cargas (con sus signos) debe dar cero, si antes de la conexión el bloque no poseía carga.

*Procedimiento:*

Si en alguna rama hay 2 o más capacitores en serie (o paralelo) debemos reemplazarlo por uno equivalente (de lo contrario parecería que hay más incógnitas que ecuaciones y además sería dificultoso aplicar el concepto 2). La red de fig.85 (a) se ha convertido en la de fig.85 (b).

Designamos las cargas con polaridades arbitrarias. Éstas polaridades generalmente no son todas previsibles. Si alguna polaridad supuesta está mal, la correspondiente carga resultará con signo menos.

Apliquemos el concepto 1. Cada vez que se completa un circuito lo imaginamos "cortado". Las rayas $(///)$ prohiben volver a parar por esa rama. Así resulta un número de ecuaciones de mallas independientes. Veamos: consideremos la malla "izquierda" comenzando poe el nudo B y recorremos la malla en sentido horario:

$$\Delta V_1 + \frac{q_{14}}{C_{14}} + \frac{q_{23}}{C_{23}} - \Delta V_2 = 0 \qquad (1)$$

*¿porqué estos signos?*

Porque cuando "pasamos a través de la batería lo hacemos de $(-)$ a $(+)$, es decir, pasamos de un punto a otro de mayor potencial, de aquí que $\Delta V_1$ va con $(+)$. Cuando "pasamos" a través del capacitor $C_{14}$, con esa polaridad supuesta, lo hacemos de $(-)$ a $(+)$, es decir, otra vez aumenta el potencial en la cantidad $\frac{q_{14}}{C_{14}}$, pero al pasar a través del $C_{23}$ lo hacemos de $(+)$ a $(-)$, por lo tanto $\frac{q_{23}}{C_{23}}$ va con signo $(-)$, etc. Considerada esta malla, la cortamos. Queda la malla derecha, la ecuación es:

$$\Delta V_2 + \frac{q_{23}}{C_{23}} - \frac{q_{56}}{C_{56}} + \Delta V_3 = 0 \qquad (2)$$

Cortada esta malla no queda otra. Pasemos ahora al nudo A, que es el único que no está conectado a alguna batería: tenemos la ecuación:

$$q_{14} + q_{23} + q_{56} = 0 \qquad (3)$$

(es obvio que, al resolver numéricamente, al menos una de estas $q$ será negativa). Estas ecuaciones de nudos sólo deben ser planteadas para aquellos nudos no conectados a batería, por lo tanto el nudo

B no debe ser considerado. (Cuando el lector más adelante estudie el método de KIRCHHOFF lo encontrará similar a éste).

En definitiva tenemos el sistema de ecuaciones algebraicas:

$$\left\{ \begin{array}{l} \dfrac{q_{14}}{C_{14}} - \dfrac{q_{23}}{C_{23}} = \Delta V_2 - \Delta V_1 \\[3mm] \dfrac{q_{23}}{C_{23}} - \dfrac{q_{56}}{C_{56}} = -\left( \Delta V_2 + \Delta V_3 \right) \\[3mm] q_{14} + q_{23} + q_{56} = 0 \end{array} \right\}$$

Repetimos: si alguna $q$ resulta negativa, significa que la polaridad supuesta en la realidad es inversa.

El autor considera que éste método (muy popular para corrientes) no es muy conocido para capacitores.

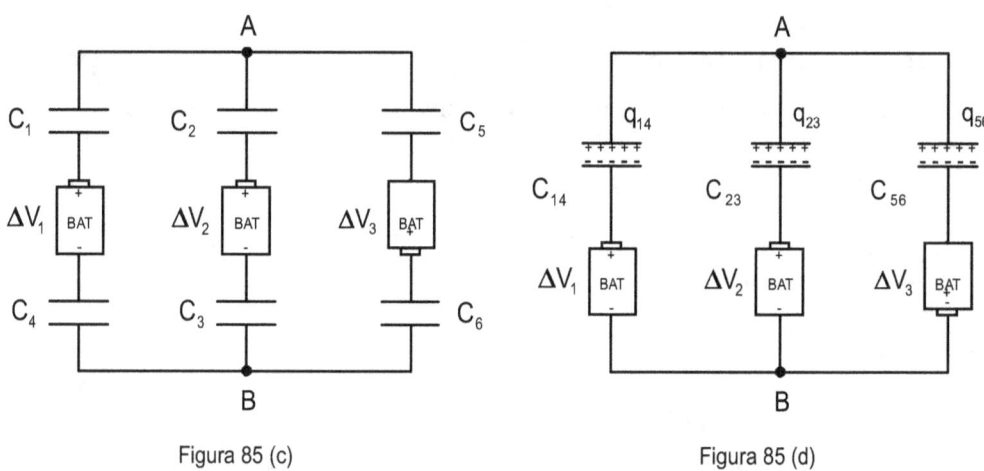

Figura 85 (c)　　　　　　　　　Figura 85 (d)

Una vez calculadas las $q_{14}$, $q_{23}$, $q_{56}$ tenemos que

$$q_1 = q_4 = q_{14}, \qquad\qquad q_2 = q_3 = q_{23}, \qquad\qquad q_5 = q_6 = q_{56}$$

## 1.64. Energía de un capacitor cargado. Densidad de energía de campo eléctrico

Los capacitores tienen un comportamiento análogo a los resortes de la mecánica: cuando realizamos un trabajo para comprimir (o estirar) un resorte, el trabajo realizado no se disipa, sino que se convierte en energía potenciál elástica acumulada en el resorte, cuyo valor es

$$U_{el.} = \frac{1}{2} kx^2$$

donde $k$ es la cte. de rigidez y $x$ la deformación (reversible). Análogamente, el trabajo realizado por la batería para transportar cargas de una placa a la otra del capacitor se convierte en energía potencial eléctrica, es decir, energía asociada al campo electrico que se produce entre las placas. Deduciremos luego que su valor, en términos de la carga $q$ es

$$U_{ele'c.} = \frac{1}{2}\frac{q^2}{C}$$

Para deducir la expresión de la energía hay que recordar que cuando se traslada una carga $q$ de un punto a otro cuya d.d.p. es $\Delta V$, se realiza un trabajo $W = q\Delta V$ (por definición de d.d.p.).

Sea un capacitor de capacidad $C$ (fig.86), de placas A y B. Supongamos que inicialmente está descargado, se cierra el interruptor $I$ y comienza a cargarse, es decir, la batería transporta cargas positivas desde la placa B hacia la A.

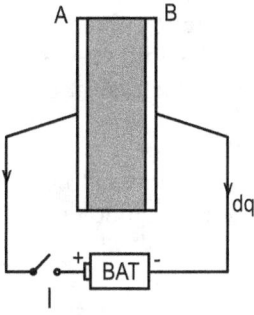

Figura 86

Sea un instante tal que la carga acumulada es $q$ y en consecuencia entre las placas se tiene una d.d.p.

$$\Delta V = \frac{q}{C}$$

para que una nueva porción diferencial de carga $dq$ pase de B a A, la batería deberá efectuar un trabajo diferencial

$$dW = \Delta V \, dq$$

o bien

$$dW = \frac{q}{C} dq$$

para calcular el trabajo total desde la carga inicial cero hasta el valor $q$ hay que integrar

$$W = \int_0^q \frac{q}{C} \, dq$$

Si suponemos que el proceso de carga no altera el valor de $C$ (cosa que podría ocurrir por calentamiento del aislante, o por acción de las fuerzas eléctricas), podemos sacar $C$ como una constante fuera de la integral, resultando

$$W = \frac{1}{C} \int_0^q q \, dq = \frac{q^2}{2C}$$

Este trabajo se convierte en energía potencial eléctrica acumulada en el capacitor, o sea

$$W = U_{ele'c.} = \frac{q^2}{2C}$$

Es más práctico expresar la energía en términos de la d.d.p. $\Delta V$ : como $q = C \, \Delta V$ , reemplazando en la última expresión resulta

$$U_{ele'c.} = \frac{C \, \Delta V^2}{2}$$

## 1.65. Densidad de energía del campo eléctrico $\vec{E}$

Es de gran importancia conceptual relacionar la energía con el vector del campo eléctrico. Si bien por sencillez la demostración se basará en el capacitor plano, tenemos la "suerte" que la conclusión es válida para cualquier estructura del campo eléctrico, válida aún si el campo eléctrico no es uniforme e inclusive si es función del tiempo (la demostración de que esto es así se suele basar en el estudio de las ecuaciones de Maxwell).

Sea $d$ la distancia entre las placas, entonces por el concepto de gradiente y debido a que el campo entre placas es uniforme, se tiene $\Delta V = E \, d$ , reemplazando en

$$U_{ele'c.} = \frac{C \, \Delta V^2}{2}$$

resulta

$$U_{ele'c.} = \frac{C \, d^2 \, E^2}{2}$$

Esta expresión ya está indicando que la energía depende directamente del cuadrado del campo. Pero la energía se encuentra "*distribuída*" en el espacio entre placas, de modo que es interesante deducir una expresión que nos de la densidad volumétrica $\left( u_e \right)$ de energía, "punto por punto". Para ello tengamos en cuenta que para un capacitor plano es

$$C = \frac{\varepsilon_0 k_e A}{d}$$

reemplazando y teniendo en cuenta que $Ad$ es el volumen entre placas resulta

$$U_{ele'c} = \frac{\varepsilon_0 k_e E^2 Ad}{2}$$

pasando el volumen $Ad$ dividiendo a $U_{ele'c}$ resulta la densidad

$$u_e = \frac{U_{ele'c}}{Ad} = \frac{\varepsilon_0 k_e E^2}{2} \left( en \quad Joul\!\!\Big/\!\!_{m^3} \right)$$

Si bien esta expresión es suficiente para el cálculo de la densidad, se suele expresar en términos del vector inducción eléctrico $\vec{D} = \varepsilon_0 k_e \vec{E}$ :

$$u_e = \varepsilon_0 k_e \frac{\vec{E} \cdot \vec{E}}{2} = \frac{\vec{D} \cdot \vec{E}}{2}$$

el punto indica producto escalar entre el vector $\vec{D}$ y $\vec{E}$ .

## 1.65.1. Interpretación física

Esto significa que si en una región del espacio, en general "lleno" de aislante, existe un campo eléctrico, en cada punto de la región se tiene una densidad de energía

$$u_e = \frac{\vec{D} \cdot \vec{E}}{2} = \frac{\varepsilon_0 k_e E^2}{2}$$

Si se conoce esta función, para calcular la energía total contenida en un cierto volumen V hay que efectuar una integración de volumen (integral triple):

$$U_{ele'c} = \iiint_v u_e \, dv = \iiint_v \frac{\varepsilon_0 k_e E^2}{2} \, dv$$

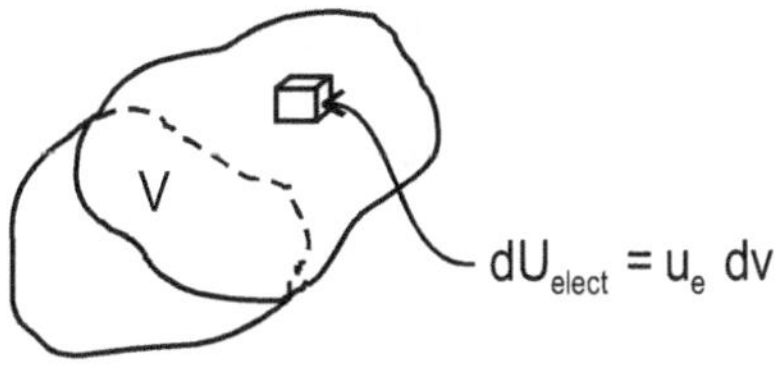

$$dU_{elect} = u_e \, dv$$

Figura 87

No hay dudas de que nosotros estamos permanentemente "sumergido" en un complicado campo eléctrico, resultado de campos naturales y provocados por el ser humano (radio, TV, telefonía, etc.), de modo que hay energía eléctrica distribuída en el espacio (es también función del tiempo).

Luego veremos una expresión similar para el campo magnético $\vec{B}$ :

$$u_m = \frac{B^2}{2\mu_0 k_m}$$

o bien, teniendo en cuanta que $\vec{B} = \mu_0 k_m \vec{H}$ :

$$u_m = \frac{\mu_0 k_m H^2}{2}$$

*Conclusión:*

Hasta aquí hemos estudiado el campo eléctrico y el potencial producido por cargas en reposo, es lo que hemos llamdo "electrostática". Iniciar el estudio del electromagnetismo bajo el supuesto que las cargas están en reposo es lo usual en casi tosdos los textos de física elemental. El motivo de esta modalidad es el hecho que así resulta más fácil para el principiante (¡y para el profesor!) pero se paga un precio: no se vislumbra la riqueza y complejidad de los fenómenos electromagnéticos, muchos de ellos de gran utilidad y lo que es peor, se puede caer en el error de extender la validez de muchas conclusiones al caso de campos producidos por cargas en movimiento. Sirva de ejemplo lo siguiente (sin la intención de explicar): ¿cómo se calcula el campo eléctrico $\vec{E}$ producido por una carga puntual $q$ que se mueve con cierta velocidad y aceleración instantánea? con la siguiente expresión

$$\vec{E} = \frac{q\,\hat{e}}{4\pi\varepsilon_0 r^2} + \frac{q}{4\pi\varepsilon_0} \cdot \frac{r}{C} \cdot \frac{d}{dt}\left(\frac{\hat{e}}{r^2}\right) + \frac{q}{4\pi\varepsilon_0 C^2} \cdot \frac{d^2}{dt^2}(\hat{e})$$

(para su explicación consultar Feynman, Vol. I, ec.28-3 y Vol. II ec.21-1, aquí hemos modificado la nomenclatura de $\vec{r}$ y $\hat{e}$).

Es evidentemente más complicada que la correspondiente a la carga en reposo (1$^{er}$ sumando).

Pasaremos ahora al estudio de la electrodinámica.

# 2

# Electrodinámica

## 2.1. Introducción a la electrodinámica

Comenzaremos a estudiar las cargas eléctricas en movimiento macroscópico, constituyendo corrientes eléctricas, en materiales conductores. En nuestro curso suponemos que los conductores tienen forma de hilos de sección uniforme y homogéneos, al menos por tramos, pero bien podría tratarse de medios conductores de forma cualquiera, extensos en 2 ó 3 dimensiones y además no homogéneos (así ocurre en geofísica, cuando se investiga el terreno con fines de prospección minera, con el método denominado "geoeléctrico").

Vimos que en electroestática no tenemos campos eléctricos en la masa conductora, el campo eléctrico interior es nulo y las cargas libres permanecen en la superficie en reposo a nivel macroscópico (a nivel atómico existe movimiento aleatorio), pero en electrodinámica sí tenemos campo eléctrico en el interior de los conductores (y en el exterior), gracias a que en alguna parte del circuito se producen apropiadas transformaciones energéticas, es decir, gracias a la presencia de dispositivos que denominaremos generadores (pilas, dínamos, células fotovoltaicas, etc.), o bien gracias a la inducción electromagnética que más adelante estudiaremos. Pronto hablaremos de la existencia de "fuerzas" electromotrices (f.e.m.).

Cualquier fuerza que pueda poner en movimiento las cargas será considerada como producida por un "campo eléctrico"; sea coulombiano o no. Por ejemplo, en el generador de Van der Graaff manual, la fuerza ejercida por una persona al mover la manivela actúa como "campo eléctrico" que eleva las cargas hacia la esfera donde se acumulan, es decir ¡hasta una persona puede actuar como un campo eléctrico no coulombiano! Estos campos serán indicados con $\vec{E}_{NC}$

Los "portadores" libres de carga serán considerados aquí como positivos, moviéndose entonces en el mismo sentido que el campo eléctrico.Tenemos así el sentido "convencional" de la corriente. Sin embargo en los conductores metálicos los portadores libres son los electrones, que son negativos y se mueven entonces en el sentido contrario al vector campo eléctrico. Así y todo utilizaremos el sentido convencional.

En los semiconductores se tienen tanto los portadores positivos ("huecos") como los negativos (electrones).

## 2.2. Intensidad de la corriente eléctrica (*i*)

Si en el material conductor no hay campo eléctrico las cargas libres se mueven aleatoriamente debido a la energía térmica, es decir, por cada portador libre que se mueve en un sentido habrá otro que se mueve en sentido contrario, de modo que a través de una sección cualquiera (fig.88) no pasará carga neta en un sentido definido.

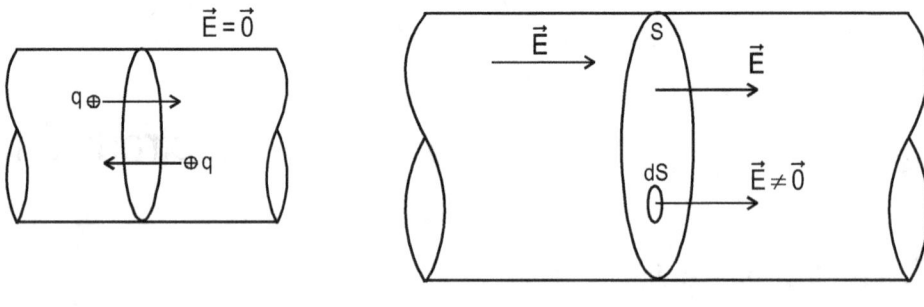

Figura 88          Figura 89

En cambio, si se tiene un campo eléctrico (fig.89) este hará que predominen las cargas positivas que pasan hacia la derecha, de modo que en un intervalo de tiempo $\Delta t$ habrá cierta carga neta $\Delta q$ que pasó a través de la sección de área $S$

### 2.2.1. Definición de intensidad media de corriente $\left( I_m \right)$

Por definición es

$$I_m \doteq \frac{\Delta q}{\Delta t}$$

Podemos decir que la intensidad de la corriente (de aquí en más diremos simplemente "corriente") es "el flujo de cargas eléctricas" a través de una sección del conductor.

La unidad S.I. de corriente es el

$$\frac{Coul}{seg} \doteq \text{Ampere, que denotaremos con } A$$

### 2.2.2. Definición de intensidad de corriente instantánea $\left( i \right)$

Macroscópicamente podemos considerar que la carga $q$ que pasa a través de la sección es una función continua del tiempo, así podemos hablar de "corriente instantánea":

$$i \doteq \lim_{\Delta t \to 0} \frac{\Delta q}{\Delta t} = \frac{dq}{dt}$$

Esta intensidad de corriente instantánea $i$ puede ser a su vez función del tiempo (corriente variable) o bien corriente constante en el tiempo, dependiendo fundamentalmente si el campo eléctrico $\vec{E}$ que la produce es variable o no.

Un caso muy importante por su uso en la distribución de energía eléctrica es la corriente variable armónicamente en el tiempo

$$i(t) = \hat{I}\ sen(\omega t)$$

denominada "corriente alternada" (CA ó AC). Los cambios de signos de $i(t)$ significan cambios en sentido de circulación (fig.90)

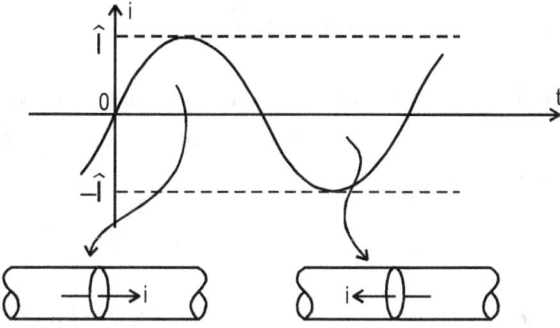

Figura 90

En cambio, cuando la corriente es constante en el tiempo, se denomina "corriente continua" (CC ó DC). A veces se denomina continua a la corriente que aún variando en el tiempo, no cambia de sentido. Para designar a la corriente constante se aconseja el uso de $I$ (mayúscula).

### 2.2.3. Densidad superficial de corriente. Vector $\vec{J}$

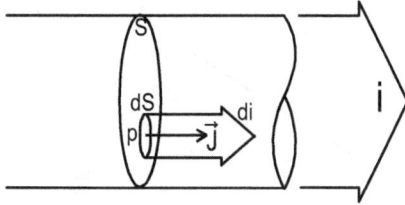

Figura 91

Si por toda la sección de área $S$ (fig.91) pasa toda la corriente de intensidad $I$, por la porción infinitésima $dS$ sólo pasará $di$. Por definición tendremos un vector densidad de corriente $\vec{J}$, en el punto P, de entorno $dS$, cuyo módulo es

$$\left\| \vec{J} \right\| = \frac{di}{ds} \left[ \frac{A}{m^2} \right]$$

La dirección y sentido es el de circulación de la corriente convencional.

La experiencia muestra que en general la densidad "puntual" $\vec{J}$ no es uniforme en la sección del alambre conductor: tiende a ser mayor hacia la superficie del conductor que en el eje (fig.92) (lo contrario ocurre con las velocidades $\vec{V}$ de las partículas de fluído en una tubería).

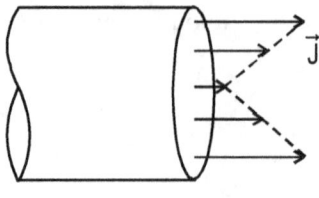

Figura 92

## 2.2.4. Relación entre el campo eléctrico $\vec{E}$ y la densidad $\vec{J}$

Como la causa de la circulación de las cargas libres es el campo $\vec{E}$, es intuitivo que debe existir una relación entre $\vec{E}$ y $\vec{J}$, tal que a mayor valor del campo, mayor densidad de corriente, es decir, se puede establecer una igualdad experimental así

$$\vec{J} = \sigma\vec{E}$$

donde $\sigma$ es un coeficiente multiplicativo denominado "conductividad" (no confundir este $\sigma$ con el que vimos en el capítulo anterior que se utilizó para la densidad de carga).

La conductividad $\sigma$ depende del material y de las condiciones termodinámicas en que se encuentra el material (temperatura, presión, iluminación). Hay casos en que $\sigma$ depende del propio campo $\vec{E}$, haciendo que la relación $\vec{J} = \sigma\vec{E}$ no sea lineal. Esto es asi especialmente en los gases. Para un material conductor metálico, a cierta temperatura constante, $\sigma$ tiene un valor determinado y la relación $\vec{J} = \sigma\vec{E}$ se torna lineal (fig.93).

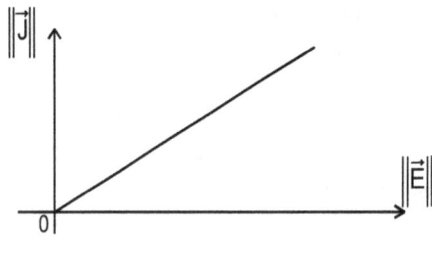

Figura 93

Podemos decir, en el caso del gas, que $E_e$ es el campo de "encendido", es decir, el gas se ioniza y se torna conductor, pero luego para mantener la conducción, el valor de $\vec{E}$ puede reducirse a $E_m$ (campo de mantenimiento). Inicialmente, desde $E = 0$ hasta $E_e$ el gas no conduce, es aislante. Este comportamiento dista mucho de ser lineal.

## 2.3. Ley de OHM puntual o vectorial

Para el caso de materiales conductores metálicos o de "primera especie", en condiciones muy frecuentes en la industria eléctrica y electrónica (los conductores no deben ser tan delgados de modo que sus espesores o diámetros sean del orden del tamaño atómico), la relación $\vec{J} = \sigma\vec{E}$ es lineal y puede denominarse "*ley de OHM puntual, local o vectorial*".

Cuando los materiales son isótropos, es decir, tienen iguales propiedades conductivas en todas las direcciones en el seno del material, la conductividad σ es un número real o escalar y así el vector $\vec{J}$ es colineal con el campo $\vec{E}$, fig.95. En cambio, cuando el material es no isótropo o anisótropo, σ es una matriz 3x3, simétrica y en general $\vec{J}$ y $\vec{E}$ no son paralelos (fig.96), salvo que $\vec{E}$ se encuentre en alguna "dirección principal".

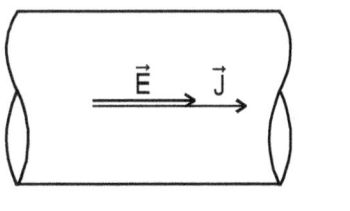

Figura 95

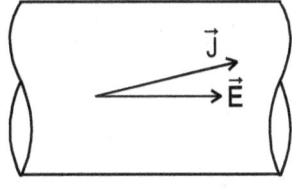

Figura 96

## 2.4. Velocidad media de "arrastre" $(V_m)$ de los portadores libres

Solo diremos aquí que las cargas libres bajo la acción del campo eléctrico $\vec{E}$ se mueven en trayectorias muy "zigzagueantes" (tipo movimiento browniano) (fig.97) debido a los frecuentes choques de los portadores libres contra la estructura iónica de los cristales del material. Aunque la velocidad instantánea entre los vértices de la línea quebrada sea alta (miles de metros por segundo), la velocidad media en el sentido del campo, que es

$$V_m = \frac{\Delta x}{\Delta t}$$

es extraordinariamente baja, para corrientes usuales sólo de algunos centímetros por segundo.

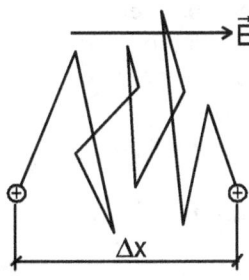

Figura 97

Pero entonces... ¿porqué la propagación de la corriente parece casi instantánea? ...

porque lo que se propaga rápidamente es la causa que mueve a los portadores libres, es decir, el campo $\vec{E}$. Sabemos que este se propaga a una velocidad del orden de la velocidad de la luz.

Es interesante comparar con una manguera llena de agua que va a ser conectada a la red. Cuando se abre el grifo un pulso de presión (que viaja a la velocidad del sonido en el agua, unos 1400 *m/s*) moviliza al agua, pero el agua misma se mueve lentamente: esto se nota cuando la manguera a conectar a la red está inicialmente vacía (la analogía se establece entre electrones y moléculas de agua y entre campo o potencial y presión).

## 2.5. Resistividad $(\rho)$

Simplemente es un coeficiente inverso a la conductividad $\sigma$

$$\rho = \frac{1}{\sigma}$$

de modo que con este coeficiente, la ley de Ohm vectorial se escribe:

$$\vec{J} = \frac{\vec{E}}{\rho}$$

Luego analizaremos las siguientes unidades S.I. de estos coeficientes.

## 2.6. Ley de OHM "común o escalar"

Consideremos un hilo conductor, por ahora de sección variable y resistividad del material no homogénea (fig.98). Supondremos además que el campo eléctrico $\vec{E}$ es conservativo o coulombiano (luego se analizará el caso en que existe un campo no conservativo).

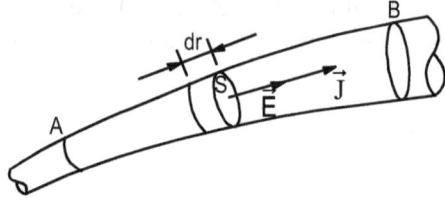

Figura 98

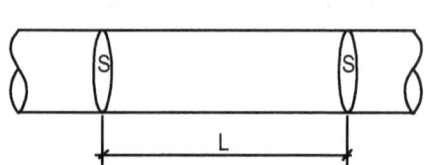

Figura 99

El material es isótropo, de modo que $\vec{E}$ y $\vec{J}$ son paralelos y además está en la dirección tangente a la línea media, Por ley de OHM vectorial, tomando módulos es

$$\left\|\vec{J}\right\| = \frac{\left\|\vec{E}\right\|}{\rho} \longrightarrow \left\|\vec{E}\right\| = \rho\left\|\vec{J}\right\|$$

La diferencia de potencial entre las secciones A y B es

$$\Delta V_{AB} = V_B - V_A = -\int_A^B \left\|\vec{E}\right\|\left\|\vec{dr}\right\|$$

o bien, en valor absoluto, (suprimiendo las rayitas de módulos, vectores y valor absoluto)

$$V_A - V_B = \Delta V_{AB} = \int_A^B E\, dr$$

por otro lado es $E = \rho\, J$ (suponemos uniformidad de $E$ y $J$ en los puntos de cada sección), además

$$J = \frac{i}{S}$$

reemplazando en la integral, suponiendo corriente continua, de modo que $i = I = cte.$ a lo largo del tramo, se puede sacar $I$ fuera de la integral

$$\Delta V_{AB} = \int_A^B \frac{\rho \, I \, dr}{S} = I \int_A^B \frac{\rho \, dr}{S}$$

A la integral la denominaremos resistencia eléctrica $\left( R_{AB} \right)$ del tramo entre A y B

$$R_{AB} \triangleq \int_A^B \frac{\rho \, dr}{S}$$

Si el tramo es homogéneo y de sección constante $\left( \rho = cte., \; S = cte. \right)$ fig.99, se tiene

$$R_{AB} = \frac{\rho \, \ell}{S}$$

donde $\ell$ es la longitud del tramo.

De modo que la resistencia $R$ de un hilo es proporcional a su longitud e inversamente proporcional al área de la sección, (algo similar ocurre en las tuberías que conducen fluídos).

Con estas definiciones (quitando los subíndices y despejando $I$) la ley de OHM resulta

$$I = \frac{\Delta V}{R}$$

Hemos despejado $I$ para que el alumno comprenda que a mayor "tensión" $\Delta V$, mayor corriente $I$ y que para igual tensión, un tramo de mayor resistencia conduce menos corriente, además es deseable interpretar que $I$ está causada por $\Delta V$ [1].

## 2.7. Unidades de medida del SI.

De la ley de OHM obtenemos

$$[R] = \frac{[\Delta V]}{[I]} = \frac{Voltio}{Ampere} = \frac{V}{A} \triangleq \Omega \; \left( OHM \right)$$

Analicemos ahora las unidades de $\rho$ y $\sigma$ de

$$R = \frac{\rho \, \ell}{S} \quad \longrightarrow \quad [\rho] = \frac{[R][S]}{[\ell]} = \frac{\Omega \, m^2}{m} = \Omega \, m$$

como $\sigma = \dfrac{1}{\rho}$ tenemos

$$[\sigma] = \frac{1}{\Omega \, m}$$

---

[1]. En corrientes variables en el tiempo (como la C. A.) ocurre que el valor instantáneo de $i$ no es el mismo para distintas secciones.

---

**Nota**

*Como para cables resulta más cómodo medir las secciones en $mm^2$ y la longitud en m, resulta la "unidad técnica o práctica"*

$$[\rho] = \frac{\Omega \ mm^2}{m}$$

---

El lector puede consultar tablas de valores; aquí solo diremos que para materiales aislantes $\rho$ es del orden de $10^{10}$ a $10^{16}$ $\Omega \ m$, para materiales conductores $\rho$ es del orden de $10^{-8}$ a $10^{-5}$ $\Omega \ m$ (todo lo dicho vale a temperatura ambiente, unos $20°C$). Los semiconductores como el silicio y el germanio tienen una resistividad del orden de $1$ a $10^2$ $\Omega \ m$. Por debajo de cierta temperatura crítica, hay materiales que se tornan superconductores, anulándose la resistividad $(\rho = 0)$.

Para un dado material $\sigma$ es función de la temperatura, en los conductores metálicos $\sigma$ disminuye con el aumento de la temperatura, a la inversa ocurre con los semiconductores (germanio, silicio).

Decimos que un circuito es considerado como constituído por parámetros concentrados o localizados, cuando se desprecian las magnitudes capacidad (C), resistencia (R) y autoinductancia (L) de los conductores de conexión (cables, pistas impresas), considerando solo C ,R ,L de los elementos conectados (capacitores, resistores e inductores o bobinas), Es común trabajar de este modo en electrónica, no así en la distribución de energía o en telegrafía, donde las "líneas" (por ejemplo las de alta tensión) se consideran como parámetros distribuídos ("por unidad de longitud").

El símbolo que emplearemos para indicar la presencia de un resistor, de resistencia R es el de la fig.100. Ya conocemos el símbolo del capacitor y luego estudiaremos las bobinas o inductores (fig.101).

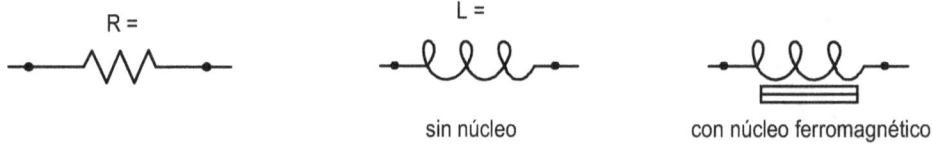

Figura 100  Figuras 101

Generalmente los libros de física solo tratan los circuitos del modo concentrado.

## 2.8. Conexión de resistores

### 2.8.1. Conexión serie

En la fig. 102 se tiene la conexión serie de 3 resistores de resistencias $R_1$, $R_2$, $R_3$, sometidos a una ddp $\Delta V_{AB}$, que hace circular la corriente única $I$

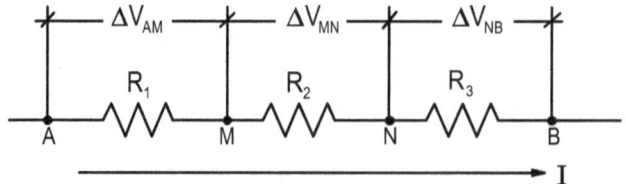

Figura 102

*¿Qué resistencia $\left(R_{AB}\right)$ se tiene entre los bornes A, B?*

Debe cumplirse que

$$\Delta V_{AB} = \Delta V_{AM} + \Delta V_{MN} + \Delta V_{NB} = IR_{AB}$$

pero además, por ley de OHM es

$$\Delta V_{AM} = IR_1; \qquad \Delta V_{MN} = IR_2; \qquad \Delta V_{NB} = IR_3$$

luego reemplazando

$$IR_{AB} = IR_1 + IR_2 + IR_3$$

de modo que

$$R_{AB} = R_1 + R_2 + R_3$$

en general, para $n$ resistores en serie, de resistencias $R_1, ..., R_n$, es

$$R_{equiv.} = \sum_{j=1}^{n} R_j$$

Si son todos iguales, es decir $R_j = R$ resulta

$$R_{equiv.} = n\,R$$

De modo que si no se consigue un resistor de resistencia elevada, esta se puede conseguir con una serie, además se produce una "división de tensión".

### 2.8.2. Conexión en paralelo

En la fig.103 se tiene la conexión en paralelo de tres resistores, de resistencias $R_1$, $R_2$, $R_3$. Fundamentalmente la conexión es en paralelo cuando los resistores están sometidos a la misma d.d.p. ($\Delta V_{AB}$).

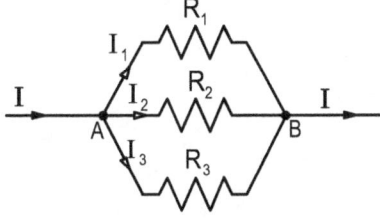

Figura 103

Ahora la corriente total $I$ que entra al nudo A se reparte por cada "rama" en $I_1$, $I_2$, $I_3$ y se cumple que

$$I = I_1 + I_2 + I_3$$

conocida esta igualdad como *"ley de Kirchhoff"* de nudos, pero no es otra cosa que la ley de conservación de las cargas.

La resistencia equivalente $R_{AB}$ entre los nudos A y B debe ser tal que

$$\Delta V_{AB} = IR_{AB}$$

o sea

$$R_{AB} = \frac{\Delta V_{AB}}{I} = \frac{\Delta V_{AB}}{I_1 + I_2 + I_3}$$

además, como

$$I_1 = \frac{\Delta V_{AB}}{R_1}; \qquad I_2 = \frac{\Delta V_{AB}}{R_2}; \qquad I_3 = \frac{\Delta V_{AB}}{R_3}$$

reemplazando resulta

$$R_{AB} = \frac{\Delta V_{AB}}{\frac{\Delta V_{AB}}{R_1} + \frac{\Delta V_{AB}}{R_2} + \frac{\Delta V_{AB}}{R_3}} = \frac{1}{\frac{1}{R_1} + \frac{1}{R_2} + \frac{1}{R_3}}$$

Es más cómodo escribir y además, más fácil de recordar, si invertimos miembro a miembro:

$$\frac{1}{R_{AB}} = \frac{1}{R_1} + \frac{1}{R_2} + \frac{1}{R_3} \qquad\qquad [1]$$

En general para $N$ resistores en paralelo, de resistencias $R_J$ se tiene

$$\frac{1}{R_{AB}} = \sum_{J=1}^{n} \frac{1}{R_J}$$

La resistencia equivalente en paralelo siempre resulta menor que cualquiera de las $R_j$ que componen el paralelo. Agregar resistores en paralelo produce una disminución de la resistencia equivalente. Todo esto se ve claro si suponemos que todas las $R_j$ son iguales a $R$, resultando

$$R_{AB} = \frac{R}{N}$$

Si agregamos otro resistor $R$ resultará

$$R'_{AB} = \frac{R}{N+1} < R_{AB}$$

Fisicamente también se entiende: al agregar otra "rama" entre los nudos A y B se facilita aún más el paso de la corriente.

Para el caso de 3 resistores $R_1$, $R_2$, $R_3$, se obtiene de [1]

$$R_{AB} = \frac{R_1 R_2 R_3}{R_1 R_2 + R_1 R_3 + R_2 R_3} \qquad \left( \frac{\Omega^3}{\Omega^2} = \Omega \right)$$

*¿Qué efecto tiene quitar del circuito un resistor, por ejemplo el de resistencia $R_3$, fig.104?*

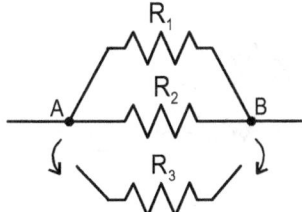

Figura 104

La nueva resistencia equivalente ha de ser

$$\frac{1}{R'_{AB}} = \frac{1}{R_1} + \frac{1}{R_2} \quad \longrightarrow \quad R'_{AB} = \frac{R_1 R_2}{R_1 + R_2}$$

Para obtener esta expresión de $\dfrac{1}{R_{AB}} = \dfrac{1}{R_1} + \dfrac{1}{R_2} + \dfrac{1}{R_3}$, hay que hacer $R_3 \to \infty$ y no $R_3 = 0$

Si reemplazamos el resistor 3 por un alambre de resistencia practicamente nula, es decir, hacemos $R_3 \approx 0$, resulta $R_{AB} \approx 0$ (cortocircuito), fig.105.

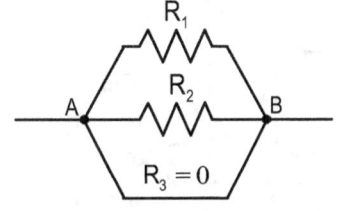

Figura 105

Los resistores 1 y 2 quedan "fuera de servicio".

### 2.8.3. Conexión mixta

Consiste en combinar series con paralelos, como se indica en la fig.106

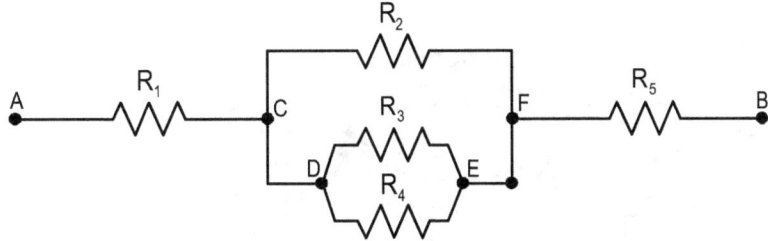

Figura 106

Conviene indicar con letras los nudos (C, D, E, F) y los extremos (A y B), pero luego hay que analizar que nudos pueden tener igual potencial entre sí. Por ejemplo, en la fig.106 el C y D son en reali-

dad un solo nudo, al igual que E y F, de modo que esta conexión se puede redibujar como en la fig.107.

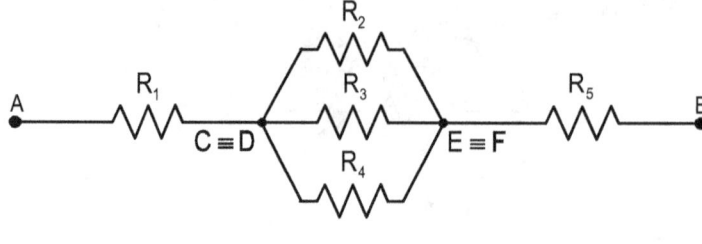

Figura 107

Luego, la resistencia equivalente entre A y B es

$$R_{AB} = R_1 + \frac{R_2 R_3 R_4}{R_2 R_3 + R_2 R_4 + R_3 R_4} + R_5$$

Un caso curioso es una red tridimensional, constituída por un "cubo" de resistores idénticos (fig.108), tal que todas las aristas tienen igual resistencia $R$, no se ha representado con el símbolo —⋀⋀⋀— para mayor sencillez del dibujo. ¿Qué resistencia equivalente se tiene entre los nudos A y B? Nombramos a los demás nudos (vértices) con números 1-2-3-4-5-6.

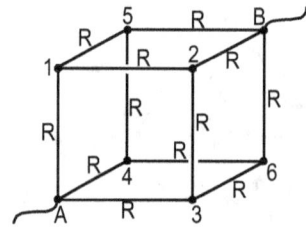

Figura 108

Dada la simetría se comprende que los nudos 1-4-3 tienen igual potencial y por otro lado lo mismo ocurre con los nudos 2-5-6, de modo que pueden ser considerados como únicos cada terna por separado y así redibujar es sistema como en la fig.109, de modo que la resistencia equivalente es

$$R_{AB} = \frac{R}{3} + \frac{R}{6} + \frac{R}{3} = \frac{5}{6}R < R$$

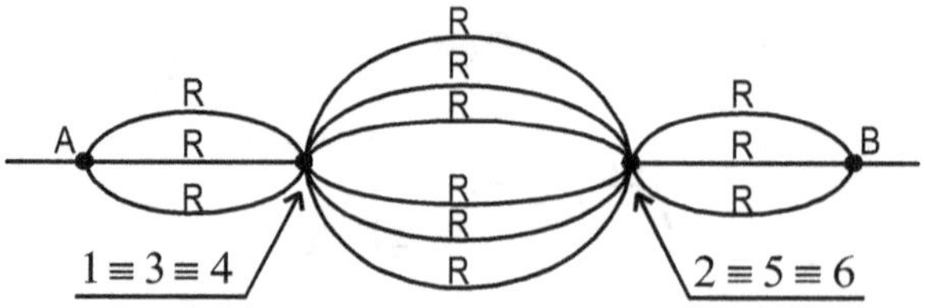

Figura 109

Encuentre el alumno la resistencia equivalente entre A y B (fig.110) suponiendo que los "puentes" ASD y CHB son de resistencia despreciable.

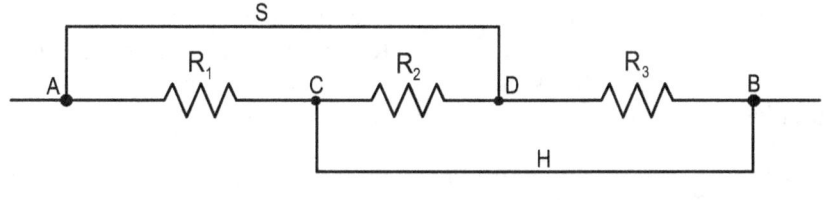

Figura 110

Hay conexiones que no pueden resolverse por reducción serie-paralelo. En esos casos hay que utilizar otros métodos, como el de Kirchhoff que luego veremos.

## 2.9. Cámpos eléctricos no conservativos (o no coulombianos). Fuerza electromotriz.

Cuando estudiamos la ley de Ohm vectorial o local

$$\vec{J} = \sigma \vec{E}$$

hemos dicho que $\vec{E}$ incluye cualquier tipo de fuerza (por "unidad de carga del portador"), que pueda estar empujando a los portadores libres, constituyendo la corriente. Si las fuerzas sobre los portadores son producidas por otras cargas acumuladas en reposo, ya sabemos que se trata de un campo eléctrico coulombiano conservativo $\vec{E}_C$, pero si son fuerzas de otra naturaleza, las tratamos como debidas a campos no coulombianos

$$\vec{E}_{NC} = \frac{\vec{F}_{NC}}{q}$$

donde $q$ es la carga del portador, por ejemplo la carga del electrón y $\vec{F}_{NC}$ cualquier tipo de fuerza.

Un campo eléctrico coulombiano $\vec{E}_C$ puede empujar un portador de un punto A a otro B (fig.111), pero no lo puede retornar a A, de modo que el portador no puede completar una trayectoria cerrada A-B-A.

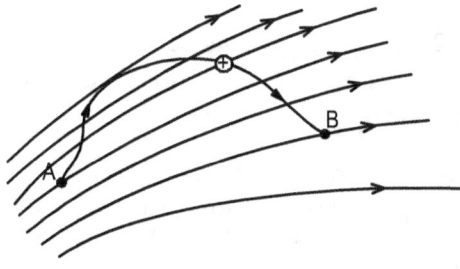

Figura 111

Esto es una consecuencia del carácter conservativo del campo coulombiano

$$\oint \vec{E}_C \cdot \vec{dr} \equiv 0$$

Sin embargo sabemos que sí es posible tener corriente de portadores circulando en circuitos, esto es así gracias a la existencia de campos no conservativos motrices.

Salvo en el caso de un circuito superconductor, donde la corriente una vez iniciada, puede seguir circulando sin necesidad de fuerzas motrices, en un circuito común siempre es necesario que al menos en alguna parte del circuito existan transformaciones energéticas que den origen a campos no conservativos que logran hacer completar una trayectoria cerrada a los portadores.

Estas transformaciones energéticas ocurren en artefactos que denominaremos con el término genérico de generadores o "fuente de tensión". Los más conocidos, en C.C., son las pilas, baterías y dínamos rotativos. En C.A., lo son los alternadores, como los trifásicos de las centrales eléctricas. También generan campos no coulombianos motrices las fotocélulas, termopares, etc.

En el acumulador "electrostático" de Van der Graaff la fuerza no coulombiana la puede producir ¡una persona! dando vueltas a una manivela que mueve una cinta sinfín que acarrea a los portadores hacia una esfera conductora hueca, venciendo a las fuerzas coulombianas que producen las cargas ya acumuladas en las esfera.

Sin entrar en detalles específicos del funcionamiento de estos diversos generadores, pensemos por ejemplo en una pila química esquematizada en la fig.112, con el fin de analizar la acción de cada campo y arribar al concepto de "fuerza electromotriz" (f.e.m.)

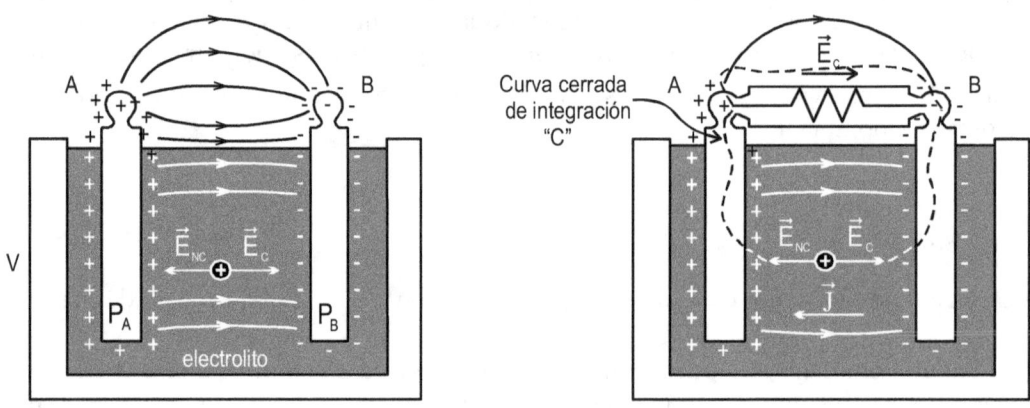

Figura 112          Figura 113

Una pila en general está formada por 2 placas $P_A$, $P_B$ conductoras (conductoras de primera especie, como metales Pb, Cu, Zn, etc) sumergidos en un electrolito (conductor de segunda especie, por ejemplo ácido sulfúrico diluído en agua destilada)[2].

Apenas se agrega en el vaso $V$ el electrolito, comienzan ciertas reacciones químicas entre este y las placas. Sin entrar en el detalle molecular de tales reacciones, a nivel macroscópico, podemos decir que el resultado de todo esto es producir un campo de fuerzas no coulombianas, representadas por $\vec{E}_{NC}$ que acarrea los portadores positivos (iones) desde la placa $P_B$ hacia la $P_A$.

En la fig.112 el circuito está abierto, es decir, no hay nada conectado entrelos bornes A y B, de modo que el acarreo de portadores no puede seguir indefinidamente pues al tiempo que se acumulan en

---

las placas aparece un campo couolombiano $\vec{E}_C$ que tiende a equilibrar al $\vec{E}_{NC}$, cesando así el desplazamiento de $P_B$ a $P_A$. También hay campo $\vec{E}_C$ entre los bornes, fuera de la batería.

En la fig.113 se ha conectado un resistor de resistencia $R$ (resistencia exterior o de "carga"), cerrándose así el circuito. Se produce una corriente y disminuye la acumulación de carga de las placas, disminuyendo en consecuencia el campo coulombiano $\vec{E}_C$ que ahora resulta menor que $\vec{E}_{NC}$, de modo que este "gana la cinchada" y comienza a mover nuevamente a los portadores positivos de $P_B$ hacia la $P_A$ dentro de la batería, en contra de la fuerza del coulombiano $\vec{E}_C$. Fuera del electrolito, entre los bornes A y B y en el resistor es el coulombiano el que moviliza a los portadores.

En síntesis, cuando el circuito está completo (o cerrado), dentro del electrolito se tiene 2 campos, $\vec{E}_{NC}$ y $\vec{E}_C$, siendo $\vec{E}_{NC} > \vec{E}_C$, en el exterior solo actúa $\vec{E}_C$. Gracias a las fuerzas que provocan $\vec{E}_{NC}$ un portador puede completar el circuito, contra las oposición de $\vec{E}_C$ dentro de la pila.

Podemos hacer una anología con la gravedad (conservativa), y una fuerza no conservativa (animal, persona, motor).

## 2.10. Definición de "fuerza electromotriz" fem = ε

Sea una trayectoria cerrada, a lo largo del circuito como se indica en la fig.113, la fuerza electromotriz del circuito se define como "el cociente entre el trabajo de las fuerzas de los campos para desplazar una carga $q$ por todo el circuito y el valor de dicha carga"; matemáticamente se expresa así

$$f.e.m. = \frac{\oint q\vec{E} \cdot \vec{dr}}{q} = \oint \vec{E} \cdot \vec{dr}$$

La unidad de medida en el SI es

$$[f.e.m.] = \frac{Joul}{Coul} = Voltio \quad {}^{3}$$

Volviendo a la fig.113, vemos en ella un camino cerrado C, en líneas de puntos; por dicho camino efectuaremos la integral que da la f.e.m., empecemos por B

$$f.e.m. \; \varepsilon = \oint_C \vec{E} \cdot \vec{dr} = \int_{B,electrolito,A} \left( \vec{E}_{NC} + \vec{E}_C \right) \cdot \vec{dr} + \int_{A,resistor,B} \vec{E}_C \cdot \vec{dr}$$

agrupando las integrales de $\vec{E}_C$

---

[3]. Aunque la f.e.m. se mida en voltios, no hay que confundir f.e.m. con diferencia de potencial, pues no puede haber d.d.p. en un camino cerrado, es decir, no hay d.d.p. entre el punto de partida y el de llegada siendo que este coincide con el primero. El autor propone no llamar voltio al cociente

$$\frac{Joul}{Coul}$$

cuando se trata de f.e.m. como advertencia de la distinción conceptual. Note además el alumno que f.e.m. no es una fuerza, más bien es un trabajo "por unidad de carga". La distinción entre f.e.m. y d.d.p. resultará más evidente luego.

$$f.e.m. \; \varepsilon = \int_{B,electrolito,A} \vec{E}_{NC} \cdot \vec{dr} + \oint_C \vec{E}_C \cdot \vec{dr}$$

pero esta última integral cerrada es nula por el carácter conservativo de $\vec{E}_C$, luego resulta

$$f.e.m. \; \varepsilon = \int_{B,electrolito,A} \vec{E}_{NC} \cdot \vec{dr}$$

pero de todos modos podemos escribir lo mismo, integrando en todo el circuito

$$f.e.m. \; \varepsilon = \oint_C \vec{E}_{NC} \cdot \vec{dr}$$

Así queda claro que "gracias a los campos no coulombianos tenemos f.e.m.". Los campos coulombianos no generan f.e.m.

Más adelante, en magnetismo, veremos un campo eléctrico no coulombiano, generador de f.e.m., proveniente de la variación de un campo magnético (Ley de Faraday-Lenz)

El símbolo de la presencia de f.e.m., en C.C. es

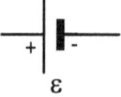

y en C.A. es

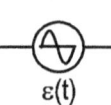

## 2.11. Ley de ohm en presencia de f.e.m. o ley circuital de Kirchhoff

Hemos visto que

$$\varepsilon = \oint_C \vec{E} \cdot \vec{dr}$$

utilizando la ley de ohm vectorial

$$\vec{J} = \frac{\vec{E}}{\rho} \longrightarrow \vec{E} = \rho \vec{J}$$

reemplazando

$$\varepsilon = \oint \rho \vec{J} \cdot \vec{dr}$$

utilizando una línea de corriente para efectuar la integración

$$\vec{J} \cdot \vec{dr} = \left\| \vec{J} \right\| \left\| \vec{dr} \right\| = \frac{I}{S} dr$$

repartiendo la integración

$$\varepsilon = I \oint_C \frac{\rho dr}{S} = I \int_{B, \text{ interior bateria, A}} \frac{\rho dr}{S} + I \int_{A, \text{ exterior, B}} \frac{\rho dr}{S},$$

pero

$$\int\limits_{\text{B, interior bateria, A}} \frac{\rho dr}{S}$$

es la resistencia interna de la batería (que llamamos $r$) y

$$\int\limits_{\text{A, exterior, B}} \frac{\rho dr}{S}$$

es la resistencia exterior o de "carga" $R$, luego:

$$\varepsilon = Ir + IR$$

o bien

$$I = \frac{\varepsilon}{r+R}$$

que es la "*Ley de Ohm generalizada*" o mejor "*Ley de Kirchhoff*" para un circuito o "malla"

Esto implica que todo generador consiste en esencia de 2 cosas: una f.e.m. $\varepsilon$ y una resistencia interna $r$. La resistencia interna existe a pesar nuestro, no puede ser eliminada pues está constituída por las mismas sustancias conductoras que forman al generador. En CA, hablamos de "impedancia interna" de los alternadores.

En las fig.114(a) y 114(b) mostramos los equivalentes circuitales de un generador de CC y de CA monofásico.

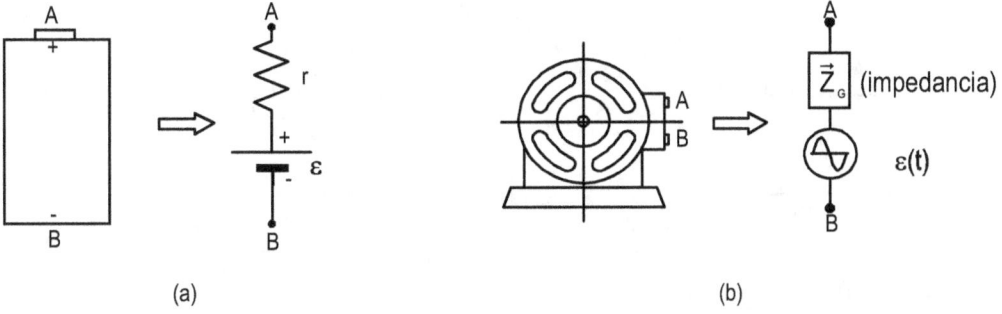

(a)                                             (b)

Figura 114

Vemos que no deben confundirse los bornes A y B con los "extremos" inaccesibles de la f.e.m. $\varepsilon$. Todo lo que se conecte a los bornes A y B queda en serie con la resistencia interna (fig.115). La d.d.p. en los extremos de $R$ es $\Delta V_{AB} = IR = d.d.p.$ entre los bornes, de modo que

$$\varepsilon = Ir + \Delta V_{AB}$$

despejando la d.d.p. entre los bornes

$$\Delta V_{AB} = \varepsilon - Ir$$

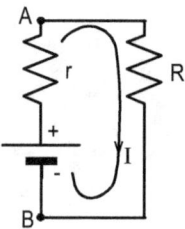

Figura 115

Se denomina a $Ir$ "caída de tensión interna". Vemos así que en general, cuando circula corriente (circuito cerrado), la f.e.m. $\varepsilon$ no es igual a la "tensión en bornes" $\Delta V_{AB}$ sino que esta es menor debido a la "caída interna"

$$\Delta V_{AB} = IR = \varepsilon - Ir \text{, luego } \Delta V_{AB} < \varepsilon$$

En las fig.116 tenemos 2 situaciones extremas: en 116(a) se tiene una batería a "circuito abierto" (sin resistencia de carga) y en 116(b) una batería cortocircuitada por un "puente" entre sus bornes de resistencia $R \approx 0\Omega$. Debajo de cada figura se indican las representaciones simbólicas.

**A circuito abierto**: no puede existir corriente ($I$=0), luego tampoco hay "caída interna", de modo que solo en este caso es $\Delta V_{AB} = \varepsilon$

**En cortocircuito**: la corriente es máxima y se calcula con la ley de Kirchhoff

$$I_{CC} \cong \frac{\varepsilon}{r}$$

es decir, la corriente solo está limitada por la resistencia interna de la batería.

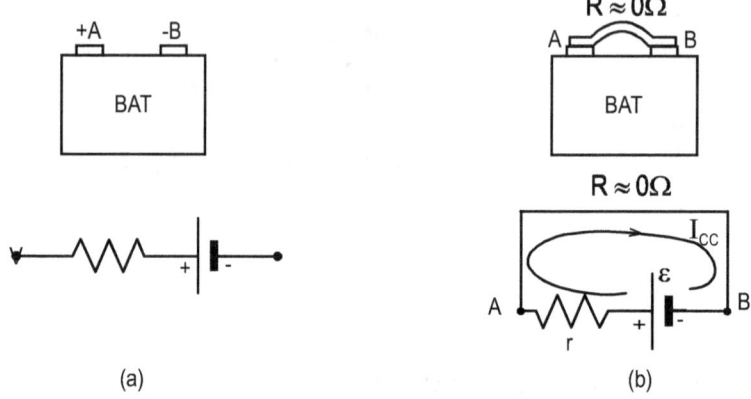

(a)                              (b)

Figura 116

La d.d.p. en bornes, calculada por fuera de la batería es $\Delta V_{AB} = I_{CC}R \approx 0V$ pues $R \approx 0\Omega$. Calculada por dentro tenemos

$$\Delta V_{AB} = \varepsilon - I_{CC}r \cong \varepsilon - \frac{\varepsilon}{r} \cdot r \cong \varepsilon - \varepsilon \cong 0V$$

podemos decir que toda la tensión que produce la batería "cae" dentro de ella misma, quedando sin tensión disponible en sus bornes.

## 2.12. Diagrama de potenciales (o "tensiones") a circuito idealmente extendido

En la fig.117(a) tenemos un circuito donde se indica en líneas de trazos la "silueta" de la batería y en 117(b) el circuito extendido para hacer corresponder un gráfico de tensiones a lo largo del mismo

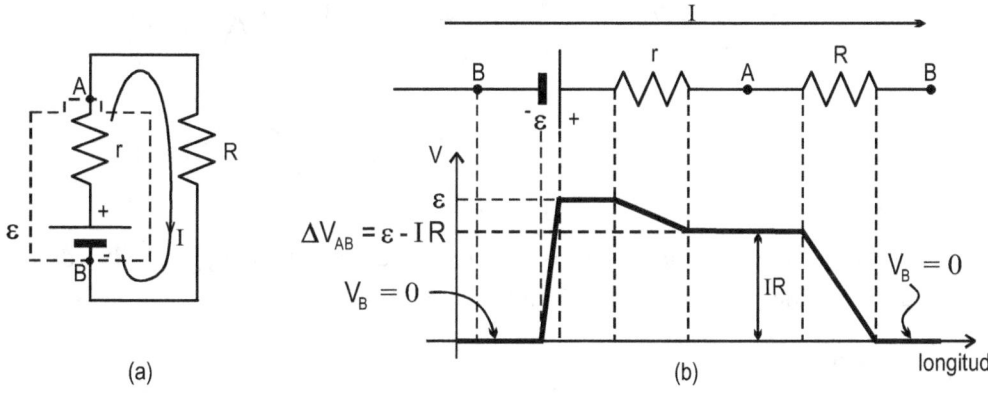

(a)                                                    (b)

Figura 117

Arbitrariamente consideramos al borne B con potencial $V_B = 0$.Partiendo de este punto y recorriendo el circuito en el sentido de la corriente $I$ encontramos el símbolo de la f.e.m. $\varepsilon$. En el se produce el "salto" o aumento del potencial de $0V$ a $\varepsilon$ V, luego encontramos el símbolo de resistencia interna $r$, en ella se produce la "caída interna" $Ir$, descendiendo el potencial de $\varepsilon$ al nivel $\varepsilon - IR = \Delta V_{AB}$.

Luego encontraremos el borne A, que se encuentra en el nivel $\varepsilon - IR$, de modo que

$$\Delta V_{AB} = V_A - V_B = V_A = \varepsilon - Ir = IR$$

Luego encontramos el símbolo de resistencia de "carga" $R$ y en ella se produce la caída final $IR$, llegando al nivel cero, que es el potencial de B, completando así el circuito.

Se observa que donde está la f.e.m. los portadores positivos que constituyen la corriente $I$ ascienden en el potencial. Esto es así gracias al campo no coulombiano, que a su vez proviene de alguna transformación energética que ocurre en el generador. Análogamente ocurre con el agua corriente en un circuito hidráulico: en una bomba movida por un motor, el agua asciende hacia las mayores presiones.

En el resto del circuito, en los elementos "pasivos", la corriente se dirige hacia los menores potenciales "empujada" por el campo coulombiano.

### 2.12.1. Una aplicación de la ley de Ohm

Una batería de $f.e.m.$ $\varepsilon = 12V$ y $r = 1,5\Omega$ de resistencia interna, se conecta a un grupo de 3 resistores como se indica en la fig.118, además se tienen los puentes $\overparen{AD}$, $\overparen{CB}$ de resistencias despreciables. *Calcular*: 1) las corrientes $I_1$, $I_2$, $I_3$ que circulan en los resistores; 2) las corrientes $I_{AD}$ e $I_{CB}$ que circulan por los puentes; 3) diferencia de potencial en bornes de la batería $\left(\Delta V_{AB}\right)$ y corriente total.

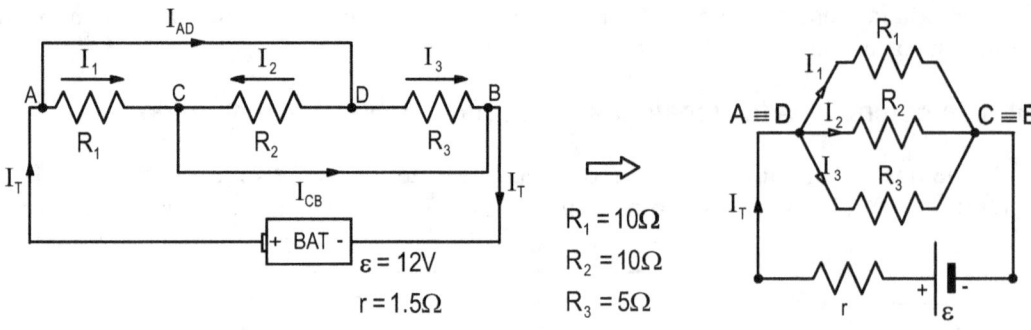

Figura 118                          Figura 119

*Solución*

Redibujamos el circuito (fig.119), teniendo que los puentes hacen que $V_A = V_D$, $V_C = V_B$, de modo que los resistores están en paralelo (esto se explicó en la pág.110) Conexión mixta

La resistencia equivalente a los 3 resistores es

$$R_{eq.} = \frac{R_1 R_2 R_3}{R_1 R_2 + R_1 R_3 + R_2 R_3} = \frac{10 \times 10 \times 5 \ \Omega^3}{(10 \times 10 + 10 \times 5 + 10 \times 5)\Omega^2}$$

$$R_{eq.} = \frac{500}{200}\Omega = 2,5\Omega$$

está en serie con la interna, de modo que la resistencia total del circuito es

$$R_T = R_{eq} + r = 2,5\Omega + 1,5\Omega = 4\Omega$$

de modo que la corriente total es

$$\left[ I_T = \frac{\varepsilon}{R_T} = \frac{12V}{4\Omega} = 3A \right]$$

Se produce una caída interna

$$I_T r = 3A \times 1,5\Omega = 4,5V$$

de modo que la d.d.p. entre bornes es

$$\Delta V_{AB} = \varepsilon - I_T r = 12V - 4,5V = 7,5V,$$

este valor también es

$$\Delta V_{AB} = I_T R_{eq.} = 3A \times 2,5\Omega = 7,5V$$

Ahora podemos calcular $I_1$, $I_2$, $I_3$ :

$$I_1 = \frac{\Delta V_{AB}}{R_1} = \frac{7,5V}{10\Omega} = 0,75A \quad \text{(circula de A hacia C)}$$

$$I_2 = \frac{\Delta V_{AB}}{R_2} = \frac{7,5V}{10\Omega} = 0,75A \quad \text{(circula de D hacia C)}$$

$$I_3 = \frac{\Delta V_{AB}}{R_3} = \frac{7,5V}{5\Omega} = 1,50A \quad \text{(circula de D hacia B)}$$

Se cumple correctamente que $I_T = I_1 + I_2 + I_3$

Volvamos al circuito original de fig.118, en el se indican los sentidos de $I_1$, $I_2$, $I_3$, $I_T$, esto permite, por ley de nudos de Kirchhoff, calcular las corrientes en los puentes (con la ley de Ohm no es posible, pues $R \approx 0$ para los puentes)

$$I_{AD} = I_T - I_1 = 2,25A; \qquad I_{CB} = I_1 + I_2 = I_T - I_3 = 1,5A$$

## 2.13. Energía y potencia eléctrica en corriente continua

En la fig.120 un generador (o "línea de alimentación") aplica una d.d.p. $\left|\Delta V_{AB}\right| = V_A - V_B$ a los bornes A y B de un "artefacto" de CC cualquiera. Esta d.d.p. hace circular por él una corriente $I$.

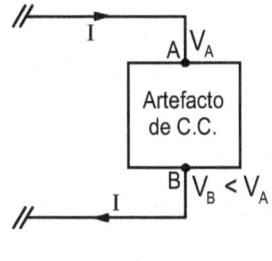

Figura 120

Si pensamos en un elemento de carga positiva ($dq$) que, entrando por A, termina saliendo por B, siendo el potencial $V_A$ de A mayor que el de B, resulta que el campo eléctrico ha realizado un trabajo $dW = \left|\Delta V_{AB}\right| dq$. Esto implica que el campo perdió energía potencial en igual cantidad, pero por el principio de conservación de la energía en todas sus formas, debemos pensar que en el artefacto en cuestión se ha transformado esta energía potencial en algún otro tipo de energía acorde al tipo de artefacto.

En una lámpara de filamento la energía potencial se transforma en luz y calor.

En un motor eléctrico, la energía potencial se transforma en trabajo mecánico y algo de calor.

En una batería en "carga", se transforma en energía potencial química, etc.

Podemos decir que la *Potencia del Artefacto* es

$$P \doteq \frac{dW}{dt} = |\Delta V_{AB}| \cdot \frac{dq}{dt} = |\Delta V_{AB}| \cdot I$$

*Unidad*

$$[P] = [\Delta V][I] = V \times A \doteq Watt \doteq \frac{Joul}{seg}$$

La energía eléctrica U que en el artefacto se transforma en un intervalo de tiempo $(t_2 - t_1)$ es

$$U = \int_{t_1}^{t_2} P \, dt = \int_{t_1}^{t_2} |\Delta V_{AB}| I \, dt$$

pero como hemos supuesto que $\Delta V_{AB}$ e $I$ son constantes (¡cuidado, podría no serlo!)

$$U = |\Delta V_{AB}| I (t_2 - t_1)$$

*Unidad*

$$[U] = [\Delta V][I][\Delta t] = V \times A \times seg = Joule$$

## 2.14. Unidad "comercial" de energía eléctrica.

Las empresas que venden energía eléctrica miden la energía en la unidad "híbrida o comercial" $W \times hora$ o bien $KW \times hora$

Veamos la equivalencia en joule

$$1 \, KWh = 1.000 W \times 3600 \, seg$$
$$1 \, KWh = 3.600.000 \, j = 3,6 \times 10^6 \, j$$

Si la d.d.p. y la corriente son funciones del tiempo (como ocurre en C.A.), se define la Potencia instantánea

$$P(t) \doteq \Delta v(t) \cdot i(t)$$

y la energía U en un intervalo de tiempo $(t_2 - t_1)$ sería

$$U = \int_{t_1}^{t_2} \Delta v(t) \cdot i(t) \, dt$$

área bajo la gráfica, en la fig.121.

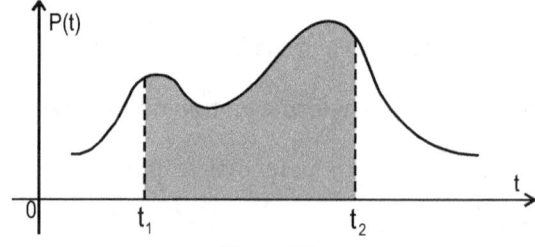

Figura 121

Ver el tema potencia en C.A. más adelante.

## 2.15. Efecto Joule. Potencia y energía disipada en un resistor

Sin entrar en detalles de la teoría cinética de la corriente podemos decir que los portadores libres toman energía del campo eléctrico en forma de energía cinética y al chocar con lo iones de la red cristalina la entregan a la red cristalina. Los iones se mantienen así oscilando forzadamente entregando a su vez energía al espacio que rodea al conductor. Esta energía es denominada calor (si está en el infrarojo) y luz en el espectro visible (por ejemplo en el filamento de una lámpara de incandescencia ocurre ambas cosas).

La producción de calor y luz por la circulación de la corriente en un conductor se denomina "Efecto Joule".

De modo que si el artefacto de la fig.120 es un resistor, de resistencia $R$, en un intervalo de tiempo $\Delta t$ se produce en él una disipación de energía eléctrica en calor (y luz) dada por

$$Q = \Delta V_{AB} I \, \Delta t = RI^2 \Delta t = \frac{\Delta V^2}{R} \Delta t$$

deducida aplicando la ley de Ohm.

Expresando en términos de potencia

$$\frac{Q}{\Delta t} = RI^2 = \frac{\Delta V_{AB}^{\ 2}}{R} \quad (en \ watts)$$

Utilizando la antigua unidad "caloría" $(1 \ cal \approx 4,18 \ Joule)$ resulta

$$\frac{Q}{\Delta t} \cong 0,24 \, RI^2 \cong 0,24 \, \frac{\Delta V_{AB}^2}{R} \left( en \ \frac{Cal}{seg} \right)$$

Todo esto conduce a una cuestión importante: un resistor se caracteriza, por lo menos, por 2 valores: la resistencia $R$ y la potencia máxima capaz de disipar

$$I_{máx}^2 R \quad o \quad \frac{\Delta V_{máx}^2}{R}$$

Por ejemplo, si la potencia máxima es de $1000W$ para un resistor de $R = 1000\Omega$ $(1 \, K\Omega)$, la corriente máxima que por él puede circular sin dañarlo (o que caliente en demasía) es

$$I_{máx} = \sqrt{\frac{P}{R}} = \sqrt{\frac{1000W}{1000\Omega}} = 1A$$

o bien la d.d.p. máx. que puede soportar es

$$\Delta V_{máx} = \sqrt{P \times R} = \sqrt{1000W \times 1000\Omega} = 1000V$$

## 2.16. Potencia disipada por "unidad de volumen" de conductor.

Sea un trozo de conductor de longitud $\Delta\ell$, sección $S$ y material de conductividad $\sigma$ (fig.122).

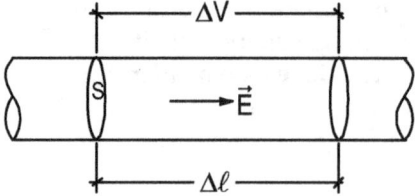

Figura 122

. Podemos modificar la ecuación $P = \dfrac{\Delta V^2}{R}$ del siguiente modo

$$\Delta V = E\ \Delta\ell, \qquad\qquad R = \frac{\Delta\ell}{\sigma S}$$

luego

$$P = \frac{E^2 \Delta\ell^2 \sigma S}{\Delta\ell} = E^2 \sigma \cdot v$$

donde $v = s\ \Delta\ell$ es el volumen del trozo. luego la potencia por "unidad de volumen" o "densidad de potencia" es

$$\frac{P}{v}\left(\frac{Watt}{m^3}\right) = E^2 \sigma$$

Además, por ley de ohm vectorial es

$$\vec{J} = \sigma\vec{E}, \text{ luego } \quad \frac{P}{v} = \vec{J}\cdot\vec{E}$$

## 2.17. Potencia eléctrica total en un circuito con f.e.m. $\varepsilon$

Sea el circuito de la fig. 123: un generador de C.C. está conectado a una "carga o artefacto de C.C. cualquiera. El generador posee una f.e.m. $\varepsilon$ y una resistencia interna $r$.

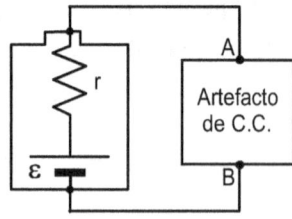

Figura 123

Por la ley de circuitos de Kirchhoff se tiene

$$\varepsilon = Ir + \Delta V_{AB}$$

multiplicando m. a m. por $I$

$$\varepsilon I = I^2 r + \Delta V_{AB} I$$

Interpretamos que $I^2 r$ es la disipación de potencia en el interior del generador y por otro lado $\Delta V_{AB} I$ ya sabemos que es la potencia que se transforma en el artefacto, por lo tanto la suma $\varepsilon I$ debe ser la potencia eléctrica aportada al circuito por el generador. Vemos que un generador solo entrega en sus bornes AB la potencia $\Delta V_{AB} I = \varepsilon I - I^2 r$, el resto se disipa en su interior.

## 2.18. Teorema de la máxima transferencia de potencia

Sea el artefacto un resistor, fig. 124, con la posibilidad de variar el valor $R$ desde cero (cortocircuito) a "$\infty$" (circuito abierto"). Este dispositivo suele denominarse "reóstato" o inapropiadamente "potenciómetro".

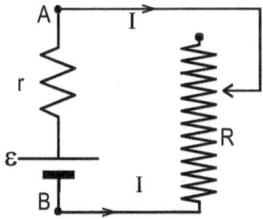

Figura 124

La potencia que recibe la resistencia $R$ ("de carga") es

$$P = I^2 R = \left( \frac{\varepsilon}{r+R} \right)^2 \cdot R$$

Si $R = 0\Omega$ (cursor en el punto B) es $P = 0W$, pero también para $R \to \infty$ (cursor deconectado) es $P \to 0$ (circuito abierto), pues es

$$\lim_{R \to \infty} \frac{\varepsilon^2 R}{(r+R)^2} = 0$$

Sospechamos entonces que al ser $P = f(R)$ una función contínua de $R$, debe pasar por un máximo para cierto valor de $R$. Para calcular este valor debemos igualar a cero la primer derivada de

$$P = f(R)$$

$$\frac{dP}{dR} = \frac{d}{dR} \left( \frac{\varepsilon^2 R}{(r+R)^2} \right) = 0$$

derivando como cociente y simplificando $\varepsilon^2$

$$\frac{(r+R)^2 - 2R(r+R)}{(r+R)^4} = 0$$

para que se cumpla la igualdad a cero basta que sea cero el numerador

$$(r+R)^2 - 2R(r+R) = 0$$

esto se cumple para $R = r$

*Conclusión*

Cuando al variar la resistencia de carga $R$, esta toma el valor de la resistencia interna del generador, el generador entrega la máxima potencia a la carga. El valor de esta potencia máxima es

$$P_{máx} = \frac{\varepsilon^2 r}{(r+r)^2} = \frac{\varepsilon^2}{4r}$$

En la fig.125 se tiene la gráfica de $P = f(R)$.

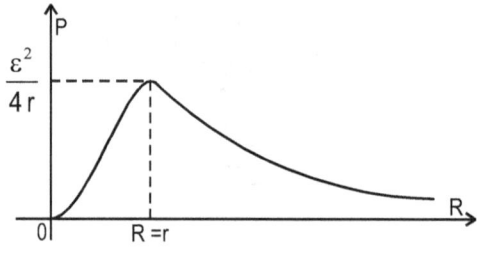

Figura 125

Es claro que en situación de máxima transferencia de potencia, al ser $R = r$, se disipa igual potencia en el interior del generador que en la carga exterior.

Si definimos como rendimiento $(\eta)$ del circuito al cociente entre la potencia entregada al exterior

$$\left(I^2 R = I\, \Delta V_{AB}\right)$$

y la potencia total de la f.e.m. $(\varepsilon I)$ es decir

$$\eta = \frac{I^2 R}{\varepsilon I} = \frac{IR}{\varepsilon}$$

en situación de máxima transferencia es $\eta = 0,5$ (el circuito solo rinde el 50%).

El alumno estudiará una generalización de este teorema para C.A.

Una aplicación interesante se tiene en audio (y antenas): interesa que el amplificador, que cumple la función de generador, entregue la máxima potencia posible al parlante (o a la antena del transmisor), que oficia de "carga", de modo que el parlante debe poseer para ello una resistencia (en realidad una impedancia) igual a la que se mide a la "salida" del amplificador. Si es así, se dice que las "impedancias están adaptadas". Que el rendimiento sea relativamente bajo (50 %) no interesa, pues se prefiere gran "volumen" de sonido un lugar de mayor rendimiento y poco volumen.

## 2.19. Leyes de Kirchhoff

Cuando se tienen varios circuitos interconectados, con varias "fuentes" es muy dificultoso (o imposible) resolver las incógnitas aplicando la ley de OHM. Pero se tienen métodos de resolución más poderosos. Aquí aplicamos el método de Kirchhoff basado en 2 leyes: la de los NUDOS (L.N.) y la de MALLAS (L.M.). Antes de enunciar y aplicar dichasleyes (que en cierto modo ya hemos mencionado), precisemos algunos términos a emplear:

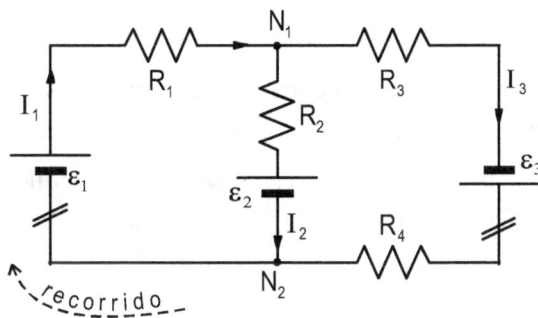

Figura 126

Llamaremos RED a un conjunto de circuítos interconectados. En la fig.126 se tiene una red bastante sencilla.

Denominaremos MALLAS a los circuitos (caminos cerrados) que integran la RED. En la fig.126 hay 3 mallas: la malla que contiene $\left(\varepsilon_1, R_1, R_2, \varepsilon_2\right)$, la que contiene $\left(\varepsilon_2, R_2, R_3, \varepsilon_3, R_4\right)$ y la periférica $\left(\varepsilon_1, R_1, R_3, \varepsilon_3, R_4\right)$.

Denominaremos NUDOS (o nodos) a los puntos donde concurren 3 o más hilos conductores (en la fig. 126 son nudos $N_1$ y $N_2$)

Denominaremos RAMAS a todo "camino" abierto por donde pueden pasar las corrientes, entre 2 nudos consecutivos. En la fig. 126 se tienen 3 ramas. No necesariamente coincide en general el número de ramas con el de mallas, aunque aquí coincida. Por cada rama hay una corriente, es decir, el número de corrientes es igual al de ramas.

### 2.19.1. Método resolutivo de Kirchhoff

Aunque a priori no se conozcan los sentidos y valores de las corrientes en cada rama, se aconseja designarlas apropiadamente, con subíndices distintos para cada rama (aquí se han designado $I_1$, $I_2$, $I_3$) y atribuírles sentidos arbitrarios con flechas. Podría pensarse que en la fig.126 el sentido de $I_2$ está mal porque sale por el negativo de $\varepsilon_2$, pero como $\varepsilon_2$ está interconectada con las otra fuentes bien podría ser que este sentido sea correcto, pero estas consideraciones no son necesarias porque, como hemos dicho, los sentidos. a priori son arbitrarios.

Veremos que al resolver, si una corriente da un valor negativo significa que el sentido supuesto es inverso al correcto.

### 2.19.2. Ley de Nudos

"En cada nudo la suma de las corrientes que entran y salen de él es nula". Se toman las corrientes que entran con un signo (por ejemplo +) y el contratio para las que salen (por ejemplo -). esta ley es consecuencia del principio universal de **la conservación de las cargas eléctricas**. Por ejemplo por el nudo $N_1$ y el nudo $N_2$ de la red de la fig.126, se tiene

$$N_1: \quad I_1 - I_2 - I_3 = 0$$
$$N_2: \quad -I_1 + I_2 + I_3 = 0$$

Notemos ya que estas ecuaciones no son independientes: la del nudo $N_2$ es la del $N_1$ multiplicada por $(-1)$. Esto lleva a la siguiente limitación, que sin demostración, admitiremos en general: si en una red hay $N$ nudos, solo se pueden plantear $(N-1)$ ecuaciones linealmente independientes de nudos. Aquí $N = 2$, y así solo hay 1 ecuación de nudo independiente.

### 2.19.3. Ley de Mallas

"En una malla la suma de las f.e.m. $\varepsilon$ con los productos $IR$ es cero para toda la malla". Esta suma debe hacerse con una regla de signos apropiada: nosotros adoptamos una regla muy natural: si elegimos un sentido de recorrido para el análisis de las mallas (por ejemplo el sentido horario indicado en líneas de trazos en la fig.127), al recorrer la malla si encontramos una f.e.m. $\varepsilon$ por el polo (-) y salimos por el (+) "subimos" en el potencial, de modo que ese valor $\varepsilon$ va con signo + en la suma, "si ocurre lo contrario, entrará con signo -).

Si al recorrer un resistor lo hacemos en el sentido de la corriente que por él circula, bajamos en el potencial, de modo que ese producto $IR$ va con signo (-). Lo contrario va con signo (+).

El recorrido de una malla conviene que empiece por un nudo y debe terminar en dicho nudo. Veamos

| | |
|---|---|
| malla "izquierda": | $+\varepsilon_1 - I_1 R_1 - I_2 R_2 - \varepsilon_2 = 0$ |
| malla "derecha": | $+\varepsilon_2 + I_2 R_2 - I_3 R_3 - I_3 R_4 + \varepsilon_3 = 0$ |
| malla "periférica": | $+\varepsilon_1 - I_1 R_1 - I_3 R_3 + \varepsilon_3 - I_4 R_4 = 0$ |

Se puede observar que esta última es combinación lineal de las dos primeras, en efecto, es la suma de las 2 primeras. Tenemos una regla práctica para plantear las ecuaciones de mallas independientes: una vez analizada una malla la "destruímos" idealmente "cortando" una cualquiera de sus ramas (para ello marcamos el corte con trazos //).

Así hacemos sucesivamente hasta que no encontremos más mallas sin cortar. Del modo en que hemos hecho los cortes en la fig.126, no es posible utilizar la ecuación de la periférica. Adoptando entonces la ecuación del nudo $N_1$ y la de las mallas izquierda y derecha, resulta el sistema lineal de 3 ecuaciones, ordenadas por columnas:

$$\left\{ \begin{array}{l} I_1 \quad -I_2 \qquad\quad -I_3 = 0 \\ -R_1 I_1 - R_2 I_2 \qquad +0 = (\varepsilon_2 - \varepsilon_1) \\ 0 + R_2 I_2 - (R_3 + R_4) I_3 = -(\varepsilon_2 + \varepsilon_3) \end{array} \right\}$$

Lo que resta es solo cuestión de álgebra. Si las $R$ y las $\varepsilon$ son datos, podemos hallar las incógnitas $I_1, I_2, I_3$.

Si al resolver hay corrientes que resultan negativas significa que el sentido supuesto a priori es el contrario al real. No conviene borrar, se deja como resulta, pues así es más fácil la revisión. Es bueno comprobar si la resolución es correcta reemplazando los valores hallados en el sistema: debe verificar.

El método de Kirchhoff resulta también muy útil para calcular resistencias equivalentes cuando no es posible reducir el conexionado a serie-paralelo. En clases prácticas se darán ejemplos.

Existen otros métodos de resolución, como el de "potenciales de nudos" y el de "corrientes cíclicas de mallas" o de Maxwell que no veremos en esta obra. (ver Circuitos Eléctricos de Edminister, serie Schaum, Mc Graw-Hill).

## 2.20. Instrumentos de medida principales en C.C.

Veremos aquí someramente (sin detalles técnicos) los siguientes instrumentos de C.C.: amperímetros, voltímetros, potenciómetro, puente de Wheatstone, vatímetro.

### 2.20.1. Amperímetro

Es un instrumento destinado a medir la intensidad de la corriente. Son comunes los amperímetros a "bobina móvil", analógicos. También los hay térmicos. Cada vez más se utilizan los digitales, con "display", sin partes mecánicas móviles.

Para corrientes no muy altas (decenas de $A$) esta se hace pasar, en serie con el amperímetro, es decir, el amperímetro se conecta en serie con la rama por la cual circula la corriente a medir (fig.127).

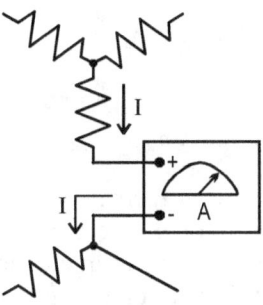

Figura 127

Indicaremos la presencia de un amperímetro así ─Ⓐ─

Sin entrar en detalles constructivos diremos que desde sus bornes de conexión el amperímetro posee una resistencia interna propia $R_A$, de modo que al conectarlo, se incorpora inevitablemente esta resistencia en serie con la rama, modificándose el circuito original.

Para que esta modificación no sea tan grande es claro que $R_A$ debe ser lo más pequeña posible frente a las resistencias de la rama. Para mayor claridad analicemos una situación sencilla: queremos medir la corriente del circuito de la fig.128

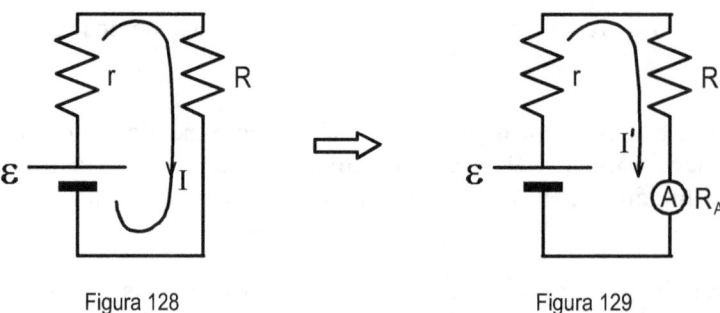

Figura 128                              Figura 129

El valor teórico es

$$I = \frac{\varepsilon}{r + R}$$

pero al conectar el amperímetro en serie con $R$, siendo su resistencia interna $R_A$, resulta que la corriente ahora posee el valor

$$I' = \frac{\varepsilon}{r + R + R_A} < I$$

Supuesto que el amperímetro es en sí mismo totalmente exacto y mide el valor $I'$, el error por modificación del circuito es

$$\frac{(I - I')}{I} = 1 - \frac{1}{1 + \dfrac{R_A}{r + R}}$$

Si $R_A \to 0$, el error tiende a cero, pero es claro que $R_A$ no puede ser exactamente cero (salvo que pudiésemos construir un amperímetro superconductor).

En definitiva, *un buen amperímetro debe tener una resistencia interna muy baja.* Pero esto implica un peligro, si un amperímetro por error del que opera, se conecta en paralelo, (fig.130) puede ser dañado (o si posee fusible este se fundirá) pues sobre él queda aplicada una d.d.p. importante que hará circular una corriente superior a la admitida por el amperímetro.

Un amperímetro conectado a los bornes de un generador es casi un cortocircuito.

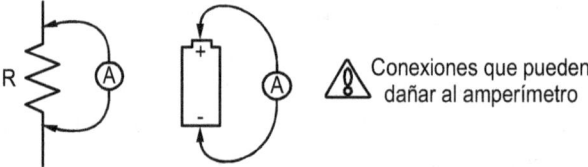

Figura 130

## 2.20.2. Voltímetro

Es un instrumento destinado a medir la d.d.p. entre 2 puntos. Solo 2 cosas lo distinguen de un amperímetro

1) Se conecta en paralelo con los puntos cuya d.d.p. se desea medir (fig.131)

2) La resistencia interna $R_V$ debe ser muy alta

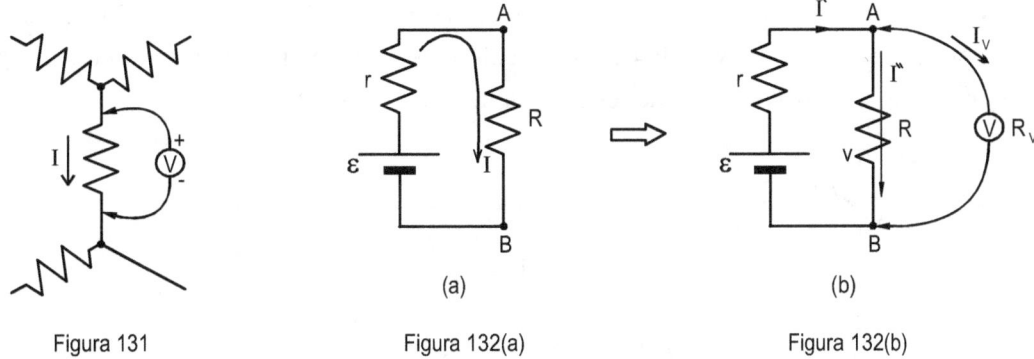

| Figura 131 | Figura 132(a) | Figura 132(b) |
|---|---|---|

En la fig.132(a) tenemos un circuito y quisiéramos medir la d.d.p. entre A y B. Teóricamente el valor de esta d.d.p. es

$$\Delta V_{AB} = IR = \left( \frac{\varepsilon}{r+R} \right) R$$

pero al conectar en paralelo al voltímetro (fig.132(b)), de resistencia interna $R_V$ se modifica el circuito original, ahora se tiene

$$\Delta V'_{AB} = I' \frac{R \cdot R_V}{R+R_V} = \left( \frac{\varepsilon}{r + \dfrac{R \cdot R_V}{R+R_V}} \right) \cdot \frac{R \cdot R_V}{R+R_V}$$

o bien dividiendo el numerador y el denominador por $R_v$

$$\Delta V'_{AB} = \frac{\varepsilon R}{\left[ r \left( \dfrac{R}{R_V} + 1 \right) + R \right]}$$

si $R_V \to \infty$, $\Delta V'_{AB} \to \Delta V_{AB}$ pero claro está que $R_V$ no puede ser $\infty$ grande, pues no circularía corriente $I_V$ por el voltímetro y este no funcionaría.

Si no superamos el máximo valor que puede medir un voltímetro, un error de conexión no lo daña.

## 2.21. Cambio de escala de estos instrumentos

Se trata de medir una magnitud cuyo valor es $N$ veces superior a la máxima del instrumento original. El valor máximo se denomina "valor de fondo de escala" y $N$ "factor de escala". Conectando convenientemente un resistor se puede efectuar una amplificación de la escala por el factor $N$. Veamos.

### 2.21.1. Cambio de escala de un amperímetro

Sea $I_m$ el valor de fondo de escala del instrumento original (fig.133) y se pretende medir una corriente $I$, $N$ veces superior a $I_m$: $I = NI_m$. Podemos solucionar este problema conectando un resistor en paralelo con el amperímetro original, de resistencia interna $R_A$ (fig.134).

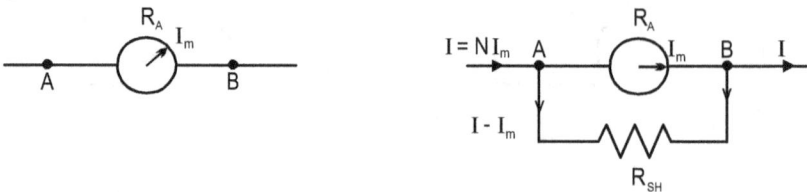

Figura 133                         Figura 134

El resistor en paralelo se denomina "shunt", debe tener una resistencia apropiada $R_{SH}$ que ahora calculamos: suponemos que por el instrumento original circula el máximo valor $I_m$, por el "shunt" deberá circular el resto

$$I - I_m = NI_m - I_m = (N-1)I_m$$

Debe cumplirse, por ser un paralelo

$$\Delta V_{AB} = I_m R_A = (N-1)I_m \cdot R_{SH}$$

luego

$$R_{SH} = \frac{R_A}{N-1}$$

Por ejemplo, si el instrumento original posee una resistencia $R_A = 5\Omega$ y se desea amplificar su escala en un factor de $N = 10$, debe conectarse un shunt de resistencia

$$R_{SH} = \frac{5}{9}\Omega$$

De modo que cuando se lea en el amperímetro así "shuntado" un valor de corriente $I$, el valor real será $10I$. El amperímetro "shuntado" posee una resistencia

$$R'_A = R_A \cdot \frac{R_A}{(N-1)\left(R_A + \dfrac{R_A}{N-1}\right)} = \frac{R_A}{N}$$

Para $N$ muy alto no resulta fácil lograr precisión.

Se puede poseer una llave selectora de varios shunt's (fig.135), pero esta llave debe ser tal que al pasar de un contacto a otro, no desconecte en ningun momento el conjunto, pues si lo hace, en ese momento la corriente a medir, superior a $I_m$, pasará totalmente por el instrumento original, con posiblilidad de dañarlo.

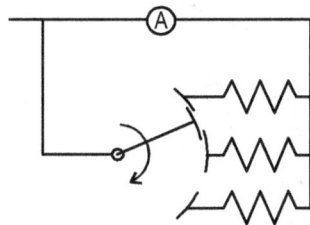

Figura 135

### 2.21.2. Cambio de escala de un Voltímetro

Se trata del mismo problema anterior: deseamos medir una d.d.p. $\Delta V$, $N$ veces superior a la máxima d.d.p. que puede medir un voltímetro original, de resistencia $R_V$

$$\Delta V = N \ \Delta V_m$$

Para ello conectamos una resistencia $R_S$ en serie de valor apropiado. En la fig.126 se indica la situación para le cálculo de $R_S$: se supone que en los extremos C-B está aplicada la d.d.p. a medir $N \ \Delta V_m$ y que el instrumento original está por lo tanto "soportando" la d.d.p. $\Delta V_m$, de modo que, en $R_S$ debe producirse la "caída de tensión restante

$$\Delta V_{CB} - \Delta V_m = N \ \Delta V_m - \Delta V_m = (N-1)\Delta V_m$$

Como la corriente $I_V$ es única, se tiene

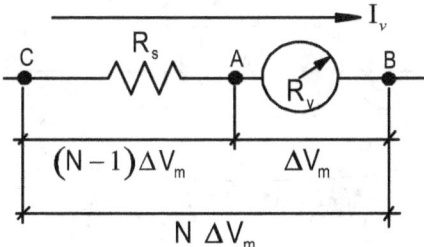

Figura 136

$$(N-1)\Delta V_m = I_V R_S = \frac{\Delta V_m}{R_V} R_S$$

despejando

$$R_S = (N-1)R_V$$

También se puede colocar una llave selectora de varios resistores. No se tiene el inconveniente de la desconexión momentánea al seleccionar.

Los voltímetros no pueden medir directamente la f.e.m. $\varepsilon$ de una fuente, en efecto, al conectarlo al los bornes de la fuente, de resistencia interna $r$ (fig.137), circulará una corriente $I_V = \dfrac{\varepsilon}{r + R_V}$, de modo que en el voltímetro se lee una d.d.p.

$$\Delta V = I_V R_V = \left( \frac{\varepsilon}{r + R_V} \right) \cdot R_V = \frac{\varepsilon}{\dfrac{r}{R_V} + 1} < \varepsilon$$

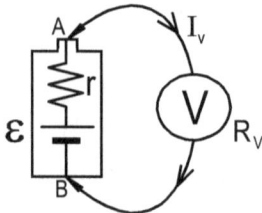

Figura 137

Sólo idealmente, si $R_V \to \infty$, $\Delta V \to \varepsilon$. Hay, sin embargo, un instrumento capaz de medir la f.e.m.,comportándose como si poseyese una "resistencia infinita": es el potenciómetro.

## 2.22. Potenciómetro

Es un intrumento destinado a medir una d.d.p. (o una f.e.m.) por comparación con otra d.d.p. de igual valor y de signo opuesto, producida esta por el propio potenciómetro. Ya veremos como se hace para saber que el potenciómetro está produciendo una d.d.p. igual a la d.d.p. incógnita a medir.

En la fig.138 se tiene la instalación mínima indispensable para constituir un potenciómetro.

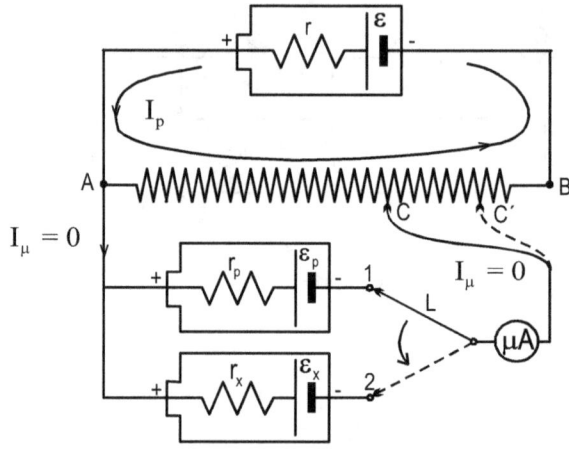

Figura 138

ε     es la f.e.m. de la batería del potenciómetro, con su resistencia interna $r$. El resistor AB, de resistencia $R_{AB}$ conocida con precisión, tanto en total, como para cualquier tramo AC que incorpore el contacto deslizante C. Es un resistor calibrado, de muy bajo error.

$\varepsilon_p$     es una f.e.m. patrón, de valor perfectamente conocido. Como $\varepsilon_p$, se suele utilizar la f.e.m. producida por una pila WESTON, de mercurio-cadmio, que a $20°C$ produce una f.e.m. $\varepsilon_p \approx 1,018V$. Esta pila no debe utilizarse como pila de "potencia", es decir, no debe proveer corriente durante largos períodos de tiempo.

$\varepsilon_x$     es la f.e.m. incógnita a medir, no debe superar la d.d.p. $\Delta V_{AB}$, como luego se comprenderá.

Las resistencias internas de las 3 baterías no intervendrán en los cálculos, de modo que no es necesario conocerlas.

El círculo indica la presencia de un "galvanómetro" o microamperímetro (aprecia corrientes del orden de $10^{-6} A$, es un instrumento muy delicado, pues la corriente de fondo de escala es muy baja y así puede dañarse facilmente).

$L$     Tenemos también una llave selectora $L$.

Observe el alumno las polaridades + de las baterías (están en oposición).

$I_p$     es la corriente que circula por el potenciómetro, aunque A es un nudo, se supone que el cursor C está a la posición adecuada, tal que $I_\mu = 0$ (potenciómetro equilibrado).

### Operaciones

Se conecta la llave $L$ al contacto 1, que incorpora la pila patrón y se mueve el cursor C hasta lograr que el microamperímetro indique $I_\mu = 0$. Esto es posible por estar las polaridades enfrentadas. Con $I_\mu = 0$ es

$$I_p = \frac{\varepsilon}{r + R_{AB}}$$

la única corriente que circula.

En esta situación de equilibrio se cumple

$$I_p \cdot R_{AC} = \varepsilon_p \qquad\qquad [1]$$

no hay caída interna en la pila patrón pues no circula corriente en esa rama. Ahora queremos medir $\varepsilon_x$: pasamos la llave a la posición 2 y deslizamos el cursor hasta lograr que nuevamente sea $I_\mu = 0$; digamos que esto ocurre en el punto C', indicado en líneas de trazos enla fig.138.

En esta situación $I_p$ es la misma que en (1) y se cumple

$$I_p \cdot R_{AC'} = \varepsilon_x \qquad\qquad [2]$$

Dividiendo (1) y (2) miembro a miembro:

$$\frac{\varepsilon_x}{\varepsilon_p} = \frac{R_{AC'}}{R_{AC}}$$

luego

$$\varepsilon_x = \varepsilon_p \frac{R_{AC'}}{R_{AC}}$$

Como se conocen los valores de $\varepsilon_p$, $R_{AC}$ y $R_{AC}$ se calcula así $\varepsilon_x$.

---

**Nota**

*Antes de pasar la llave a 2 conviene tener una idea aproximada del valor de $\varepsilon_x$ (con un voltímetro) para ajustar la posición del cursor próxima a la posición final C' y luego pasar a 2, así el "desequilibrio" no es tan grande ($I_\mu$ pequeña) y no dañamos al microamperímetro, luego ajustamos hasta lograr $I_\mu = 0$ ("ajuste fino"). El microamperímetro suele poseer un shunt en el "ajuste grueso" y luego se saca en el ajuste fino.*

*Es claro que el procedimiento explicado se puede emplear para medir una d.d.p. entre cualquier par de puntos de un circuito cualquiera. Hay que cuidar que las polaridades esten en oposición y que antes de conectar en 2 se tenga una idea del valor aproximado a medir (fig.139).*

---

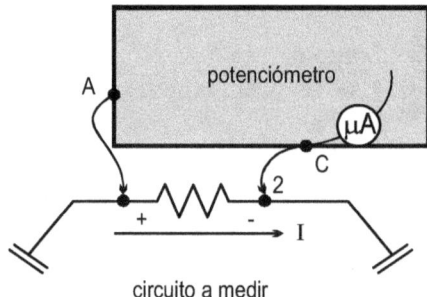

Figura 139

La d.d.p. máxima que se puede medir con el potenciómetro es

$$\varepsilon - Ir = \Delta V_{AB} = I_p R_{AB} \quad (\text{cursor } C \equiv B)$$

*En síntesis*

Una vez ajustado el cursor C de modo que $I_\mu = 0$ no hay circulación de corriente entre el potenciómetro y el circuito medido, de modo "que para el circuito medido" el potenciómetro en equilibrio se comporta como un voltímetro de resistencia "$R_V = \infty$".

## 2.23. Puente de Wheatstone

Es un dispositivo destinado a medir una resistencia incógnita $R_x$ (fig.140). El dispositivo mínimo consta de un "cuadrado" de resistores de resistencias $R_1$, $R_2$, $R_3$, $R_x$, una fuente conectada entre A y B y un microamperímetro entre C y D.

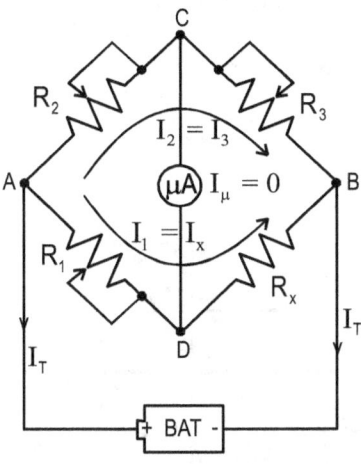

Figura 140

Los resistores $R_1$, $R_2$, $R_3$ son variables y calibrados, sus valores son siempre conocidos. $R_x$ es la reisitencia incógnita. Variando los valores $R_1$, $R_2$, $R_3$ (o al menos uno de ellos) se logra equilibrar al puente, es decir, se logra que $I_\mu = 0$. Así se ha supuesto en la fig.140 de modo que $I_1 = I_x$ y $I_2 = I_3$, entre C y D no hay d.d.p. ($I_\mu = 0$), es decir $V_C = V_D$, luego

$$I_1 R_1 = I_2 R_2$$

$$I_1 R_x = I_2 R_3$$

dividiendo miembro a miembro y despejando $R_x$:

$$R_x = R_1 \frac{R_3}{R_2}$$

Se acostumbra a fijar $\dfrac{R_3}{R_2}$ (o $\dfrac{R_1}{R_2}$) en un valor $N$, se varía $R_1$ (o $R_3$) y así una vez que $I_\mu = 0$ se tiene

$$R_x = N\, R_1 \ (o\ R_x = N\, R_3)$$

El puente también funciona en C.A.

## 2.24. Puente de Hilo

Una variante constructiva se logra convirtiendo, por ejemplo $R_2$, $R_3$ en un hilo de alta resistencia (hilo de níquel, cromo, hierro), de modo que si el cursor está en una posición tal que $I_\mu = 0$ (fig.141), se tiene igualmente que el caso anterior: $R_x = R_1 \dfrac{R_3}{R_2}$, pero ahora es

$$R_2 = \rho \frac{\ell_2}{S}, \quad R_3 = \rho \frac{\ell_3}{S}$$

luego

$$R_x = R_1 \frac{\ell_3}{\ell_2}$$

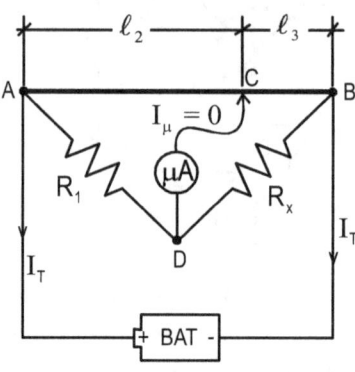

Figura 141

Las longitudes se miden con una regla adosada al hilo. Lo mismo se puede hacer con el potenció-metro: se reemplaza el resistor AB por un hilo de nicrome.

## 2.25. Watímetro

Sin entrar en detalles constructivos diremos que el watímetro, instrumento para medir la potencia de un artefacto (fig.142) consta de una bobina de grueso alambre de cobre, llamada "bobina ampero-métrica", en serie con la línea de alimentación y otra bobina de gran resistencia (hilo fino, muy lar-go), llamada voltimétrica, en paralelo con el artefacto. Se puede demostrar que esta combinación de bobinas (que actúan como un conjunto amperimétrico-voltímetro) desvía una bobina móvil (no di-bujada) acorde a la potencia $P = I\,\Delta V$. La "línea de alimentación" se conecta a los bornes 1-2- y el artefacto a los bornes 3-4

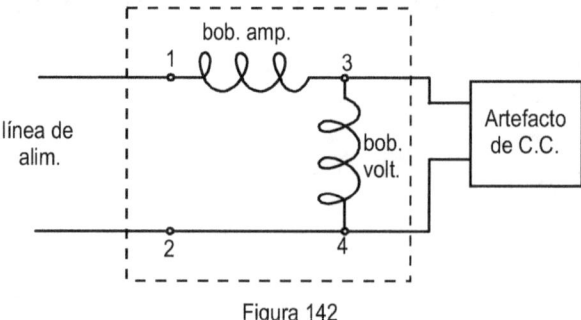

Figura 142

## 2.26. Circuito R-C serie

Transitorios de conexión y desconexión de una fuente de corriente contínua a un circuito con resistencia y capacidad en serie.

Estamos ahora en condiciones de estudiar el siguiente fenómeno: al conectar una batería a un capacitor en serie con un resistor (esta serie es inevitable, pues aunque la resistencia externa sea cero, se tendrá la resistencia interna $r$ de la batería), las placas del capacitor comienzan a acumular cargas libres.

Queremos saber con qué ley en el tiempo aumenta la carga (o disminuye en el caso de la desconexión de la batería).

Sospechamos que apenas conectamos la batería comienza el proceso de carga con gran rapidez (corriente inicial de alto valor), pero a medida que se va cargando el capacitor resulta más dificultoso para la batería proseguir acumulando cargas, creemos que cuando en el capacitor, la d.d.p. entre placas se aproxima al valor de la f.e.m. de la batería, el proceso tiende a finalizar. Todo esto se confirma con el estudio matemático del fenómeno.

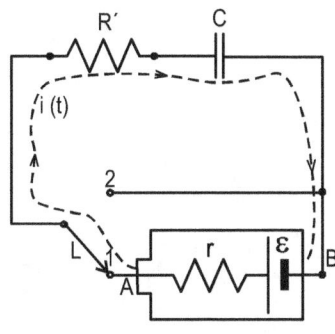

Figura 143

En la fig.143, tenemos el circuito R-C serie, con una llave selectora $L$, en posición 1 conecta la batería, en posición 2 descargará el capacitor a través de R'. Sea la resistencia total $R = R' + r$.

*Conexión*

Supongamos que inicialmente el capacitor estaba descargado y que contamos el tiempo $t$ a partir del instante en que se conecta la batería, es decir: llave en 1; $t = 0$, $q(0) = 0$ (condiciones iniciales). En un instante posterior $t$, existirá una corriente instantánea $i(t)$ y una carga instantánea $q(t)$ en la placa positiva del capacitor. Sabemos que

$$i(t) = \frac{dq}{dt}$$

Aplicando la ley de mallas de Kirchhoff resulta

$$R\frac{dq}{dt} + \frac{q}{C} = \varepsilon$$

Tenemos así una ecuación diferencial de primer orden, no homogénea. Resolverla o integrarla significa encontrar una función $q(t)$ que verifique la igualdad. Para integrar efectuaremos transformaciones algebraicas de modo que en un miembro de la igualdad aparezca $q(t)$ y su diferencial $dq$ y en el otro miembro aparezca $dt$: multiplicando miembro a miembro por $C$

$$RC\frac{dq}{dt}+q=\varepsilon\ C$$

pasando al segundo miembro $q$ y multiplicando m.a m. por (-1)

$$-RC\frac{dq}{dt}=q-\varepsilon\ C$$

transponiendo resulta

$$\frac{dq}{q-\varepsilon\ C}=-\frac{dt}{RC}$$

ahora integramos entre los límites $q=0$ y $q$, en el segundo miembro integramos entre $t=0$ y $t$

$$\int_0^q\frac{dq}{q-\varepsilon\ C}=-\frac{1}{RC}\int_0^t dt$$

$$\left[\ln\left(q-\varepsilon\ C\right)\right]_0^q=-\frac{t}{RC}$$

evaluando

$$\ln\left(q-\varepsilon\ C\right)-\ln\left(-\varepsilon\ C\right)=-\frac{t}{RC}$$

o bien

$$\ln\frac{q-\varepsilon\ C}{-\varepsilon\ C}=-\frac{t}{RC}$$

de aquí

$$\frac{q-\varepsilon\ C}{-\varepsilon\ C}=e^{-\frac{t}{RC}}$$

despejando $q(t)$

$$q(t)=\varepsilon\ C\left(1-e^{-\frac{t}{RC}}\right)$$

que es la función buscada.

## 2.27. Constante de tiempo de relajación del circuito R-C

El producto RC que figura en el exponente da en segundos (pruebe el alumno). Es un tiempo denominado constante de tiempo del circuito ($\tau$). Cuando el tiempo $t$ toma este valor resulta

$$q(\tau)=\varepsilon\ C\left(1-e^{-1}\right)\cong 0,63\ \varepsilon\ C$$

es decir, la carga en el capacitor alcanza el 63% aproximadamente de la carga máxima $\varepsilon\, C$. En efecto, $\varepsilon\, C$ es la carga máxima que el capacitor puede adquirir con una batería de f.e.m. $\varepsilon$. Esta carga máxima solo se alcanza asintóticamente:

$$\lim_{t \to \infty} q(t) = \varepsilon\, C$$

En la fig.144 se tiene la gráfica de $q(t)$. Aunque la carga máxima $\varepsilon\, C$ en teoría es un valor asintótico, en la práctica para $t = 3\tau$ o $4\tau$ es $q \approx \varepsilon\, C$

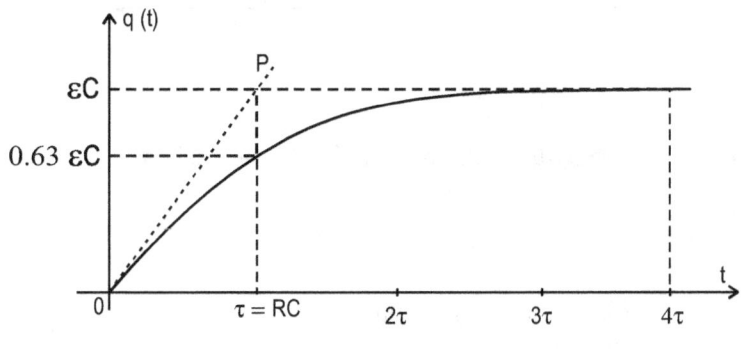

Figura 144

La tangente en el origen corta a la ordenada $\varepsilon\, C$ en un punto $P$ cuya abscisa es $\tau$. Esto es fácil de probar, la pendiente para cualquiere $t$ es

$$\frac{dq}{dt} = \frac{\varepsilon}{R}\, e^{-\frac{t}{RC}}$$

en el origen es $\dfrac{\varepsilon}{R}$, de modo que la ecuación de la recta tangente en el origen es

$$y = \frac{\varepsilon}{R}\, t$$

para $t = \tau = RC$ es $y = \varepsilon\, C$ con lo que queda demostrado

## 2.28. Intensidad de la corriente de carga

Derivando respecto al tiempo a la función carga $q(t)$ tenemos

$$i(t) = \frac{dq}{dt} = \frac{\varepsilon}{R}\, e^{-\frac{t}{RC}}$$

En la fig.145 se tiene la gráfica $i(t)$ comparada con $q(t)$, el valor inicial de $i(t)$ es máximo y vale $\dfrac{\varepsilon}{R}$, luego decae y para $t = \tau = RC$ la corriente ha decaído al valor aproximado

$$i(\tau) = \frac{\varepsilon}{R}\, e^{-1} \approx 0,37\, \frac{\varepsilon}{R}$$

Para $3\tau$ o $4\tau$ la corriente es práticamente nula y se puede considerar que el proceso de carga ha concluído.

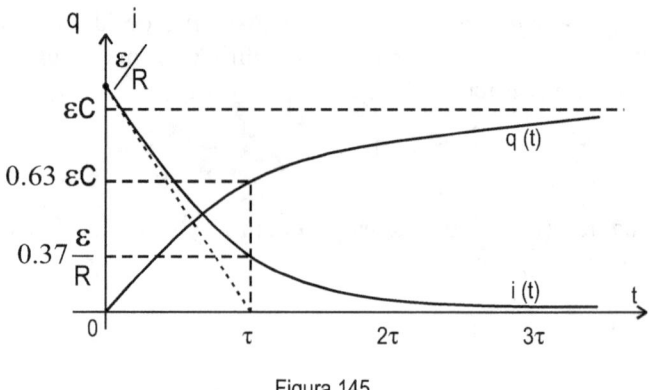

Figura 145

La gráfica de $q(t)$ es de la misma forma que la d.d.p. entre los bornes del capacitor, pues

$$\Delta V_C = \frac{q(t)}{C}$$

y la gráfica de $i(t)$ es de la misma forma que la $\Delta V_R$, pues

$$\Delta V_R = i(t)R$$

Vemos que $\Delta V_C$ crece al tiempo que $\Delta V_R$ decrece, es claro que la suma

$$\Delta V_C + \Delta V_R = \varepsilon = cte.$$

Desconexión

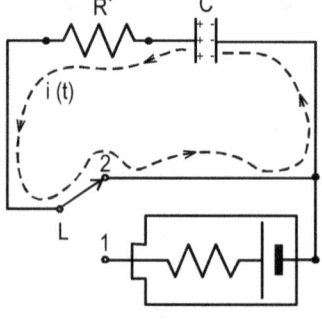

Figura 146

Supongamos que la llave fue llevada a la posición 2 cuando la carga en el capacitor había alcanzado el valor máximo $\varepsilon\,C$. Al excluirse la batería, se excluye la resistencia $r$, de modo que ahora el circuito posee la resistencia $R'$. La corriente $i(t)$ de descarga circula en sentido contrario a la de carga. La ecuación diferencial ahora es más sencilla... ¡pero hay un peligro de equivocar los signos! En efecto, en la fig.146 se ha marcado el sentido correcto de la corriente, aplicando la ley de mallas, recorriéndola en el sentido de la corriente, se tiene

$$+\frac{q}{C} - iR' = 0$$

pero ahora se tiene el peligro de errar en el signo: ¿podemos reemplazar $i(t)$ por $\dfrac{dq}{dt}$ como en el proceso de carga? Si hacemos así al integrar dería $q(t)$ ¡creciente!, siendo que obviamente $q(t)$ está disminuyendo. Lo que ocurre es que por estar $q$ disminuyendo, su derivada tiene un signo propio negativo, por ejemplo

$$\frac{dq}{dt} = -2A$$

este valor negativo estaría indicando que la corriente en el circuito de la fig.146 está ¡mal supuesto! no es así, por lo tanto debe hacerse

$$i(t) = -\frac{dq}{dt}$$

---

**Nota**

*Para evitar esto, otros autores prefieren dejar el sentido de i igual que en el proceso de carga, es decir, contrario al correcto.*

---

Luego

$$\frac{q}{C} + \frac{dq}{dt}R' = 0$$

Separando variables se tiene

$$\frac{dq}{dt} = -\frac{dt}{R'C}$$

integrando entre $q = \varepsilon\, C$ y $q$ en el segundo miembro entre $0$ y $t$

$$\int_{\varepsilon C}^{q} \frac{dq}{q} = -\frac{t}{R'C}$$

resultando

$$\ln\frac{q}{\varepsilon\, C} = -\frac{t}{RC}$$

y así

$$q(t) = \varepsilon\, Ce^{-\frac{t}{RC}}$$

para $t = \tau = R'C$ es $(\tau) = \varepsilon\, Ce^{-1} \approx 0{,}37\varepsilon\, C$

para $t \to \infty \qquad q \to 0$ fig.147

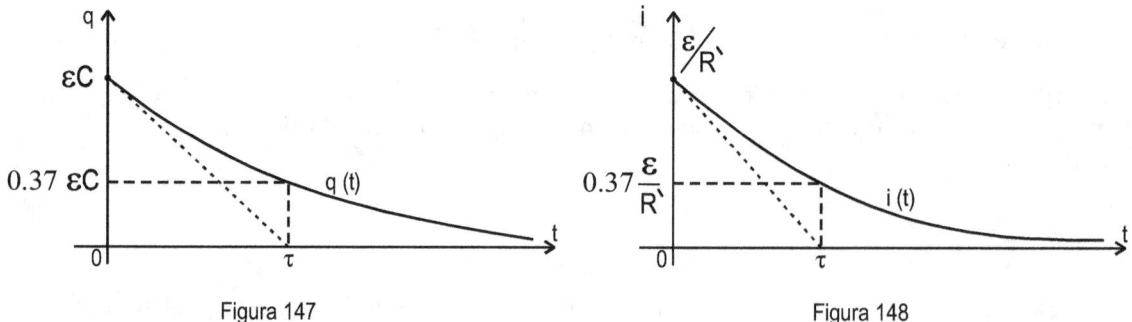

Figura 147                                        Figura 148

Para la corriente de descarga es

$$i(t) = -\frac{dq}{dt} = \frac{\varepsilon}{R'}e^{-\frac{t}{R'C}}$$

Es interesante señalar que estos circuitos pueden servir como circuitos temporizadores.

### 2.28.1. Caso en que la desconexión se efectúa antes de llegar a la carga máxima

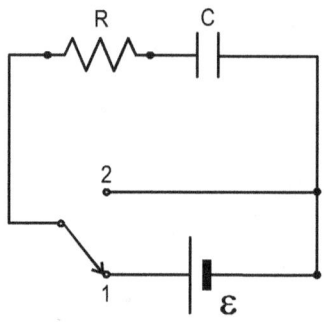

Figura 148 (a)

Para mayor sencillez despreciamos la resistencia interna de la batería (fig.148 a). Supongamos que el interruptor permanece en posición 1 un tiempo $t_1$. La carga y la corriente serán:

$$q(t_1) = q_1 = \varepsilon C\left(1 - e^{-\frac{t_1}{RC}}\right)$$

$$i(t_1) = i_1 = \frac{\varepsilon}{R}e^{-\frac{t_1}{RC}} \qquad\qquad \text{(figs.148 b y c)}$$

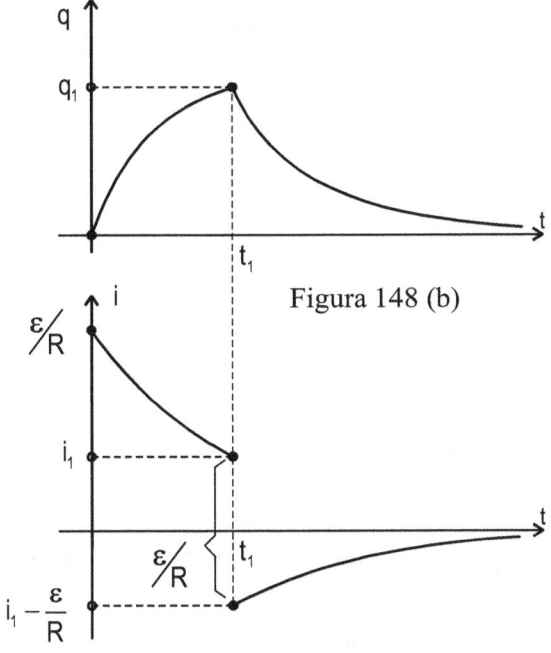

Figura 148 (b)

Figura 148 (c)

En el instante $t_1$ pasamos el interruptor a la posición 2. La carga disminuirá con la ley:

$$q(t) = q_1 \cdot e^{-\frac{(t-t_1)}{RC}}$$

Para hallar la corriente en esta etapa tenemos que derivar $q(t)$ :

$$i(t) = -q_1 \cdot \frac{e^{\frac{t_1}{RC}} \cdot e^{-\frac{t}{RC}}}{RC},$$

reemplazando $q_1$ :

$$i(t) = -\frac{\varepsilon}{R} \left( e^{\frac{t_1}{RC}} - 1 \right) e^{-\frac{t}{RC}} \qquad \text{(válida para } t \geq t_1 \text{ )}.$$

Para $t = t_1$ resulta:

$$i = -\frac{\varepsilon}{R} \left( e^{\frac{t_1}{RC}} - 1 \right) e^{-\frac{t_1}{RC}} = \frac{\varepsilon}{R} \cdot e^{-\frac{t_1}{RC}} - \frac{\varepsilon}{R} = i_1 - \frac{\varepsilon}{R},$$

es decir, la corriente "inversa" en el instante en que el interruptor pasa a 2 se obtiene restando $\dfrac{\varepsilon}{R}$ a la que se tenía un instante antes de la desconexión (fig.148 c).

# 3

# Magnetismo

## 3.1. Introducción

La fuerza eléctrica sobre una carga puntual $q$ no depende de la velocidad de la carga, su valor sabemos que es

$$\vec{F}_e = q\vec{E}$$

Sin embargo la experiencia muestra que hay otras fuerzas que pueden actuar sobre $q$ y que dependen de un modo especial de la velocidad (luego veremos de que modo). Estas fuerzas se atribuyen a un campo que denominaremos campo magnético. Al vector campo magnético en un punto lo designaremos con

$$\vec{B}$$

Sin intentar por ahora la unificación de las fuentes de campo magnético, podemos reconocer diversas fuentes:

1) Los imanes, tanto naturales como artificiales. Naturales como el mineral de hierro denominado magnetita (óxido férrico). Artificiales, construidos con diversas aleaciones de hierro (aceros, alnico "$\mu$ metal", etc).

   Creemos que la magnetita fue la primera fuente descubierta por la humanidad, digamos varios siglos antes de Cristo.

2) Las corriente eléctricas también producen campos magnéticos. Esto fue descubierto por Oersted en 1819.

3) Las cargas eléctricas en movimiento, sean electrones, protones, iones o cuerpos cargados en movimiento.

4) La variación en el tiempo de un campo eléctrico $\vec{E}$. En efecto, Maxwell (1831-1879) descubre, por consideraciones físico-matemáticas, que aún en ausencia de materia, la variación en el tiempo de un campo eléctrico produce un campo magnético análogo a una corriente eléctrica. Precisamente Maxwell denominó densidad de corriente de "desplazamiento" a la derivada parcial respecto del tiempo (por $\varepsilon_0$):

$$\vec{J}_D \triangleq \varepsilon_0 \frac{\partial \vec{E}}{\partial t} \qquad \text{en} \qquad \frac{A}{m^2}$$

que sin ser una corriente de portadores de carga libres se comporta similarmente en el sentido de producir campo magnético.

Desde un punto de vista atómico es posible reducir las fuentes 1) y 2) a la 3). Justamente Ampére (1775-1836) considera que los imanes serían un conjunto de microscópicos circuitos de corrientes (hoy denominadas "corrientes de magnetización"). En cierto modo a estas corrientes de magnetización se la identifica como debidas al movimiento electrónico en el átomo. Sin embargo Ampére las concibió antes de la teoría atómica de la materia.

Advertimos que solo la mecánica cuántica actual logra explicar satisfactoriamente las propiedades magnéticas de la materia, en especial, al ferromagnetismo.

Antes de Ampére los imanes fueron concebidos (aún hoy se lo suele hacer) como formados por conjuntos de dipolos elementales (fig.149). A su vez, cada dipolo fue concebido como formado por 2 "cargas", "masas" o "polos" magnéticos: "Norte" y "Sur", similarmente a como se concibe un dipolo eléctrico, con sus 2 cargas (+) y (-). La correspondencia analógica puede ser así:

$$(+) \rightleftarrows N, \qquad (-) \rightleftarrows S$$

En la fig.149 se esquematiza a una barra magnetizada como formada por dipólos $\left( \uparrow_S^N \right)$.

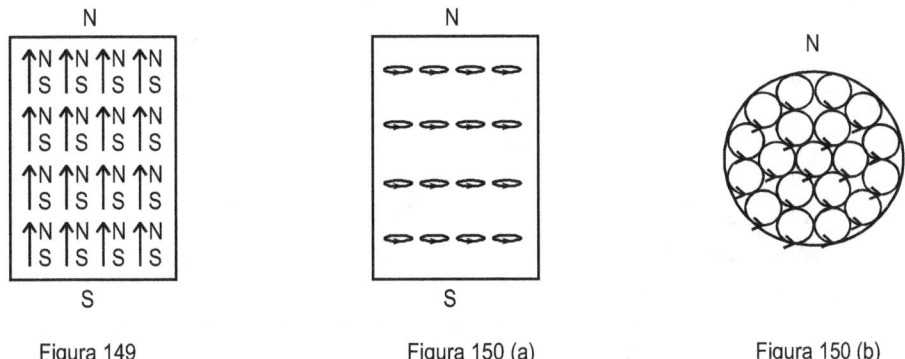

| Figura 149 | Figura 150 (a) | Figura 150 (b) |

Cada flecha indica a un dipolo individual, estos serían indivisibles, es decir, no se puede separar el extremo N del extremo S. Hasta hoy parece que los polos libres no existen, es decir, parece que no se puede tener un polo N (o S) libre, constituyendo un "monopolo".

En los extremos del imán vemos que quedan extremos dipolares sin compensar, de modo que se tienen los polos (macroscópicos) del imán.

En la fig.150(a) se tiene la misma barra magnetizada, pero según la concepción de Ampere, con sus circuitos elementales de corrientes magnetizantes, Cada lazo es un circuito elemental, equivalente a los dipolos de la fig,149. Estas corrientes, observadas desde arriba del polo N, circulan antihorariamente (fig.150(b)).

Podemos agregar en esta introducción, a modo de información, que según la relatividad de Einstein, es posible concebir al campo magnético como una consecuencia de las transformaciones de coordenadas de Lorentz, aplicadas al campo eléctrico, por ello hoy se prefiere hablar del campo electromagnético como un campo unificado. Se pueden unificar los vectores $\vec{E}$ y $\vec{B}$ en una matriz o tensor 4x4, denominado tensor de campo electromagnético.

## 3.2. Campo magnético producido por una carga eléctrica en movimiento

La experiencia permite comprobar que el campo magnético producido por una carga puntual $q$, (fig.151) que se mueve con velocidad $\vec{V}$ (supuesta baja respecto de la velocidad de la luz), y sin aceleración en un punto $P$ del espacio vacío, está dado por la

$$\vec{B}(p) = \frac{\mu_0 q}{4\pi} \cdot \frac{\vec{V} \times \vec{r}}{\left\| \vec{r} \right\|^3}$$

o bien

$$\frac{\mu_0 q}{4\pi} \cdot \frac{\vec{V} \times \hat{r}}{\left\| \vec{r} \right\|^2} ,$$

donde

$$\hat{r} = \frac{\vec{r}}{\left\| \vec{r} \right\|} \qquad \text{es un versor}$$

$\mu_0$ es la constante universal magnética del vacio, cuyo valor experimentalmente determinado es

$$\mu_0 = 4\pi \times 10^{-7} \frac{N}{A^2}$$

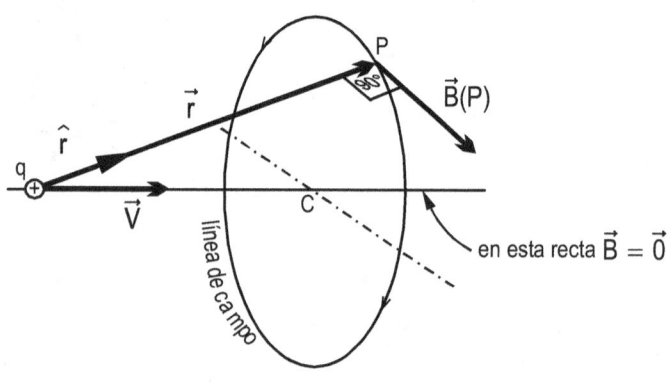

Figura 151

El campo $\vec{B}$ es tal, que las líneas de campo son circunferencias concéntricas con la recta que contiene al vector velocidad, contenidas en un plano perpendicular a dicha recta (fig.151). Note que sobre dicha recta el campo es nulo, pues $\vec{V}$ y $\vec{r}$ son paralelos para los puntos de la recta y asi

$$\vec{V} \times \vec{r} = 0$$

Analicemos lo que ocurre en el plano perpendicular a $\vec{V}$, que contiene en ese instante a la carga (en la fig.152 se supone que $q$ está entrando en la página)

En este instante es $\vec{V}$ perpendicular a $\vec{r}$, de modo que el módulo de $\vec{B}$ es

$$\left\|\vec{B}\right\| = \frac{\mu_0 q}{4\pi} \cdot \frac{\left\|\vec{V}\right\| \left\|\vec{r}\right\| sen\, 90°}{\left\|\vec{r}\right\|^3}$$

$$\left\|\vec{B}\right\| = \frac{\mu_0 q}{4\pi} \cdot \frac{\left\|\vec{V}\right\|}{\left\|\vec{r}\right\|^2}$$

es decir, el campo magnético en el plano perpendicular a $\vec{V}$, que contiene a $q$, disminuye con el cuadrado de la distancia a la carga.

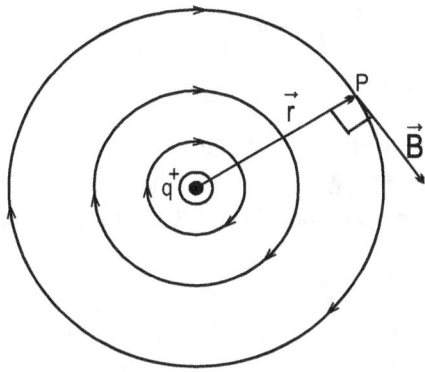

Figura 152

---

**Nota**

La expresión

$$\vec{B}(p) = \frac{\mu_0 q}{4\pi} \cdot \frac{\vec{V} \times \vec{r}}{r^3}$$

es solo aproximada (válida para $V \ll c$ donde $c$ es la velocidad de la luz en el vacio).

La expresión exacta es mucho más complicada, tiene en cuenta el "retardo" que ocurre en el establecimiento del campo debido a que este viaja a una velocidad que no es $\infty$ sino precisamente es la velocidad de la luz[4].

---

## 3.3. Unidad de $\vec{B}$ en el S.I.

Como $[\mu_0] = \dfrac{N}{A^2}$, resulta que

---

[4]. Para la expresión exacta puede consultarse al libro de Feynman, Vol. I, cap.28-1. Ed. Addison-Wesley Iberoamericana.

$$\left\| \vec{B} \right\| = \frac{N}{A^2} \cdot Coul \cdot \frac{m}{S \cdot m^2} = \frac{N}{A \cdot m} \hat{=} Tesla$$

Luego cuando veamos la fuerza magnética se comprenderá mejor.

Aunque no debería utilizarse, la fuerza de la costumbre hace que aún se utilice la unidad CGS, denominada *Gauss* tal que $1T = 10.000G$.

## 3.4. Fuerza magnética sobre una carga puntual en movimiento. Fuerza de Lorentz

Es natural pensar que si una carga eléctrica en movimiento produce un campo magnético, resultará que si ahora esa carga se mueve en una región donde existe otro campo magnético, sobre ella aparecerá una fuerza de interacción magnética $\left( \vec{F}_m \right)$. Enseguida precisaremos las caracteristicas de tal fuerza.

Las fuerzas $\vec{F}_g = m\vec{g}$ y $\vec{F}_E = q\vec{E}$, gravitatoria y eléctrica respectivamente no dependen explícitamente de la velocidad. En la relatividad de Einstein $m$ depende de $V$, pero $q$ no depende de $V$ (es invariante), en cambio la fuerza magnética tiene las siguientes características:

✦ Depende del valor $q$ de la carga eléctrica.

✦ Del módulo, dirección y sentido de la velocidad, es decir, del vector $\vec{V}$.

✦ Del campo magnético $\vec{B}$ en el punto por donde pasa la carga.

***Concretamente***: sea $P$ (fig.153) uno de los puntos del campo, $\vec{V}$ la velocidad de $q$ cuando pasa por $P$, $\vec{B}(p)$ el campo magnético producido por alguna fuente distinta de $q$, la experiencia permite afirmar que la fuerza que el campo $\vec{B}(P)$ aplica sobre $q$ es

$$\vec{F}_m = q\vec{V} \times \vec{B}$$

la "×" denota el producto vectorial.

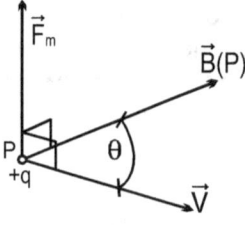

Figura 153

En la fig.153 se supone que $q$ es positiva, si $q$ fuese negativa la fuerza $\vec{F}_m$ seria opuesta. Como en todo producto vectorial, se tiene que $\vec{F}_m$ es perpendicular tanto a $\vec{V}$ como a $\vec{B}$, es decir, es perpendicular al plano que determinan $\vec{V}$, $\vec{B}$.

El módulo de la fuerza es

$$\left\|\vec{F}_m\right\| = |q|\left\|\vec{V}\right\|\left\|\vec{B}\right\| sen\,\theta$$

donde $\theta$ es el menor ángulo entre $\vec{V}$ y $\vec{B}$.

Valen, claro esta, todas las propiedades del producto vectorial.

Si la velocidad $\vec{V}$ es paralela al campo $\vec{B}$, es decir $\theta = 0$, se tiene que $\vec{F}_m = \vec{0}$. Dicho de otro modo, si una carga eléctrica se mueve a lo largo de una línea de campo $\vec{B}$, sobre ella no aparece la fuerza debida a $\vec{B}$.

A iguales valores de $q$, $\left\|\vec{V}\right\|$ y $\left\|\vec{B}\right\|$, la fuerza se hace máxima cuando $\vec{V}$ es perpendicular a $\vec{B}$, $(\theta = 90°)$, para este caso se tiene

$$\left\|\vec{F}_{m\,máx}\right\| = q\left\|\vec{V}\right\|\left\|\vec{B}\right\|$$

---

**Nota**

*El autor de este libro adhiere a la opinión de los que consideran que el vector $\vec{B}$ es el que merece denominarse campo magnético. Otros autores denominan campo magnético a un vector $\vec{H}$ que luego definiremos y denominan a $\vec{B}$ "inducción magnética" o "densidad de flujo". Esta disparidad por suerte no se ha dado en el caso eléctrico (podría haberse dado entre $\vec{E}$ y $\vec{D}$.*

---

## 3.5. Unidad de $\vec{B}$ en el S.I.

Ahora resulta más evidente que

$$\left[\vec{B}\right] = \frac{\left[\vec{F}_m\right]}{\left[q\right]\left[\vec{V}\right]} = \frac{N}{Coul\cdot \dfrac{m}{s}} = \frac{N}{A\cdot m} \, \hat{=} \, Tesla\,(T)$$

## 3.6. Flujo de $\vec{B}$, $\phi_B$

Al igual que la definición de flujo del campo eléctrico $\vec{E}$, se puede definir el flujo de $\vec{B}$ sobre una superficie $S$ (fig.154), como

$$\phi_B \, \hat{=} \, \iint_S \vec{B}\cdot \vec{ds}$$

El punto denota producto escalar entre $\vec{B}$ y $\vec{ds}$.

La unidad del flujo en el S.I. es

$$\left[\phi_B\right] = T\cdot m^2 \, \hat{=} \, Weber$$

En el CGS es

$$[\phi_B] = G \cdot cm^2 \,\hat{=}\, Maxwell$$

tal que $1Weber \equiv 10^8\, Maxwell$

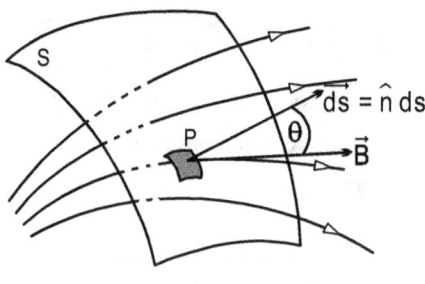

Figura 154

## 3.7. Teorema (o ley) de Gauss del flujo de $\vec{B}$

Como no hay monopolos magnéticos libres (ni ligados), se tiene que

$$\oiint_S \vec{B} \cdot \vec{ds} = 0$$

para toda superficie cerrada $S$. Esto trae como consecuencia que las líneas de campo de $\vec{B}$ son contínuas o cerradas (no tienen punto de inicio ni de fin como se puede observar en la fig.152)

## 3.8. El campo $\vec{B}$ y el campo $\vec{H}$

Ya dijimos que algunos autores designan a $\vec{B}$ como campo magnético (en especial los autores norteamericanos) y otros a un vector $\vec{H}$ (en especial autores rusos). En el vacío solo existe una diferencia en una constante multiplicativa $\mu_0$

$$\vec{B} = \mu_0 \vec{H}$$

que ya sabemos es $\mu_0 = 4\pi \times 10^{-7} \left[ \dfrac{N}{A^2} \right]$ de modo que las unidades de $\vec{H}$ son

$$\left[ \vec{H} \right] = \frac{\left[ \vec{B} \right]}{\mu_0} = \frac{N \cdot A^2}{A \cdot m \cdot N} = \left[ \frac{A}{m} \right]$$

En el sistema CGS para el vacío es $\mu_0 = 1$, adimensional, de modo que $\vec{B} \equiv \vec{H}$ (aunque se tiene el hábito de designar con Gauss a la unidad de $\vec{B}$ y con Oersted a la de $\vec{H}$.

Podríamos decir que mientras se trate de puntos en el vacío no es necesario utilizar dos vectores, solo uno de ellos es suficiente ($\vec{B}$ ó $\vec{H}$). Cuando hay materia, en especial, en los materiales ferromagnéticos, aparecen diferencias muy importantes entre $\vec{B}$ y $\vec{H}$ por causa de la magnetización $\vec{M}$:

$$\vec{B} = \mu_0 \vec{H} + \mu_0 \vec{M}$$

donde $\overrightarrow{M}$ es un vector que caracteriza el grado de magnetización del material (más adelante se estudiará esto en detalle).

## 3.9. Trayectoria de una carga puntual en un campo uniforme $\overrightarrow{B}$

Sea el caso sencillo de una carga $q$ que ingresa a un campo uniforme con velocidad $\overrightarrow{V}_0$ perpendicular a $\overrightarrow{B}$ (fig.155)

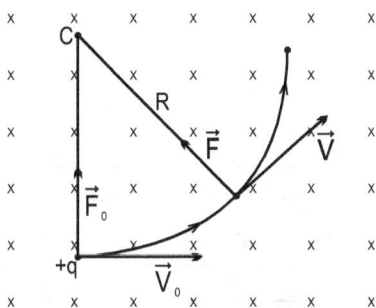

Figura 155

Las cruces indican que las líneas de campo son entrantes en la página. Apenas ingresa al campo sobre $q$ aparece una fuerza

$$\overrightarrow{F}_0 = q\overrightarrow{V}_0 \times \overrightarrow{B}$$

perpendicular a $\overrightarrow{V}_0$ y $\overrightarrow{B}$. Esta fuerza solo modifica la dirección de $\overrightarrow{V}$ pero no su módulo. El trabajo de la fuerza magnética es nulo, luego la energía cinética de la partícula cargada no varía y así es

$$\left\| \overrightarrow{V} \right\| = cte.$$

La partícula realiza una trayectoria circular, no necesariamente cerrada, de radio $R$. Podemos calcular fácilmente el radio si suponemos que la velocidad es pequeña respecto de la velocidad de la luz y así utilizar la $2^{da}$ ley de Newton:

$$\left\| \overrightarrow{F}_m \right\| = qV_0 B = \frac{mV_0^2}{R}$$

luego

$$R = \left( \frac{m}{q} \right) \cdot \frac{V_0}{B}$$

Vemos que para un dado valor de $V_0$ y $B$, el radio de la trayectoria depende de la relación masa-carga

$$\left[ \frac{m}{q} \right]$$

que caracteriza a la partícula. Este fenómeno explica esencialmente la posibilidad de separar en un haz de partículas los distintos isótopos y átomos ionizados (espectrógrafo de masas).

Si la carga ingresa a un campo uniforme de modo que su velocidad $\vec{V}_0$ tenga dos componentes, una paralela al campo $\left(\vec{V}_\parallel\right)$ y otra perpendicular $\vec{V}_\perp$, fig.156, la trayectoria será una hélice, pues debido a $\vec{V}_\perp$ ocurriría lo mismo que antes, pero además hay una traslación con velocidad $\vec{V}_\parallel$, que no tiene fuerza asociada, pues

$$q\vec{V}_\parallel \times \vec{B} = \vec{0}$$

de modo que $\left\|\vec{V}_\parallel\right\|$ es constante.

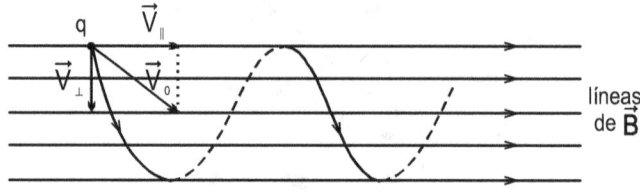

Figura 156

En todos estos casos hemos supuesto $q$ positiva. Si $q$ es negativa, cambia el sentido. Así es como se separa un electrón de un positrón (fig.157).

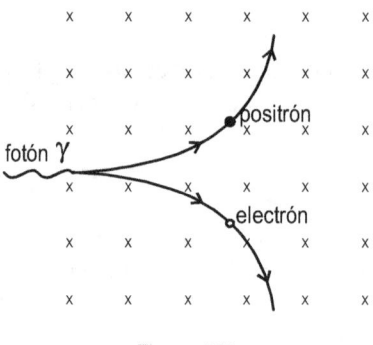

Figura 157

Las partículas cargadas que el Sol envía hacia nuestro planeta son desviadas hacia los polos gracias al campo magnético terrestre. Se producen las auroras boreales.

## 3.10. Campo magnético producido por hilos conductores con corriente continua. Ley de Biot y Savart (o de Laplace-Ampere), en forma diferencial.

Es natural pensar que si las cargas en movimiento producen campo magnético, la corriente eléctrica, por ser cargas en movimiento, ha de producir campo magnético (esto fue descubierto por Oersted en una época en que aún no se comprendía muy bien lo que era una corriente).

Para mayor sencillez inicial, supondremos corriente constante en el tiempo (C.C.), circulando por hilos conductores. Sea un circuito de forma cualquiera (no necesariamente plano), fig.158.

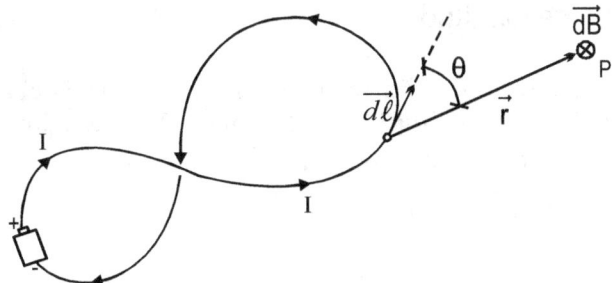

Figura 158

Se encuentra que el campo magnético $\vec{B}$, producido por el circuito en un punto $P$ del espacio vacío, resulta como si cada trozo infinitésimo de hilo de longitud $\vec{d\ell}$, vectorializada, con el sentido de $I$, contribuyera con un diferencial de $\vec{B}$ así

$$\vec{dB}(p) = \frac{\mu_0}{4\pi} \cdot \frac{I\vec{d\ell} \times \vec{r}}{\left\| \vec{r} \right\|^3}$$

donde $\vec{d\ell}$ es la longitud vectorializada de un trozo infinitésimo de conductor, $\vec{r}$ es el vector posición del punto $P$ respecto de $\vec{d\ell}$. Si en la fig.158 suponemos que $\vec{d\ell}$ y $\vec{r}$ están en el plano de la hoja, $\vec{dB}$ es perpendicular a la hoja y entrante $(\otimes)$.

El campo total en $P$ estará dado por

$$\vec{B}(p) = \frac{\mu_0 I}{4\pi} \cdot \oint \frac{\vec{d\ell} \times \vec{r}}{r^3} = \frac{\mu_0 I}{4\pi} \oint \frac{\vec{d\ell} \times \hat{r}}{r^2} = , \qquad \text{donde } \hat{r} = \frac{\vec{r}}{r}$$

Según la forma del circuito, ésta integral puede ser de dificil resolución analítica, es más, puede que sólo admita resolución por aproximación numérica.

Nosotros aquí la resolveremos para los casos sencillos, por ejemplo, hilo recto, circular, solenoide.

---

**Nota**

*Resulta evidente el parecido entre la expresión que da el campo $\vec{B}$ de una carga en movimiento con la de Biot y Savart: es que en realidad no son independientes, dada la noción de corriente $I$ como movimiento de cargas libres en un conductor, es posible deducir una de la otra fácilmente (intente el lector).*

*Lamentablemente, si no se aclaran estas cuestiones, el lector desprevenido, puede llegar a creer equivocadamente que el número de leyes independientes es mayor que el real.*

---

## 3.11. Conductor recto. Tramo de longitud $\ell$

Resolvamos la integral para un hilo recto, considerando en primera instancia el aporte al campo $\vec{B}$ en un punto $P$ por un tramo de longitud $\ell$ (fig.159). Al tramo 1-2, de longitud $\ell$ lo imaginamos dividido en trozos infinitesimos $\vec{d\ell}$ ($\vec{d\ell_1}$, es el primero y $\vec{d\ell_2}$ es el último). Como todos los $\vec{dB}$ son paralelos y entrantes en $P$, podemos integrar módulos $\left\|\vec{dB}\right\|$ en lugar de vectores

$$\left\|\vec{B}(p)\right\| = \frac{\mu_0 I}{4\pi} \cdot \int_1^2 \frac{\left\|\vec{d\ell}\right\| sen\ \theta}{r^2}$$

tratemos de poner todo en función de $\theta$. En la fig.159 definimos un eje $x$, positivo en el sentido de la corriente y con el origen 0 en el pie de la perpendicular tirada desde $P$ al hilo. Así resulta que $\left\|\vec{d\ell}\right\| = |dx|$. Por otro lado es $x = arc\ cotg\ \varphi$, de modo que

$$dx = -\frac{a\ d\varphi}{sen^2\varphi}$$

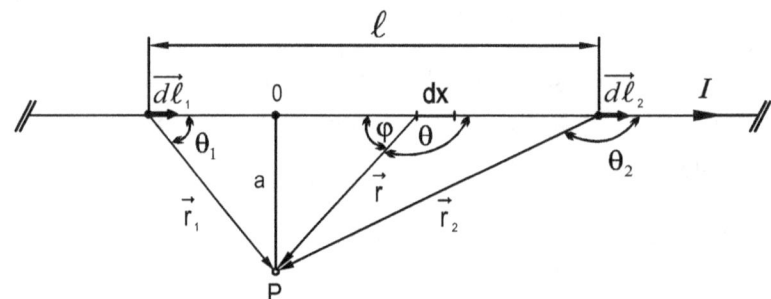

Figura 159

como $\varphi = \pi - \theta$, es $d\varphi = -d\theta$, $sen\ \varphi = sen\ \theta$, luego

$$dx = \frac{a\ d\theta}{sen^2\theta}$$

para reemplazar $r$, vemos que $r = \dfrac{a}{sen\ \theta}$, reemplazando todo esto en la integral:

$$\left\|\vec{B}(p)\right\| = \frac{\mu_0 I}{4\pi a} \cdot \int_{\theta_1}^{\theta_2} sen\ \theta\ d\theta$$

resultando:

$$\left\|\vec{B}(p)\right\| = \frac{\mu_0 I}{4\pi a} \cdot \left(\cos\theta_1 - \cos\theta_2\right)$$

Como vector es entrante en $P$, perpendicular al plano que determinan el hilo y el punto $P$.

Si se desea, se pueden reemplazar los cosenos por el cociente entre longitudes apropiadas (fig.160)

$$\cos\theta_1 = \frac{\ell_1}{\sqrt{a^2 + \ell_1^2}}$$

$$\cos\theta_2 = -\frac{(\ell - \ell_1)}{\sqrt{a^2 + (\ell - \ell_1)^2}}$$

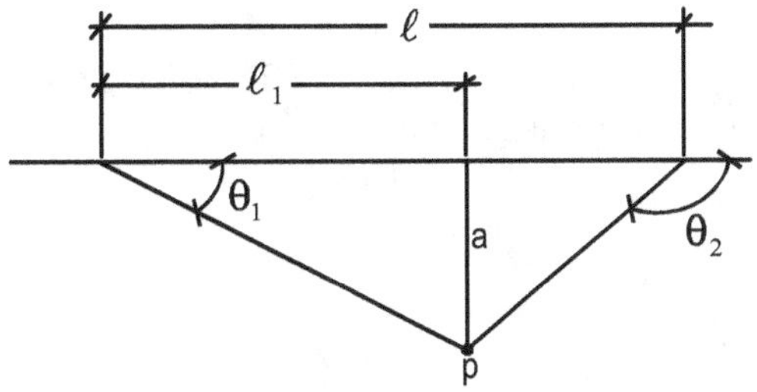

Figura 160

## 3.12. Conductor recto "infinitamente" largo

Para un punto $P$ muy cerca del hilo y lejos de las partes curvadas, se puede considerar que el hilo es $\infty$ largo y recto, de este modo si $\vec{d\ell_1}$ está infinitamente alejado a la izquierda (fig.159) y $\vec{d\ell_2}$ a la derecha, resulta $\theta_1 = 0$, $\theta_2 = 180°$, de modo que

$$\left\| \vec{B}(p) \right\| = \frac{\mu_0 I}{4\pi a} \cdot (\cos 0° - \cos 180°) = \frac{\mu_0 I}{4\pi a} \cdot 2 = \frac{\mu_0 I}{2\pi a}$$

Esta función indica que el módulo del campo $\vec{B}$ depende directamente de la corriente $I$ e inversamente de la distancia al hilo. En la fig.161 se indica la gráfica $B = f(a)$ (ley hiperbólica) y en la fig.162 las líneas de campo, supuesto que el hilo es perpendicular a la hoja, con la corriente dirigiéndose hacia el lector. Las líneas son círculos más juntos cuanto más cerca se está del hilo, indicando mayor intensidad del campo.

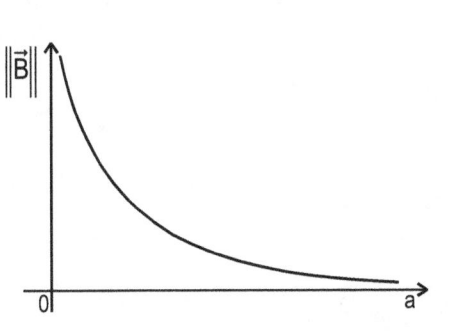

Figura 161

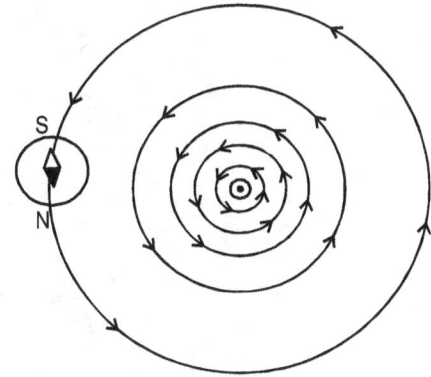

Figura 162

En la misma fig.162 se muestra como se orienta la aguja de una brújula, supuesto que el único campo es el producido por el hilo (se desprecia por ejemplo el campo magnético terrestre).

La expresión

$$B = \frac{\mu_0 I}{2\pi a}$$

vale para $a \geq R$, donde $R$ es el radio del hilo, dentro del hilo el campo disminuye hasta cero en el eje geométrico del hilo (esto se demostrará más adelante con la ley de Ampére)

## 3.13. Espira circular, Campo $\vec{B}$ en el centro

Calculemos el campo en el centro C de una espira circular (fig.163). La conexión con la batería es tal que se puede despreciar el campo debido a las partes no circulares.

Aquí también se puede integrar los módulos

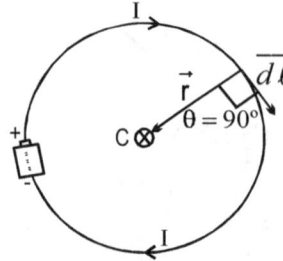

Figura 163

$$\left\| \vec{dB}(c) \right\| = \frac{\mu_0 I}{4\pi} \cdot \frac{\left\| \vec{d\ell} \right\| sen\,\theta}{r^2}$$

donde $sen\,\theta = sen\,90° = 1$ y $r^2 = cte.$, luego integrando para toda la espira

$$\left\| \vec{B}(c) \right\| = \frac{\mu_0 I}{4\pi r^2} \cdot \oint \left\| \vec{d\ell} \right\| = \frac{\mu_0 I \cdot 2\pi r}{4\pi r^2}$$

$$\left\| \vec{B}(c) \right\| = \frac{\mu_0 I}{2r}$$

El vector $\vec{B}(c)$, para la circulación horaria de $I$ es entrante en C, perpendicular al plano de la espira.

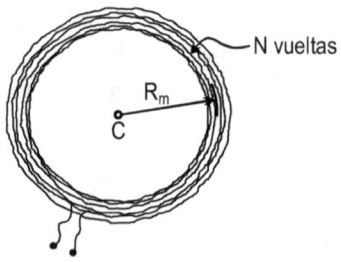

Figura 164

Para una bobina circular, de $N$ espiras apretadas entre sí (fig.164), de radio medio $R_m$, se tiene

$$\left\| \vec{B}(c) \right\| = \frac{\mu_0 NI}{2R_m}$$

Vemos que el campo depende de *NI*, es decir, cierto valor de *B(c)* se puede lograr con poca corriente y muchas espiras o viceversa. Al producto *NI* técnicamente se le denomina "fuerza magnetomotriz", f.m.m., en "Ampere-espira" o "Ampere-vuelta", pero en rigor "vuelta" no es una unidad de medida sino un modo de indicar que hay varias espiras.

## 3.14. Campo en un punto del eje de una espira de una bobina circular

En la fig.165 se ha dibujado una espira circular en perspectiva, con su eje central *e*. Además se han dibujado $\overrightarrow{dB_1}$ y $\overrightarrow{dB_2}$ producidos por los elementos $\overrightarrow{d\ell_1}$ y $\overrightarrow{d\ell_2}$ diametralmente opuestos. Descomponiendo cada unos de ellos en una componente en el eje $\left(\overrightarrow{dB_e}\right)$ y otra perpendicular $\left(\overrightarrow{dB_\perp}\right)$; se comprende que las componentes perpendiculares se anulan de a pares al integrar toda la espira. Tenemos así que el campo resultante en *P* está a lo largo del eje.

$$\left\|\overrightarrow{dB}\right\| = \frac{\mu_0}{4\pi} \cdot I \left\|\overrightarrow{d\ell}\right\| \frac{sen\ 90°}{r^2} = \frac{\mu_0 I\ d\ell}{4\pi r^2}$$

(donde hemos utilizado la notación "débil $\left\|\overrightarrow{d\ell}\right\| = d\ell$ ); la componente en el eje es

$$\left\|\overrightarrow{dB_e}\right\| = \frac{\mu_0 I\ sen\ \alpha}{4\pi r^2} \cdot d\ell$$

integrando

$$\left\|\overrightarrow{dB_e}\right\| = \frac{\mu_0 I\ sen\ \alpha}{4\pi r^2} \cdot \oint d\ell = \frac{\mu_0 I\ sen\ \alpha}{4\pi r^2} \cdot 2\pi R$$

pero según vemos en la fig.165 es

$$sen\ \alpha = \frac{R}{r} = \frac{R}{\sqrt{x^2 + R^2}}$$

resultando, al fin

$$\left\|\overrightarrow{B_e}\right\| = \frac{\mu_0 I}{2} \cdot \frac{R^2}{\left(\sqrt{x^2 + R^2}\right)^3}$$

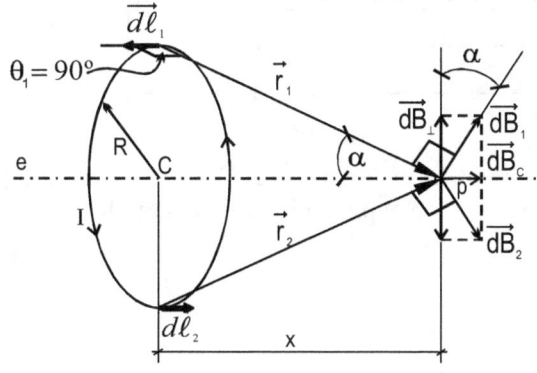

Figura 165

Para $x = 0$, es decir, para el centro C se convierte en

$$\left\|\vec{B}_C\right\| = \frac{\mu_0 I}{2R},$$

expresión ya conocida.

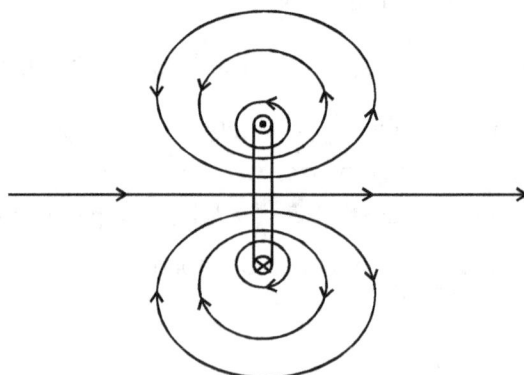

Figura 166

Para puntos del espacio que no están sobre el eje central el cálculo del campo se complica, no lo haremos aquí. Un estudio más detallado mostraría que las líneas de campo son aproximadamete como se indica en la fig.166, donde la espira se muestra "cortada" por el plano de la hoja, con la corriente "entrando" por debajo. El campo en el centro es más debil que cerca del alambre de la espira.

Para $N$ espiras se tiene que

$$\left\|\vec{B}_e\right\| = \frac{\mu_0 N\, I\, R_m^2}{2\left(\sqrt{x^2 + R^2}\right)^3} \qquad [1]$$

## 3.15. Campo en el eje de una bobina cilíndrica, "Solenoide"

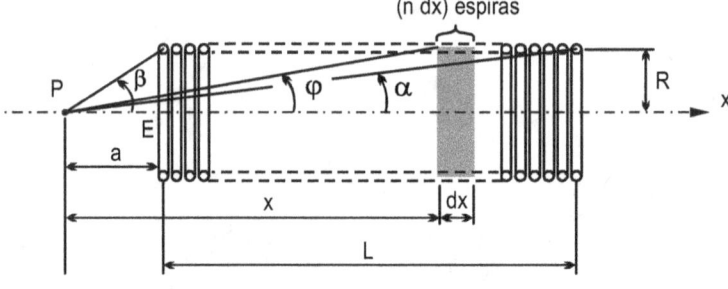

Figura 167

En la fig.167 representamos a un solenoide visto en corte. $N$ es el número total de espiras (se supone que en lugar de ser partes de una hélice, son espiras circulares paralelas, una al lado de otra). $L$ es la longitud total, $R$ el radio. El cociente

$$\frac{N}{L} = n$$

es el número de espiras por unidad de longitud, en $m^{-1}$. Para hallar el campo en un punto $P$ del eje podemos empezar por aprovechar el resultado (1) anterior, suponiendo una bobina circular "chata", de ($n\,dx$) espiras (sombreada en la fig.167) de modo que

$$\left\|\overrightarrow{dB_e}\right\| = \frac{\mu_0 I \ (n \ dx) R^2}{2\left(x^2 + R^2\right)^{\frac{3}{2}}}$$

[2]

ahora hay que integrar para todos los "paquetes" circulares como el sombreado, de un extremos al otro del solenoide. Para integrar utilizaremos como variable al ángulo $\varphi$, en lugar de $x$. De la fig.167 vemos que

$$x = \frac{R}{tg \ \varphi} = R \ cotg \ \varphi \ ,$$

diferenciando

$$dx = -\frac{R \ d\varphi}{sen^2 \ \varphi}$$

además,

$$sen \ \varphi = \frac{R}{\left(x^2 + R^2\right)^{\frac{1}{2}}} \ ,$$

reemplazando queda:

$$\left\|\overrightarrow{dB_e}\right\| = \frac{\mu_0 \ n \ I \ sen \ \varphi \ d\varphi}{2} \ ,$$

donde hemos quitado el signo $(-)$ pues estamos calculando módulo. Integrando entre $\alpha$ y $\beta$ resulta:

$$\left\|\overrightarrow{B_e}\right\| = \frac{\mu_0 nI}{2}\left(\cos\alpha - \cos\beta\right)$$

En función de la distancia $a$ entre $P$ y el extremo más próximo (fig.167) tenemos:

$$\cos\alpha = \frac{L+a}{\sqrt{\left(L+a\right)^2 + R^2}} \qquad\qquad \cos\beta = \frac{a}{\sqrt{a^2 + R^2}}$$

luego

$$\left\|\overrightarrow{B_e}\right\| = \frac{\mu_0 \ n \ I}{2}\left(\frac{L+a}{\sqrt{\left(L+a\right)^2 + R^2}} - \frac{a}{\sqrt{a^2 + R^2}}\right)$$

Para el extremo de $E$ del solenoide, $a = 0$ (válido también para el otro extremo):

$$\left\|\overrightarrow{B_{e,E}}\right\| = \frac{\mu_0 \ n \ I}{2} \cdot \frac{L}{\sqrt{L^2 + R^2}} = \frac{\mu_0 \ N \ I}{2\sqrt{L^2 + R^2}}$$

pues $n L = N$

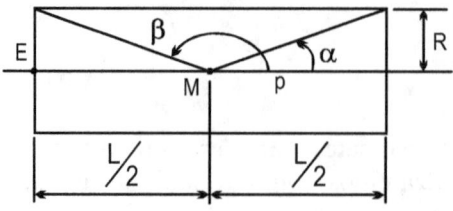

Figura 168

Para un punto medio $M$, (fig.168) se tiene que $\cos\beta = -\cos\alpha$, en valor absoluto ambos son iguales a

$$\frac{\dfrac{L}{2}}{\sqrt{R^2 + \left(\dfrac{L}{2}\right)^2}}$$

de modo que

$$\left\|\vec{B}_{e,M}\right\| = \frac{\mu_0 N\, I}{2\sqrt{R^2 + \left(\dfrac{L}{2}\right)^2}} > \left\|\vec{B}_{e,E}\right\|$$

Relacionemos ambos valores

$$\frac{B_{e,M}}{B_{e,E}} = \frac{\sqrt{\left(\dfrac{R}{L}\right)^2 + 1}}{\sqrt{\left(\dfrac{R}{L}\right)^2 + \dfrac{1}{4}}} > 1$$

Si el solenoide es "muy largo", pero no $\infty$ largo, es decir si $L \gg R$, de modo que se pueda despreciar

$\left(\dfrac{R}{L}\right)^2$ frente a 1 ó $\dfrac{1}{4}$, se tiene:

$$\frac{B_{e,M}}{B_{e,E}} \approx 2 \qquad \longrightarrow \qquad B_{e,M} \approx 2 B_{e,E}$$

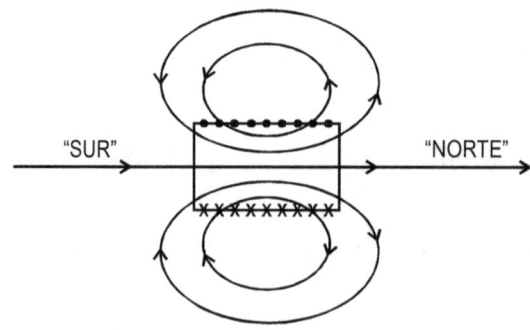

Figura 169

En la fig.169 se muestran algunas líneas de campo. Muestran que el campo es más intenso en el medio que en los extremos.

## 3.16. Solenoide "infinitamente" largo

En este caso, al igual que en el caso del alambre recto, cualquier punto ahora es "punto medio" y además es $\cos\alpha \approx 1$, $\cos\beta \approx -1$, luego:

$$\left\|\vec{B_e}\right\| = \mu_0 n\, I$$

Recordar que $n$ es el número de vueltas o espiras por metro. Además en este caso se supone que el campo fuera del solenoide es prácticamente cero (fig.170)

Este resultado se reencontrará con la ley de Ampere.

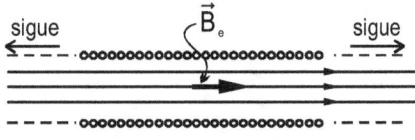

Figura 170

## 3.17. Ley integral de Ampere para el campo magnético $\vec{B}$

Si se admite como "Ley" la de Biot y Savat, la propiedad de campo $\vec{B}$ que veremos ahora sería un "teorema". Modernamente se prefiere aceptar como ley a la integral de Ampére, lo que hace que la expresión diferencial de Biot y Savet pase a ser un teorema, Queremos decir con esto que no son 2 leyes independientes.

De todos modos empezaremos con un ejemplo sencillo y una demostración que hace más aceptable la ley de Ampere: sea otra vez un hilo conductor "$\infty$ largo", visto de punta en la fig. 171, con corriente circulando hacia el lector. Hemos dibujado 2 líneas de campo, de radios $r_1$ y $r_2$.

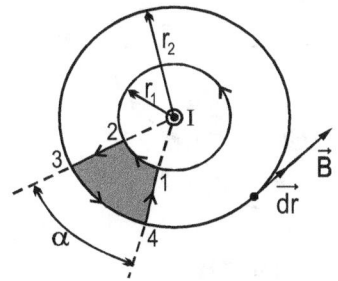

Figura 171

Consideremos una cualquiera de ellas, por ejemplo la de radio $r_1$ y hagamos la integral de $\vec{B}$ a lo largo de ella, es decir, la integral curvilínea de $\vec{B} \cdot \vec{dr}$, donde $\vec{dr}$ es un desplazamiento sobre la linea

$$\oint \vec{B} \cdot \vec{dr}$$

esta integral se denomina "***circuitación de*** $\vec{B}$ o ***circulación de*** $\vec{B}$"

$$circ\ \vec{B} = \oint \vec{B} \cdot \vec{dr}$$

$\vec{B}$ y $\vec{dr}$ son paralelos, de modo que

$$\vec{B} \cdot \vec{dr} = \left\|\vec{B}\right\| \left\|\vec{dr}\right\|$$

Además para el hilo recto es

$$\left\|\vec{B_e}\right\| = \frac{\mu_0\ I}{2\pi r_1}$$

luego

$$\oint \vec{B} \cdot \vec{dr} = \frac{\mu_0\ I}{2\pi r_1} \oint \left\|\vec{dr}\right\| = \frac{\mu_0\ I}{2\pi r_1} \cdot 2\pi r_1$$

simplificando resulta

$$\oint \vec{B} \cdot \vec{dr} = \mu_0\ I$$

Este resultado se puede traducir en palabras así: "la circuitación de $\vec{B}$ a lo largo de una curva cerrada es proporcional a la corriente rodeada por la curva" o también : "...proporcional a la corriente que atraviesa a una superficie que tiene por borde la curva de integración" (en este caso una superficie circular). Es posible demostrar que el resultado es el mismo si se toma cualquier curva cerrada, como en la fig.172, solo que ahora sería más complicado resolver la integral

$$\oint \vec{B} \cdot \vec{dr}$$

pues ni $\left\|\vec{B}\right\|$ ni $\cos\theta$ son constantes en los puntos de la curva.

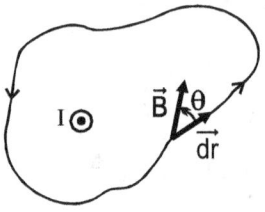

Figura 172

Vamos ahora a resolver la integral para un camino cerrado que no rodee al hilo, como el camino 1-2-3-4-1 de la fig.171. Podemos hacer

$$\oint_{1-2-3-4-1} \vec{B} \cdot \vec{dr} = \int_{1-2} \vec{B} \cdot \vec{dr} + \int_{2-3} \vec{B} \cdot \vec{dr} + \int_{3-4} \vec{B} \cdot \vec{dr} + \oint_{4-1} \vec{B} \cdot \vec{dr}$$

$$\int_{1-2} \vec{B} \cdot \vec{dr} = \int_{1-2} \left\| \vec{B} \right\| \left\| \vec{dr} \right\| \cos 180° = -\frac{\mu_0 I}{2\pi r_1} \cdot \int_{1-2} \left\| \vec{dr} \right\| = -\frac{\mu_0 I}{2\pi r_1} \cdot \alpha r_1$$

donde $\alpha r_1 = $ longitud del arco 1-2, así que

$$\int_{1-2} \vec{B} \cdot \vec{dr} = -\frac{\mu_0 I \alpha}{2\pi}$$

la integral

$$\int_{2-3} \vec{B} \cdot \vec{dr}$$

es nula, al igual que la

$$\int_{4-1} \vec{B} \cdot \vec{dr}$$

pues en esos tramos es $\vec{B}$ perpendicular a $\vec{dr}$, y por último la integral

$$\int_{3-4} \vec{B} \cdot \vec{dr} = \int_{3-4} \left\| \vec{B} \right\| \left\| \vec{dr} \right\| = \frac{\mu_0 I}{2\pi r_2} \cdot \alpha r_2 = \frac{\mu_0 I \alpha}{2\pi}$$

de igual valor absoluto y distinto signo que la $\int_{1-2}$, luego al fin resulta

$$\oint_{1-2-3-4-1} \vec{B} \cdot \vec{dr} = -\frac{\mu_0 I \alpha}{2\pi} + \frac{\mu_0 I \alpha}{2\pi} = 0$$

Este resultado puede ser traducido en palabras así: "cuando el camino o curva de integración no rodea corriente, la circuitación de $\vec{B}$ es nula", o bien "... cuando la corriente no atraviesa a la superficie que tiene por borde la curva", (esta superficie esta sombreada en la fig.171).

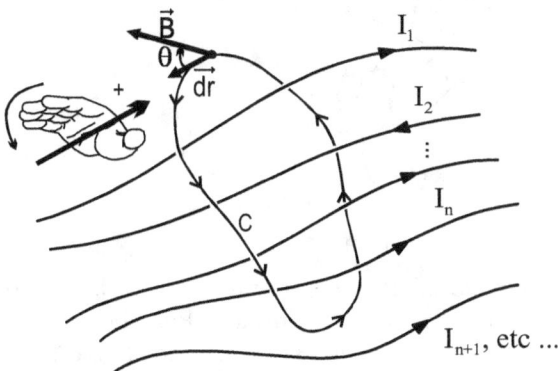

Figura 173

Estos resultados hacen más aceptable la ley integral de Ampere, que generalizaremos para más hilos con corriente y para una curva cerrada cualquiera (fig.173): *C* es una curva cerrada que rodea (arbitrariamente) a los *n* hilos, dejando "fuera" al $I_{n+1}$ en adelante.

El campo magnético, claro está, es debido a todas las corrientes del universo, rodeadas o no, pero para la circuitación de $\vec{B}$ solo hay que tener en cuenta las rodeadas. Las no rodeadas no contribuyen netamente a la circuitación, como ya hemos comprobado. De modo que

$$\oint_C \vec{B} \cdot \vec{dr} = \mu_0 \left( I_1 - I_2 + \dots + I_n \right)$$

Para considerar los signos de las $I_j$ utilizaremos la convención de la mano derecha: indicando con los dedos como recorreremos la curva al integrar, el pulgar extendido, indica cuales son las $I$, positivas (fig.173).

Esta ley juega el mismo roll en magnetismo que la ley de Gauss del flujo del campo eléctrico.

Para corrientes variables en el tiempo hay que introducir una modificación (se agregan las "corrientes de desplazamiento"), conduciendo a la cuarta ecuación de Maxwell, como luego se verá.

Otra importancia de la ley de Ampere estriba en que si se reconocen ciertas simetrías en la estructura del campo $\vec{B}$ y se sabe desarrollar la integral, es posible calcular $\vec{B}$ quizás más fácilmente que con la ley diferencial de Biot y Savart. Veremos esto en el próximo punto.

## 3.18. Aplicaciones de la ley de Ampere

### 3.18.1. Cálculo del campo magnético producido por una bobina toroidal, vacía.

Resulta esta una sencilla aplicación pero de gran importancia pues la bobina toroidal se usa para muchos fines.

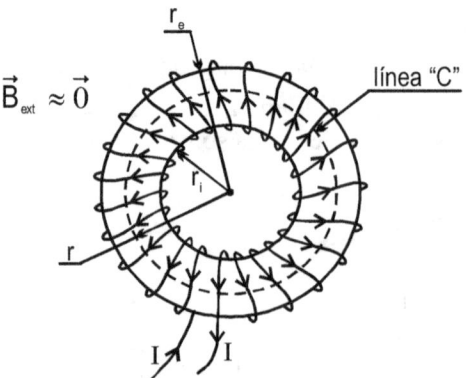

Figura 174

En la fig.174 se ha dibujado un bobinado efectuado sobre un núcleo imaginario de forma anular o "toro", por ejemplo como una cámara de neumático inflada. Por ahora este núcleo es vacío. Por consideraciones de simetría debemos presuponer que las líneas de campo son circulares, concéntricas con el anillo, en la fig.174 se ha dibujado una líneas $C$, de radio $r$, tal que $r_i \leq r \leq r_e$, donde $r_i$, es el radio interno y $r_e$ el externo. Esta línea será utilizada como curva de integración. La curva es borde de una superficie circular que la corriente atraviesa (en este caso de atrás hacia delante) $N$ veces, donde $N$ es el número de vueltas del bobinado.

La corriente "vuelve" de adelante hacia atrás, sin atravesar a la superficie, de modo que

$$\oint_C \vec{B} \cdot \overrightarrow{dr} = \mu_0 \left( \underbrace{I + I + \ldots + I}_{N \text{ veces}} \right) = \mu_0 N\, I$$

Por otro lado, debe ser $\left\| \vec{B} \right\|$ constante a lo largo de $C$, de modo que

$$\oint_C \vec{B} \cdot \overrightarrow{dr} = \left\| \vec{B} \right\| 2\pi r = \mu_0 N\, I$$

despejando $\left\| \vec{B} \right\|$

$$\left\| \vec{B} \right\| = \frac{\mu_0 N\, I}{2\pi r}$$

válida para $r_i \le r \le r_e$

Fuera del toroide, es decir, para $r > r_e$ y $r < r_i$ el campo es nulo. Esto se puede deducir también con la ley de Ampere, si se elige una circunferencia de radio $r > r_e$, la superficie circular que delimita es atravesada por la corriente en uno y otro sentido, de modo que ahora es

$$\oint_{C'} \vec{B} \cdot \overrightarrow{dr} = \mu_0 \left( I - I + \ldots + I \right) = 0$$

(se alternan los $+$ con los $-$) de modo que ha de ser $\vec{B} = \vec{0}$.

Para una circunferencia $C$ de radio $r < r_i$ el círculo que delimita no es atravesado por la corriente, así que

$$\oint_{C''} \vec{B} \cdot \overrightarrow{dr} = 0$$

y también ha de ser $\vec{B} = \vec{0}$, (no cabe pensar que las integrales son nulas por "compensación" de circuitaciones parciales, como ocurriría en la curva 1-2-3-4-1 de la fig.171).

En la práctica el campo fuera del toroide no es del todo nulo, pero es casi nulo si el bobinado tiene las espiras juntas y además el núcleo es de alta permeabilidad (hierro).

En la fig.175 se muestra la variación transversal de $\left\| \vec{B} \right\|$.

El máximo valor de $\left\| \vec{B} \right\|$ es $\dfrac{\mu_0 N\, I}{2\pi r_i}$ y el mínimo es $\dfrac{\mu_0 N\, I}{2\pi r_e}$.

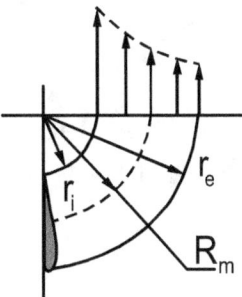

Figura 175

Se suele trabajar con el valor de $\left\|\vec{B}\right\|$ en el radio medio

$$R_m = \frac{r_i + r_e}{2}$$

$$B_m = \frac{\mu_0 N\,I}{2\pi R_m}$$

pero este valor no es el promedio del máximo con el mínimo.

El cociente $\dfrac{N}{2\pi R_m}$ es la "cantidad de espiras por unidad de longitud", denominándola

$$n = \frac{N}{2\pi R_m}$$

luego

$$B = \mu_0 n\,I$$

Vemos así que el campo es estrictamente proporcional a la intensidad de la corriente.

## 3.19. Campo en el interior de un conductor de radio $R$

En la fig. 176 se observa un hilo conductor de radio $R$ perpendicular al papel, conduciendo una corriente total $I$.

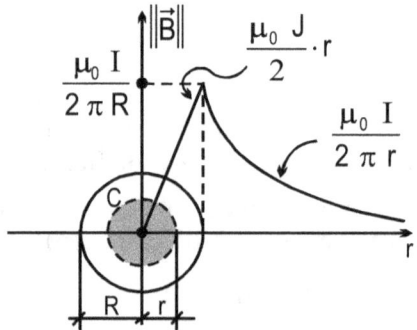

Figura 176

Supongamos que la densidad de corriente

$$J = \frac{I}{\pi R^2}$$

es uniforme en la sección. Una curva $C$, de radio $r \leq R$, determina una superficie circular (rayada en al fig.176). La corriente que atraviesa a dicha superficie es $J\pi r^2$, luego aplicando la ley de Ampere

$$\oint_C \vec{B}\cdot\overrightarrow{dr} = \mu_0 \pi r^2 \cdot J$$

el módulo de $\vec{B}$ es constante a lo largo de $C$, luego

$$\|\vec{B}\| 2\cancel{\pi}\cancel{r} = \mu_0 J \cancel{\pi} r^{\cancel{2}}$$

así

$$\|\vec{B}\| = \frac{\mu_0 J}{2} \cdot r$$

es decir, $\|\vec{B}\|$ varía linealmente en el interior del alambre, Para $r = 0$ es $B = 0$. En la fig.176 se muestra la gráfica de $\|\vec{B}\|$ en función de $r$.

## 3.20. Campo en un solenoide "$\infty$" largo

En la fig.177 se observa un tramo de bobina solenoidal (cilíndrica), muy larga. Aceptemos que el campo en el exterior es nulo, solo hay campo en el interior. En la fig.177 se muestran las líneas de campo.

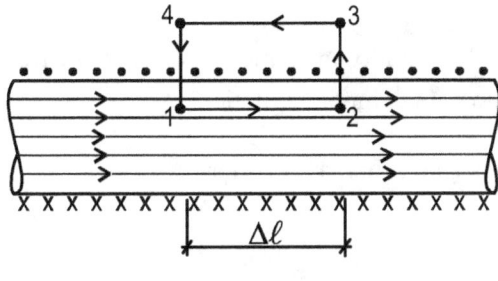

Figura 177

Si adoptamos una curva cerrada 1-2-3-4-1, que rodea $n \, \Delta\ell$ espiras (donde $n$ es el número de espiras por unidad de longitud), se tiene por ley de Ampere

$$\oint_{1-2-3-4-1} \vec{B} \cdot \vec{dr} = \|\vec{B}\| \Delta\ell = \mu_0 n \, \Delta\ell \, I \quad \longrightarrow \quad \|\vec{B}\| = \mu_0 n \, I$$

igual que en el toroide.

## 3.21. Fuerzas de interacción magnética en hilos con corriente contínua.

Como la corriente está constituída por cargas eléctricas en movimiento y sabemos que, cuando éstas se mueven en presencia de un campo magnético, sobre ellas aparece una fuerza $q\vec{V} \times \vec{B}$ (de Lorentz), es lógico pensar que si por un conductor circula corriente y está "sumergido" en un campo $\vec{B}$, sobre el conductor aparecerá una fuerza distribuída.

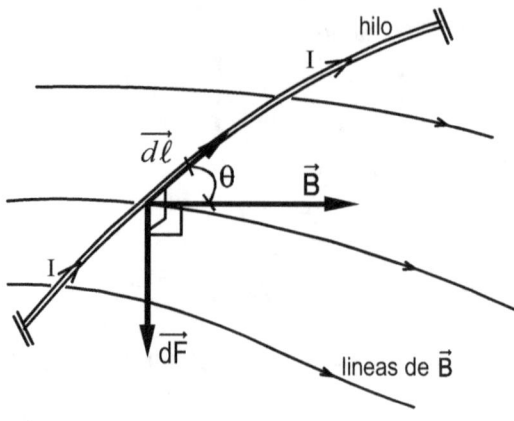

Figura 178

Es posible demostrar la expresión que permite calcular la fuerza sobre un tramo de longitud "$d\ell$" evaluando la fuerza $|e|\vec{V}_{arr} \times \vec{B}$ sobre cada portador de carga $|e|$ que se encuentra en un volumen elemental $S\,d\ell$ de conductor, sabiendo que se mueven con una velocidad media de arrastre $\vec{V}_{arr}$. Sin embargo no la demostraremos, sino que para hacerlo más breve, la admitiremos como experimental (así fue históricamente).

En la fig.178 se tiene "mentalmente" separado un tramo vectorializado $\vec{d\ell}$ del hilo conductor, circulado por una corrinete $I$ y sometido a un campo magnético $\vec{B}$.

Se tiene que sobre el tramo $\vec{d\ell}$ aparece una fuerza dada por

$$\vec{dF} = I\ \vec{d\ell} \times \vec{B}$$

El módulo, como todo producto vectorial. es

$$\left\|\vec{dF}\right\| = I\ \left\|\vec{d\ell}\right\|\left\|\vec{B}\right\| sen\ \theta$$

La fuerza total sobre una longitud l será

$$\vec{F} = I \int_{\ell} \vec{d\ell} \times \vec{B}$$

En los tramos paralelos a $\vec{B}$ no se produce fuerza, pues $sen\ 0 = 0$

---

**Nota**

*Estamos hablando de fuerzas que el campo produce por la circulación de corriente y no la fuerzas sobre el material mismo del alambre, por ejemplo, si el alambre es de hierro hay fuerzas sin necesidad de corriente, estas fuerzas, aunque de igual origen (cargas atómicas en movimiento), a nivel macroscópico se comportan de otro modo:*

*actúan a lo largo de $\vec{B}$ (fig.179), si el hierro no está magnetizado son atractivas, pero si está magnetizado también pueden ser de repulsión. Por ahora no daremos mayores detalles.*

---

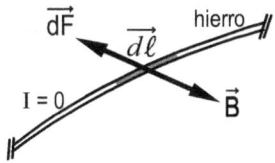

Figura 179

Para un tramo recto, de longitud vectorializada $\vec{\ell}$ (fig.180), en un campo magnético uniforme $\vec{B}$ perpendicular al conductor $(\theta = 90°)$ se tiene

$$\vec{F} = I\vec{\ell} \times \vec{B}$$

y el módulo

$$\left\| \vec{F} \right\| = I \left\| \vec{\ell} \right\| \left\| \vec{B} \right\|$$

pues *sen* $90° = 1$.

Las cruces $(\times\times\times)$ indican un campo $\vec{B}$ entrante en el papel. Si el campo $\vec{B}$ fuese paralelo al hilo, es $\vec{F} = \vec{0}$

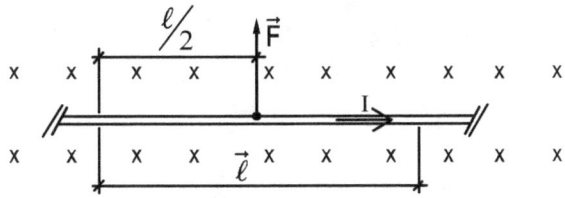

Figura 180

Se entiende que $\vec{F}$ es la resultante de todas las $\overrightarrow{dF} = I\overrightarrow{d\ell} \times \vec{B}$ distribuídas a lo largo del tramo.

## 3.22. Interacción magnética entre circuitos

Hemos analizado la acción de $\vec{B}$ sobre un hilo con corriente, pero sin especificar la fuente que producía $\vec{B}$. Ahora supongamos que la fuente de $\vec{B}$ es un circuito con corriente. En la fig.181se observan 2 circuitos, interactuando magnéticamente entre sí.

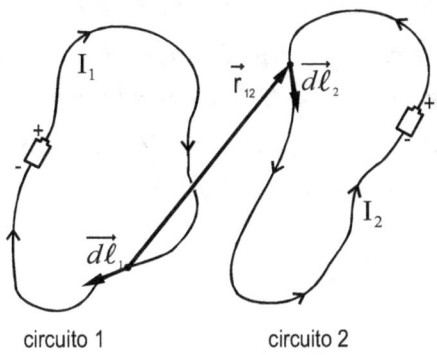

circuito 1          circuito 2

Figura 181

Un tramo $\overrightarrow{d\ell_1}$ de conductor del circuito (1) producirá sobre un tramo $\overrightarrow{d\ell_2}$ del circuito (2) un campo $\overrightarrow{dB_{12}}$ dado por la ley de Biot y Savart

$$\overrightarrow{dB_{12}} = \frac{\mu_0}{4\pi} I_1 \frac{\overrightarrow{d\ell_1} \times \vec{r}_{12}}{r_{12}^3}$$

Este campo $\overrightarrow{dB_{12}}$ producirá una fuerza sobre un tramo $\overrightarrow{d\ell_2}$ dada por

$$d^2\vec{F}_{12} = I_2 \overrightarrow{d\ell_2} \times \overrightarrow{dB_{12}}$$

o bién

$$d^2\vec{F}_{12} = I_2 \overrightarrow{d\ell_2} \times \left( \frac{\mu_0}{4\pi} I_1 \frac{\overrightarrow{d\ell_1} \times \vec{r}_{12}}{r_{12}^3} \right)$$

$d^2$ significa que habrá que hacer dos integraciones para hallar la fuerza total $\vec{F}_{12}$ que (1) hace sobre (2). Primero integramos sobre (1) para hallar el campo total $\vec{B}_{12}$ sobre un determinado $\overrightarrow{d\ell_2}$

$$d\vec{F}_{12}(\text{"total parcial"}) = I_2 \overrightarrow{d\ell_2} \times \oint_{(1)} \left( \frac{\mu_0}{4\pi} I_1 \frac{\overrightarrow{d\ell_1} \times \vec{r}_{12}}{r_{12}^3} \right)$$

y luego el total definitivo se obtiene integrando sobre (2)

$$\vec{F}_{12} = \oint_{(2)} I_2 \overrightarrow{d\ell_2} \times \oint_{(1)} \frac{\mu_0}{4\pi} I_1 \frac{\overrightarrow{d\ell_1} \times \vec{r}_{12}}{r_{12}^3}$$

---

**Nota**

*Es interesante señalar que el principio de acción y reacción ¡no se cumple cuando se plantean los diferenciales de fuerza! en efecto, si el lector analiza como es el vector*

$$d^2\vec{F}_{21} = I_1 \overrightarrow{d\ell_1} \times \overrightarrow{dB_{21}} = I_1 \overrightarrow{d\ell_1} \times \left( \frac{\mu_0}{4\pi} I_2 \frac{\overrightarrow{d\ell_2} \times \vec{r}_{21}}{r_{21}^3} \right)$$

*donde $\vec{r}_{21} = -\vec{r}_{12}$ encontrará que no es opuesto a $d^2F_{12}$. En la fig.182 mostramos con mayor claridad que el campo $d\vec{B}_{21}$ del elemento $\overrightarrow{d\ell_2}$ (Inclusive igual resulta para todo el campo $\vec{B}_{21}$ del conductor (2)) produce la fuerza $d^2F_{21}$ sobre un elemento $\overrightarrow{d\ell_1}$ del (1), pero el conductor (1) produce un campo $\vec{B}_{12}$ que por ser paralelo al elemento $\overrightarrow{d\ell_2}$ no produce fuerza, es decir*

$$d\vec{F}_{12} = \vec{0}$$

*pero*

$$d\vec{F}_{21} \neq \vec{0}$$

---

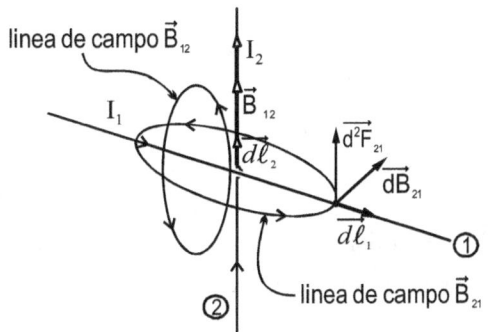

Figura 182

En la fig.182 el hilo (2) es perpendicular al (1) ¡pero no nos "asustemos"!, cuando se integra para (1) y (2) el principio de acción y reacción termina por cumplirse[5].

## 3.23. Fuerza de interacción magnética entre hilos conductores rectos y paralelos

En este caso es fácil resolver las integrales que dan la fuerza de atracción o repulsión, es más, la integral que da el campo que produce un hilo recto ya la hemos hecho

$$\left\| \vec{B} \right\| = \frac{\mu_0 I}{2\pi r}$$

Sean 2 alambres rectos y paralelos (fig.183)

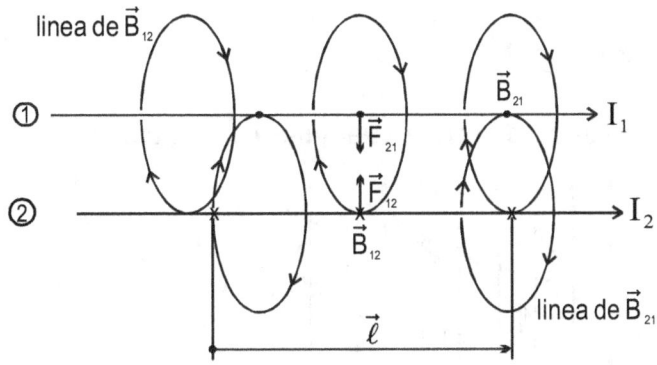

Figura 183

El conductor (1) produce sobre un tramo $\vec{\ell}$ de (2) un campo uniforme y entrante de módulo

$$B_{12} = \frac{\mu_0 I_1}{2\pi a}$$

donde $a$ es la distancia entre los conductores, por lo tanto la fuerza sobre $\vec{\ell}$ es

---

[5]. Para mayores detalles sobre esta cuestión consultar el punto 28-4 "La fuerza de un electrón sobre sí mismo" en Feynman, Vol.II

$$\vec{F}_{12} = I_2 \vec{\ell} \times \vec{B}_{12}$$

de módulo

$$F_{12} = I_2 \ell B_{12} = \frac{\mu_0 I_1 I_2 \ell}{2\pi a}$$

En la fig.183 se observa el vector $\vec{F}_{12}$. El mismo razonamiento, empezando con la acción del campo $\vec{B}_{21}$ (saliente) de (2) sobre (1), lleva a que se cumple el principio de acción y reacción

$$\vec{F}_{21} = -\vec{F}_{12}$$

de modo que para estos hilos, con corrientes del mismo sentido, resultan fuerzas de atracción. Si las corrientes son de distinto sentido el lector puede comprender que se repelen (pareciera que debería ser a la inversa, si comparamos con la ley de signos de las cargas eléctricas en la ley de Coulomb).

Se puede trabajar con "fuerzas por unidad de longitud", es decir

$$\frac{\left\|\vec{F}_{21}\right\|}{\ell} = \frac{\left\|\vec{F}_{12}\right\|}{\ell} = \frac{\mu_0 I_1 I_2}{2\pi a} \left[\frac{Newton}{metro}\right]$$

Conociendo (midiendo) las fuerzas, las corrientes y la distancia es posible hallar

$$\mu_0 = 4\pi \times 10^{-7} \left[\frac{N}{A^2}\right]$$

Es algo así el método experimental para hallar $\mu_0$.

## 3.24. Fuerza total sobre una espira de forma cualquiera en un campo $\vec{B}$ uniforme.

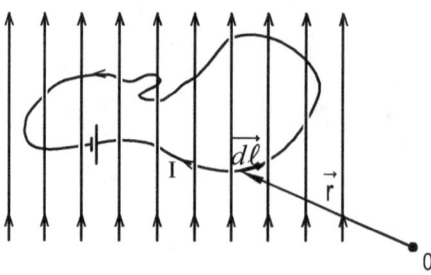

Figura 184

Veamos que la fuerza resulta NULA. En efecto, en la pág.172 vimos que

$$\vec{F} = I \oint \vec{d\ell} \times \vec{B}$$

pero como $\vec{B}$ es *cte*. puede salir de la integral (por la derecha, para no alterar el sentido del producto vectorial):

$$\vec{F} = \left(I \oint \vec{d\ell}\right) \times \vec{B}$$

pero la integral (que es como una suma) de los vectores $\vec{d\ell}$ es cero, pues estos constituyen "una cadena" o polígono cerrado. Así tenemos que $\vec{F} = \vec{0}$. Podemos decir que si $\vec{dF}$ es una fuerza sobre cierto $\vec{d\ell}$ habrá otro $\vec{d\ell'}$ tal que la fuerza será opuesta. En cambio, si el campo no es uniforme habrá una fuerza resultante.

También se tiene, en general, un MOMENTO de esta fuerzas, aún en el caso uniforme. Tomando un punto de referencia $O$ cualquiera (fig,184), el momento (o torque) de las fuerzas

$$\vec{dM_0} = \vec{r} \times \left( I\vec{d\ell} \times \vec{B} \right),$$

y el momento total:

$$\vec{M_o} = \oint \vec{r} \times \left( I\vec{d\ell} \times \vec{B} \right)$$

que en general no ha de ser nulo. De modo que una espira en un campo uniforme solo gira, no se traslada aceleradamente.

Aquí solo analizamos caso en que es fácil resolver la integral.

## 3.25. Momento de fuerzas (o "torca") actuante sobre una espira rectangular y su generalización (campos uniformes)

Sea una espira rectangular de ancho $a$ y largo $\ell$ (fig.185) recorrida por una corriente $I$ y sumergida en un campo magnético uniforme $\left( \vec{B} = cte. \right)$

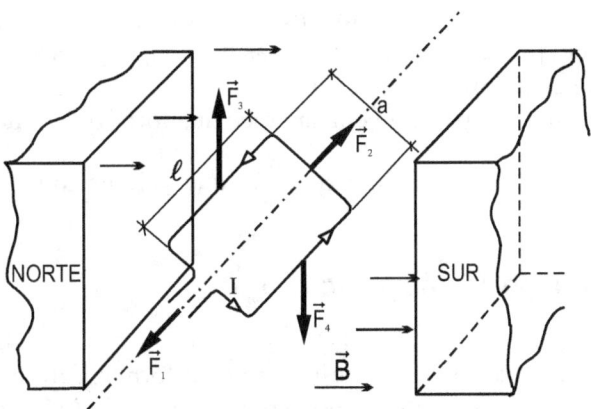

Figura 185

Aplicando la expresión $I\vec{\ell} \times \vec{B}$ de la pág.172, a cada uno de los lados de la espira, resultan las siguientes fuerzas:

**lado anterior:** $\quad \vec{F_1} = I\vec{a} \times \vec{B}$, $\qquad$ **lado posterior:** $\vec{F_2} = -\vec{F_1}$

**lado izquierdo:** $\quad \vec{F_3} = I\vec{\ell} \times \vec{B}$, $\qquad$ **lado derecho:** $\vec{F_4} = -\vec{F_3}$

Los vectores $\vec{a}$ y $\vec{\ell}$ son el ancho y el largo vectorializados en el sentido de $I$.

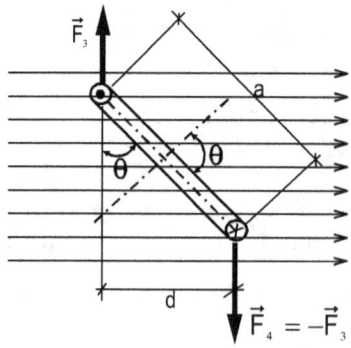

Figura 186

En la fig.186 se observa la espira en corte, viéndose según el ancho $a$. Estas fuerzas en conjunto dan una resultante nula debido a la uniformidad del campo, pero, en la posición dibujada, las fuerzas laterales $\vec{F}_3$ y $\vec{F}_4$ forman una cupla, de momento o torca:

$$M = F_3 \cdot a \; sen \; \theta = I\ell B \cdot a \; sen \; \theta \, ,$$

donde $\theta$ está medido según se indica en la fig.186.

Como $\ell \, a = S$ es el área de la espira

$$M = I \; S \; B \; sen \; \theta \qquad\qquad [19]$$

Si este momento no está equilibrado por otro momento, la espira girará según su eje, en sentido horario, hasta quedar con su plano perpendicular a las líneas de campo, pues así, al ser $\theta = 0$ resulta $M = 0$ (posición de equilibrio estable). Para $\theta = 180°$ otra vez es $M = 0$, pero esta posición, es de equilibrio inestable ya que apenas se aparta de ella aparece una torca que la lleva a $\theta = 0$.

Se puede demostrar que $M = I \; S \; B \; sen \; \theta$ es una expresión que vale en todo campo uniforme sin importar la forma de la espira.

## 3.26. Concepto de momento "dipolar" magnético $\left( \vec{p}_m \right)$

Podemos darle el carácter vectorial a la torca $\vec{M}$ de la siguiente forma: definimos un VERSOR $\hat{n}$ normal a la espira, orientado según la regla de la mano derecha (fig.187). Así se tiene

$$\vec{M} = I \; S \; \hat{n} \times \vec{B} \qquad\qquad [20]$$

donde la (19) da el módulo de esta torca $\vec{M}$. Al vector $I \; S \; \vec{n}$ la denominaremos **Momento Dipolar Magnético** de la espira

$$\vec{p}_m \stackrel{\Delta}{=} I \; S \; \vec{n}$$

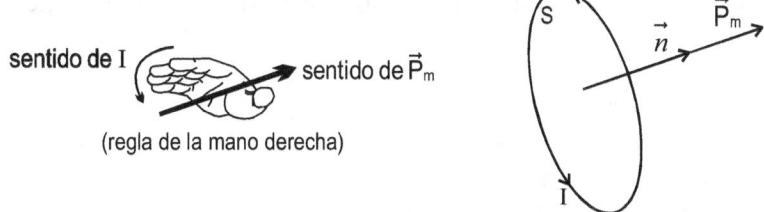

Figura 187

De modo que la torca actuante sobre la espira puede escribirse así

$$\vec{M} = \vec{p}_m \times \vec{B} \qquad\qquad\qquad [21]$$

Podemos decir ahora que la espira libre de rotar tiende a alinear su momento dipolar $\vec{p}_m$ con el campo $\vec{B}$. En las fig.188 (a) y (b) se tienen dos situaciones distintas: en la (a) la corriente sale del corte superior y en la (b), del inferior (las espiras se ven en corte por el plano del papel).

El momento o torca máxima se tiene cuando $\vec{p}_m$ y $\vec{B}$ forman 90°, en efecto

$$\left|\vec{M}\right|_{máx} = \left|\vec{p}_m\right|\left|\vec{B}\right| sen\ 90° = \left|\vec{p}_m\right|\left|\vec{B}\right|$$

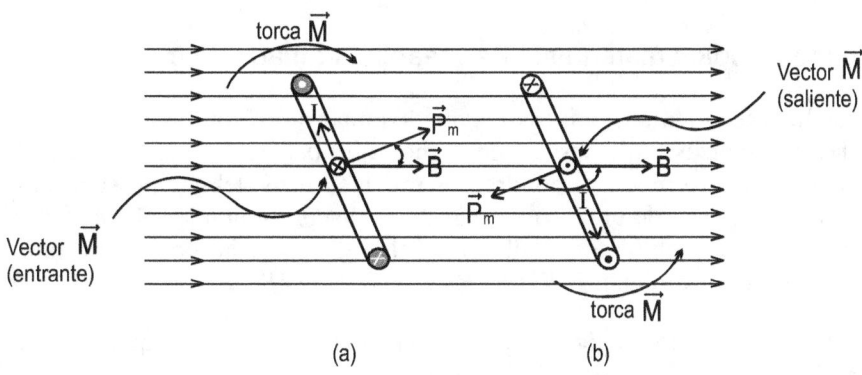

Figura 188

Si el campo es uniforme en el espacio que ocupa la espira, midiendo la torca $M_{máx}$ (por ejemplo con un hilo de torsión) y conociendo el momento dipolar $p_m = I\ S$ podríamos calcular el campo

$$B = \frac{M_{máx}}{I\ S}$$

Digamos que estas fuerzas $\left(I\overrightarrow{d\ell} \times \vec{B}\right)$ y las torcas $\vec{p}_m \times \vec{B}$ explican el funcionamiento de un motor eléctrico, o bien la acción frenante que exhibe una dínamo o generador al motor que lo impulsa.

Esto lo analizaremos en detalle cuando estudiemos el "motor elemental" y el "generador elemental".

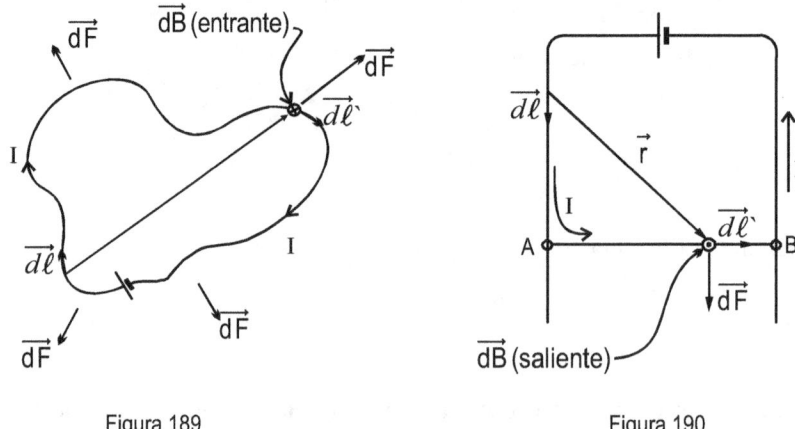

Figura 189          Figura 190

Hay que hacer notar que el campo $\overrightarrow{dB}$ producido por un cierto elemento $\overrightarrow{d\ell}$ sobre otro elemento $\overrightarrow{d\ell'}$ de la PROPIA ESPIRA o circuito produce fuerzas (fig.189). Estas fuerzas distribuidas tienden a redondear al circuito. Si por ejemplo el circuito posee un trozo móvil A, B (fig.190) este tiende a ser disparado. Todo esto ocurre sin necesidad de un campo exterior, ocurre con el propio campo del circuito.

Damos así por finalizado el estudio del magnetismo *en el vacío*.

## 3.27. Magnetismo en los medios materiales. Permeabilidad magnética

Para no complicar inicialmente el tema supondremos que los materiales son homogéneos e isotrópicos en sus propiedades magnéticas. Además supondremos que *ocupan o llenan todo* el espacio donde existe campo. Dicho de otro modo, supondremos que las líneas del campo se establecen exclusivamente en el material sin salir de él ni encontrarse con discontinuidades. Todo esto se puede aproximadamente lograr con una bobina toroidal. con núcleo del material en estudio (sin cortes o "entrehierros"). Esta bobina se denominan *Anillo de Rowland"* (Fig.191).

Ya sabemos que el campo magnético medio, sin núcleo, es decir, en el vacío (que ahora denotaremos con un subíndice 0) es

$$\left|\vec{B_0}\right| = \mu_0\, n\, I = \frac{\mu_0\, N\, I}{2\pi R_m}$$

Es cuestión ahora de saber qué valor adquiere el campo en el material, a igualdad de corriente $I$ y todo lo demás. A este campo lo designaremos $\vec{B}_m$.

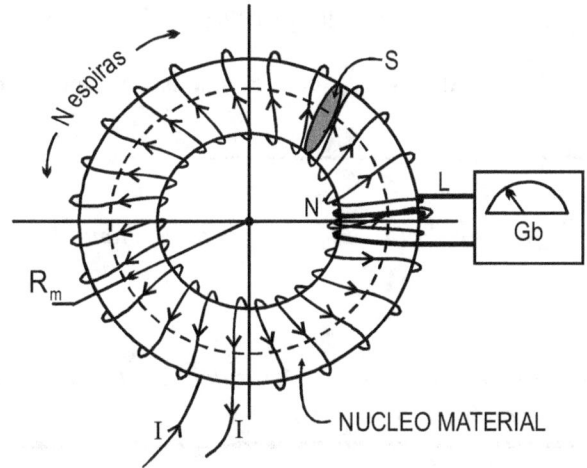

Figura 191

La medición efectiva de este campo $\vec{B}_m$ en el material (que se puede hacer con un galvanómetro balístico (*Gb*) conectado a una bobina secundaria *N'*) mostraría que se ha modificado en general respecto del vacío, de modo que según el material puede ser mayor o menor que $\vec{B}_0$.

Intentando clasificar a los materiales definimos un ***coeficiente*** denominado Permeabilidad Magnética Relativa o adimensional $k_m$, así:

$$k_m \triangleq \frac{\left\|\vec{B}_m\right\|}{\left\|\vec{B}_0\right\|}$$                                     [22]

donde $\vec{B}_m$ es el campo en el material en cuestión y $\vec{B}_0$ en el vacío (en igualdad de *I*, $R_m$, *N*). Obviamente para el vació es $k_{m0} = 1$

También es usual una *Permeabilidad Magnética* (no relativa) o dimensionada, $\mu$:

$$\mu \triangleq k_m \mu_0$$

A igualdad de $\vec{B}_0$ y de temperatura, $k_m$ depende del material.

## 3.28. Clasificación de los Materiales

Si experimentamos con anillos de igual tamaño pero de distintos materiales (todos a igual temperatura), sometidos al campo magnético $B_0$ producido por el bobinado (este campo puede ser variado variando la corriente *i* del bobinado), los valores de

$$k_m = \frac{B_m}{B_0}$$

que se obtendrían podrían dar lugar a las gráficas de la fig.192(a).

Los resultados también se pueden graficar con $B_m$ en ordenadas en función de $B_0$ en abscisas, fig.192(b).

---

**Nota**

*En abscisas también se podría anotar simplemente la corriente i del bobinado*

$$i = \frac{B_0}{n\mu_0}$$

*o como acostumbran los técnicos, los de la "excitación magnética" $H = ni$. Las formas de las gráficas no se alterarían por esto.*

---

### 3.28.1. Diamagnéticos

La experiencia muestra que en algunos materiales resulta $k_m$ un poco inferior al del vacío, es decir, Inferior a 1, solo algunas milésimas menos.. Se denominan materiales **Diamagnéticos**. Además $k_m$ no depende de $\vec{B}_0$, aunque si de la temperatura.

### 3.28.2. Paramagnéticos

En otros resulta $k_m$ algo superior a 1, solo algunas milésimas más. Son los **Paramagnéticos**. Tampoco en ellos $k_m$ depende de $\vec{B}_0$. Sí de la temperatura, (como en todos los casos).

### 3.28.3. Ferromagnéticos

Más complicados son los **Ferromagnéticos**, donde $k_m$ varía con $\vec{B}_0$, pudiendo alcanzar valores miles de veces superior a 1, es decir $k_{m\,máx} \gg 1$.

Son **diamagnéticos** (entre otros): Helio, Hidrógeno, Argón, Agua, Bismuto, etc.

Son **paramagnéticos** (entre otros): Oxígeno, Sodio, Aluminio, Platino, etc.

Son **ferromagnéticos**: Hierro, Níquel, Cobalto, Gadolinio, Disprosio y aleaciones especiales, Alnico, Permalloy, etc.

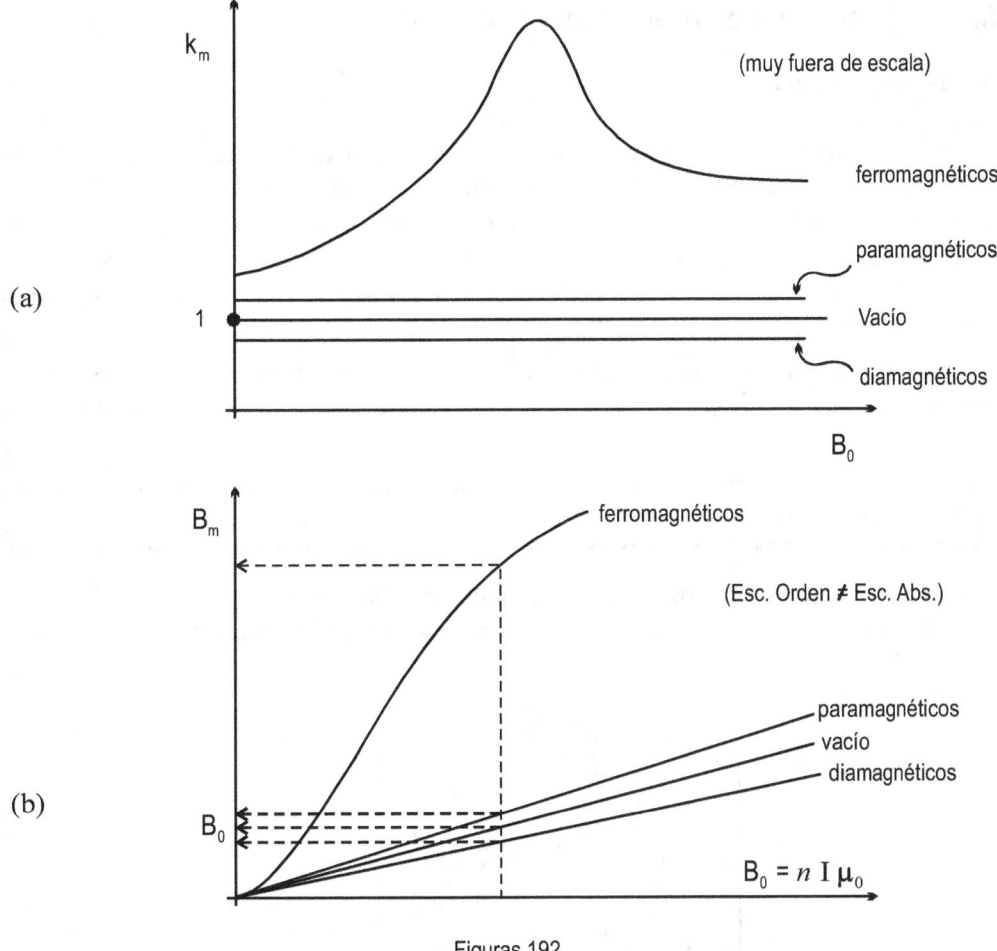

Figuras 192

Volviendo al anillo de Rowland, con núcleo de permeabilidad $k_m$ se tiene ahora:

$$B = \mu_0 \, k_m \cdot \frac{NI}{2\pi r_m} = k_m B_0$$

de aquí en más $\vec{B}$ sin subíndice es campo en el material.

En la fig.192(b) se tienen gráficas (fuera de escala) que muestran como varía $B$ en función de $B_0$ (que es lo mismo que decir en función de la corriente $I$). Las variaciones de $B$ para los diamagnéticos, paramagnéticos y obviamente para el vacío es lineal, de modo que, como ya hemos dicho, resulta para ellos $k_m \approx cte$.

En la práctica común casi no se distinguen los "*dia*" de los "*para*" y del *vacío* a tal punto que inapropiadamente hay quienes los denominan materiales "no magnéticos". Las variación de $B$ para los ferromagnéticos es no lineal y toma valores elevados respecto a los otros.

Para los ferromagnéticos hay otra complicación que veremos luego, que es la Histéresis.

En el sistema (CGS)$_m$ es $\mu_0 = 1$, de modo que $\mu = \mu_0 k_m = k_m$ en este sistema.

## 3.29. Vector Magnetización (o Polarización magnética) $\vec{M}$

### 3.29.1. Corrientes magnetizantes $I_m$

Hasta ahora hemos expuesto los hechos explícitamente, sin efectuar un modelo atómico del material. Ahora, siguiendo un modelo debido a Ampére, supondremos todo material como formado por un conjunto de "microscópicos circuitos" con corriente magnetizante $I_m$. Estos circuitos elementales son hipotéticos, con ellos se intenta explicar las propiedades magnéticas.

> **Nota:**
>
> *Podemos considerarlos "pseudo dipolos", pues no son dipolos constituídos por "cargas magnéticas", como los dipolos eléctricos que sí están constituídos por cargas eléctricas.*
>
> *Pero hay que advertir que solo la Fisica Cuántica permite una mayor comprensión del comportamiento de la materia.*

En la fig.193 hemos representado un trozo cúbico de materia, "físicamente infinitésimo", de volumen $dv$. Contiene "unos cientos" de circuitos. A nivel macroscópico, sin embargo, este volumen se puede considerar como un punto.

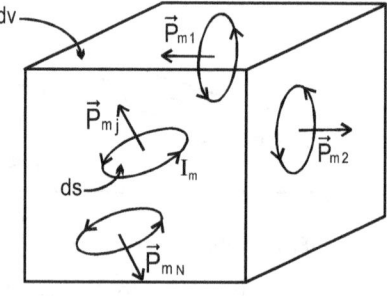

Figura 193

Si $dS$ es el área de cada circuito, ya sabemos que el momento dipolar magnético es

$$\vec{p} = I_m dS \, \vec{n}$$

En la fig.193 están representados por pequeños vectores, distribuidos al azar (material no polarizado o no magnetizado). En la fig.194 por alguna razón (por ejemplo un campo $\vec{B}$ exterior) están más ordenados (material polarizado o magnetizado)

Al igual que en los dieléctricos es natural definir un vector magnetización como una densidad volumétrica de momentos dipolares:

$$\vec{M} \triangleq \frac{\sum_{j=1}^{N} \vec{P}_{mj}}{dv} \qquad\qquad [23]$$

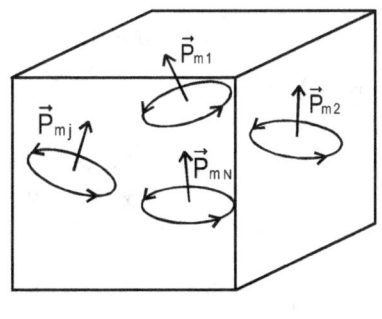

Figura 194

De modo que si

$$\vec{M} = \vec{0} \qquad \text{(material no magnetizado)}$$
$$\vec{M} \neq \vec{0} \qquad \text{(material magnetizado).}$$

Las unidades S. I. de $\vec{M}$ son:

$$\left[\,\overline{M}\,\right] = \frac{\left[\vec{p}_m\right]}{\left[dv\right]} = \frac{A\,m^2}{m^3} = \frac{A}{m}$$

### 3.29.2. Magnetización uniforme

Aislemos mentalmente un trozo de anillo de Rowland de longitud $\Delta\ell$, lo suficientemente corto como para considerarlo casi recto, fig.195. Esto hace a la exposición más sencilla sin quitar mayor generalidad.

Si los momentos dipolares magnéticos $\vec{p}_m$ quedan todos aproximadamente paralelos (magnetización uniforme), el aspecto de una sección transversal sería como el mostrado en la fig.196 (todos los vectores $\vec{p}_m$ apuntan hacia el lector). Cada $\vec{p}_m$ tiene un módulo $\left(I_m dS\right)$. Al sumar todos los momentos en las secciones se tendrá:

$$\sum I_m dS = I_m\, S$$

donde $S$ es el área de toda la sección.

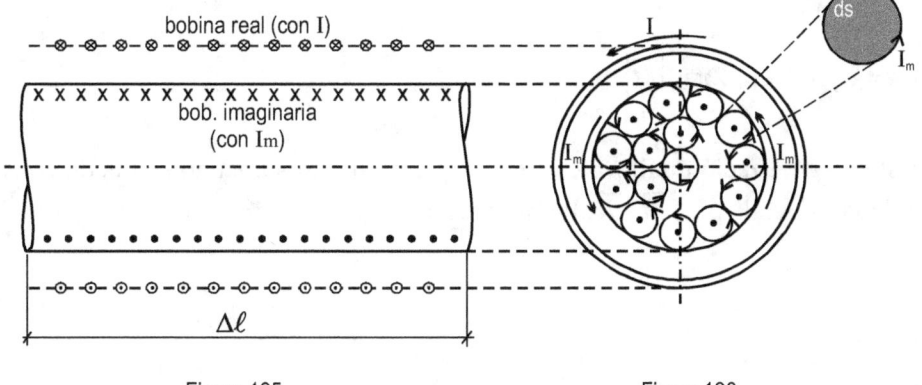

Figura 195                              Figura 196

Para obtener la magnetización $\left|\overrightarrow{M}\right|$ es necesario sumar todos los momentos $\overrightarrow{p}_m$ contenidos en el trozo de volumen $(S\,\Delta\ell)$ y luego dividir por dicho volumen.

Una forma sencilla de hacer esto es suponer que superpuesta a la bobina real con corriente de conducción o libre $I$ tenemos otra "bobina" imaginaria (puntos y equis en la fig.195), de igual número de espiras que la real, por la que circula la corriente magnetizante $I_m$. Teniendo que el número de espiras por unidad de longitud del toroide es $\dfrac{N}{\ell}$, para el trozo de longitud $\Delta\ell$ el momento dipolar magnético será

$$(I_m S)\cdot\frac{N}{\ell}\Delta\ell$$

donde $\ell = 2\pi r_m$. Dividiendo por el volumen $(S\,\Delta\ell)$ para hallar la magnetización, resulta

$$\left|\overrightarrow{M}\right| = \frac{NI_m}{\ell} = \frac{NI_m}{2\pi r_m} \qquad\qquad [24]$$

### 3.29.3. Definición del vector Excitación Magnética $\overrightarrow{H}$

Si efectuamos la circulación de $\overrightarrow{B}$ a lo largo de la longitud media del anillo de Rowland (teorema de la integral de Ampere), teniendo en cuenta ahora que además de la corriente de conducción (o libre) $I$ se tiene la corriente magnetizante $I_m$:

$$\oint \overrightarrow{B}\cdot\overrightarrow{d\ell} = \mu_0\,N\,(I + I_m)$$

Poniendo $I_m$ en función de $\left|\overrightarrow{M}\right|$ de la [24]

$$I_m = 2\pi r_m \cdot \frac{\left|\overrightarrow{M}\right|}{N}$$

o bien

$$NI_m = 2\pi r_m \left|\overrightarrow{M}\right|$$

resulta

$$\oint \overrightarrow{B}\cdot\overrightarrow{d\ell} = \mu_0\,N\,I + \mu_0\,2\pi r_m \left|\overrightarrow{M}\right|$$

Como se ha supuesto magnetización uniforme es claro que el último sumando se puede considerar como el resultado de la integral: $\mu_0 \oint \overrightarrow{M}\cdot\overrightarrow{d\ell}$. Pasando esta integral al primer miembro y dividiendo m. a m. por $\mu_0$

$$\oint \left(\frac{\overrightarrow{B}}{\mu_0} - \overrightarrow{M}\right)\cdot\overrightarrow{d\ell} = NI$$

Definimos ahora un vector $\vec{H}$

$$\vec{H} \triangleq \frac{\vec{B}}{\mu_0} - \vec{M} \qquad [25]$$

o bien

$$\vec{B} = \mu_0 \vec{H} + \mu_0 \vec{M} \qquad [26]$$

De modo que con la definición de $\vec{H}$, la integral de Ampere resulta

$$\oint \vec{H} \cdot \vec{d\ell} = NI \qquad [27]$$

Es decir:

"la circuitación de la excitación magnética $\vec{H}$ solo es proporcional a las corrientes de conducción concatenadas (o encerradas) por la curva de integración".

Compare el lector con la circuitación de $\vec{B}$ : esta también tiene en cuenta la corriente de magnetización y luego se verá que con todo tipo de corrientes (por ejemplo de "desplazamiento").

Hay autores que en $\vec{M}$ incluyen a $\mu_0$ (por ejemplo Sears): "imantación" $\vec{J} = \mu_0 \vec{M}$

En el (CGS)$_m$

$$\vec{B} = \vec{H} + 4\pi\vec{M}$$

Hay autores que incluyen $4\pi$ en $\vec{M}$ .

Vemos que en el vacío es $\vec{B} = \mu_0 \vec{H}$ pues $\vec{M} = 0$ .

### Nota Importante

En la [27] tenemos que el resultado de la integración de $\vec{H}$ no depende del material del núcleo, solo depende del número de espiras $N$, de la corriente $I$ (medible con amperímetro). Recordando que el anillo de Rowland es homogéneo, podemos afirmar que el módulo de $\vec{H}$ es el mismo a lo largo del perímetro medio del anillo, de modo que

$$\oint \vec{H} \cdot \vec{d\ell} = \left|\vec{H}\right| \cdot 2\pi r_m = NI$$

y así

$$\left|\vec{H}\right| = \frac{NI}{2\pi r_m} = n\,I \qquad [28]$$

$\vec{H}$ no depende del material del núcleo. Este resultado deja de ser válido si el núcleo no es homogéneo, por ejemplo si el anillo se corta dejando extremos o polos, Esta situación se estudiará más adelante.

En síntesis, dados los vectores $\vec{B}$, $\vec{H}$, $\vec{M}$, relacionados por la ecuación $\vec{B} = \mu_0 \vec{H} + \mu_0 \vec{M}$, las integrales de Ampere que dan la circuitación en un anillo homogéneo resultan:

$$\oint \vec{B} \cdot \overrightarrow{d\ell} = \mu_0 N \left( I + I_m \right)$$

$$\oint \vec{M} \cdot \overrightarrow{d\ell} = N I_m$$

$$\oint \vec{H} \cdot \overrightarrow{d\ell} = N I$$

Recordemos que estamos estudiando campos que no son funciones del tiempo.

### 3.29.4. Susceptibilidad magnética $\left( \chi_m \right)$

Aunque el coeficiente $k_m$ sería suficiente para calificar al material, es habitual introducir otro coeficiente llamado susceptibilidad $\chi_m$, que resultará simplemente relacionada con la permeabilidad $k_m$ (esto mismo se ha hecho con los dieléctricos).

Si suponemos que se trata de un material *isótropos*, los vectores $\vec{B}$, $\vec{H}$, $\vec{M}$ son todos paralelos, de modo que en módulo se tiene

$$\left| \vec{B} \right| = \mu_0 \left| \vec{H} \right| + \mu_0 \left| \vec{M} \right|$$

sacando $\mu_0 \left| \vec{H} \right|$ como factor

$$\left| \vec{B} \right| = \mu_0 \left| \vec{H} \right| \left( 1 + \frac{\left| \vec{M} \right|}{\left| \vec{H} \right|} \right)$$

pero $\mu_0 \left| \vec{H} \right|$ es el campo $\left| \vec{B}_0 \right|$ en el vacío, pues por otro lado $\left| \vec{H} \right|$ es el mismo en el vacío o en el material (acorde al resultado [28]), así que

$$\left| \vec{B} \right| = \left| \vec{B}_0 \right| \left( 1 + \frac{M}{H} \right)$$

Recordando que $k_m = \dfrac{|B|}{|B_0|}$, tenemos

$$k_m = 1 + \frac{M}{H}$$

Se define la Susceptibilidad Magnética como

$$\chi_m \triangleq \frac{M}{H} \qquad\qquad\qquad [29]$$

Resultará así la vinculación entre $k_m$ y $\chi_m$

$$k_m = \chi_m + 1 \qquad\qquad [30]$$

Como de (30) es $\chi_m = k_m - 1$ es claro que para el vacío es $\chi_{m0} = 0$, para los diamagnéticos $\chi_m < 0$

---

**Ejemplo**

$$\text{He, H}_2: \quad -2,2 \times 10^{-9} \quad \text{a} \quad -1,1 \times 10^{-9}$$

$$\text{H}_2\text{O} \left(agua\right): \quad -1,5 \times 10^{-6} \quad \text{a} \quad -1 \times 10^{-6}$$

$$\text{Bi} \left(Bismuto\right): \quad -1,7 \times 10^{-4}$$

---

para los paramagnéticos $\chi_m > 0$

---

**Ejemplo**

$$\text{O}_2: \quad +2 \times 10^{-6}$$

$$\text{Na, Al}: \quad +0,9 \times 10^{-5} \quad \text{a} \quad 2,1 \times 10^{-5}$$

---

Vemos así que son números muy pequeños, es decir, solo en trabajos "muy delicados" se distinguen del vacío o del aire.

Para los ferromagnéticos $\chi_m$ es variable con $B_0$, y el valor máximo puede ser de miles. Es decir, valen, claro está, las mismas observaciones que hicimos para $k_m$.

---

**Nota**

*Superconductividad. Por debajo de ciertas temperaturas críticas ciertos materiales se hacen superconductores, es decir, se anula la resistividad eléctrica. ¿Qué ocurre con la suceptibilidad o la permeabilidad? La experiencia muestra que en el interior del material, por ejemplo, en el núcleo del anillo de Rowland en superconductividad, el campo B desaparece, se anula, de modo que ¡ $k_m = 0$ ! o lo que es igual $\chi_m = -1$. Es el comportamiento "diamagmético máximo".*

---

De $\vec{B} = \mu_0 \vec{H} + \mu_0 \vec{M} = 0$ tenemos $\mu_0 \vec{H} = -\mu_0 \vec{M}$ o sea $\vec{H} = -\vec{M}$ (no nulo), acorde a $\chi_m = \dfrac{M}{H} = -1$.

**Nota de Bibliografía**

El conocido autor SEARS modifica las constantes, tal que $\chi_m$ la llama $\eta$ y además es $\eta = \mu_0 \chi_m$, también hace el cambio $\vec{J}$ (que llama imantación) $= \mu_0 \vec{M}$, de modo que para Sears

$$\vec{B} = \mu_0 \vec{H} + \vec{J}$$

La definición [29] permite escribir, retomando el carácter vectorial

$$\vec{M} = \chi_m \cdot \vec{H} \qquad\qquad [31]$$

*Tenemos una diferencia con la electricidad*, allí se hizo la polarización eléctrica $\vec{P} = \chi_m \vec{E}$, es decir, se relacionó la polarización con el campo en el material, esta idea conduciría a $\vec{M} = \chi_m' \cdot \vec{B}$ en lugar de [31].

Nada impide hacerlo así, pero claro, la susceptibilidad $\chi_m' = \dfrac{M}{B}$ no es la misma que $\chi_m = \dfrac{M}{H}$, pensamos que ha prosperado esta última relación porque $H$ es fácil de calcular en un toroide homogéneo

$$H = n\,I$$

### 3.29.5. La fórmula $\vec{B} = \mu \vec{H}$

Es evidente que de

$$\vec{B} = \mu \vec{H} \left(1 + \chi_m\right) = \mu_0 k_m \vec{H}$$

haciendo como es costumbre $\mu = \mu_0 k_m$ se tiene $\vec{B} = \mu \vec{H}$ donde como ya hemos dicho $\mu$ es la permeabilidad (no relativa) del material.

*Esta fórmula es peligrosa* porque puede ocultar el hecho de que puede existir $\vec{B}$ con $\vec{H}$ nulo (magnetismo permanente o remanente en los materiales ferromagnéticos). Además, las relaciones han sido demostradas en un anillo de Rowland homogéneo, ***sin polos***. Cuando hay polos o discontinuidades hay complicaciones de las cuales algunas veremos luego.

En cambio la expresión $\vec{B} = \mu_0 \vec{H} + \mu_0 \vec{M}$ es válida siempre.

## 3.30. Modelos sencillos, clásicos, para explicar el diamagnetismo, paramagnetismo y ferromagnetismo.

### 3.30.1. Diamagnetismo

Hemos dicho que en ciertos materiales (agua, cobre, plata, bismuto, antimonio, etc.) es $\chi_m < 0$, los que implica que con núcleos de estos materiales en el anillo de Rowland el campo $\vec{B}$ es menor que en el vacío, o que la magnetización $\vec{M}$ es opuesta al vector $\vec{H}$. Sin pretender una explicación rigurosa (que pertenece a la física cuántica) diremos que el diamagnetismo se explica suponiendo que en los átomos de tales materiales los electrones giran de modo que el momento dipolar magnético resultante $\vec{p}_m$ es cero, cuando el material no está sometido a un campo externo.

Supongamos una situación sencilla (fig.197): dos electrones orbitando en sentidos contrarios, en órbitas estables de ***radio constante***. Los electrones en movimiento equivalen a las corrientes magnetizantes $I_m$ (¡cuidado con los sentidos pues los electrones son negativos!).

Los momentos dipolares se equilibran. Pero ahora sometamos todo esto a un campo externo $\vec{B}$ (entrante al papel). A parte de las fuerzas eléctricas de Coulomb $\vec{F}_e$ aparecerán ahora fuerzas magnéticas $\vec{F}_m$ dadas por la ecuación de Lorentz

$$\vec{F}_m = e\vec{V} \times \vec{B}$$

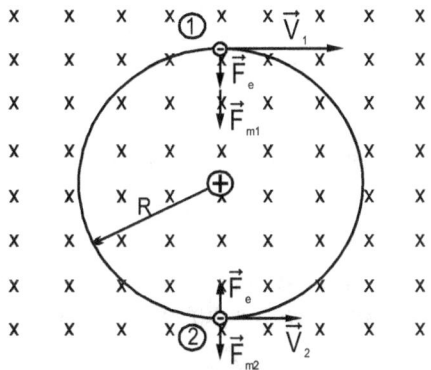

Figura 197

Sobre el electrón (1) que gira en sentido horario $\vec{F}_{m1} = e\vec{V}_1 \times \vec{B}$ "ayuda" a la eléctrica $\vec{F}_e$, de modo que si el radio ha de permanecer constante (hipótesis), al electrón (1) deberá aumentar su velocidad a un valor $V_1$ tal que

$$\frac{mV_1^2}{R} = F_e + F_m$$

en cambio en el electrón (2) que gira en sentido antihorario, $F_{m2}$ es de sentido contrario a $F_e$ y por la misma razón deberá disminuir su velocidad a una valor $V_2$ tal que

$$\frac{mV_2^2}{R} = F_e - F_m$$

Así, si antes de aplicar $\vec{B}$ los momentos dipolares de (1) y de (2) se equilibraban, al aplicar $\vec{B}$ se desequilibraban: el de (1) crece (hacia el lector, no olvidar que "$e$" es (-)) y el de (2) decrece (hacia adentro), de modo que tenemos un momento $\vec{p}_m$ resultante, "inducido" contrario al campo "inductor "$\vec{B}$. Esto explica el fenómeno diamagnético. Si fuese solo esto todos los materiales serían diamagnéticos, pero ocurren otras cosas.

**En síntesis**: los átomos de los materiales diamagnéticos no poseen por sí momento dipolares, pero un campo exterior induce un momento antagónico al campo. En la bobina hipotética de la fig.195, $I_m$ circula en sentido contrario a $I$.

### 3.30.2. Paramagnetismo

En otros materiales (oxígeno, sales de hierro, cromo, aluminio, plomo, etc.) el campo $\vec{B}$ en ellos es algo superior al del vacío $\left( k_m > 1 \text{ o } \chi_m > 0 \right)$. $\vec{M}$ es del mismo sentido que $\vec{H}$. Esto puede explicarse suponiendo que los átomos de esto materiales poseen de por sí un momento dipolar magnético, sin necesidad de un campo inductor. Frente al campo exterior estos dipolos se alinean (como ya hemos analizado al hablar de la torca sobre una espira: $\vec{M} = \vec{p}_m \times \vec{B}$ ). El efecto diamagnético, que se supone ocurre también es "superado" por al alineación de los momentos dipolares. A nivel macroscópico podemos decir que la corriente magnetizante $I_m$ tiene el mismo sentido que la de conducción $I$, de modo que $\vec{M}$ y $\vec{H}$ son de igual sentido $\left( \chi_m > 0 \right)$

Apenas desaparece el campo inductor $\vec{B}$, la agitación térmica desordena los dipolo y el material pierde la magnetización.

Tanto en los diamagnéticos como en los paramagnéticos es $I_m \ll I$.

### 3.30.3. Ferromagnetismo

De la lectura anterior podríamos pensar que no hay más variantes posibles, pero la realidad nos dice que ciertos materiales (hierro, aleaciones como aceros, alnico, permalloy, heusler, "µ metal", cobalto, níquel, galidonio y disprosio) el campo $\vec{B}$ puede ser mucho mayor que en el vacío, es decir, puede ser $k_m \gg 1$ (o $\chi_m \gg 0$), pero además la relación $\vec{B} = k_m \vec{B}_0$ no lineal, es decir, $k_m$ variable, función de $\vec{B}_0$. Por ejemplo los valore máximos de $k_m$ son:

| | |
|---|---|
| Fe (0,2% de impurezas): | $k_m = 5.000$ |
| Fe (0,05% de impurezas): | $k_m = 200.000$ |
| Ni (1% de impurezas): | $k_m = 600$ |
| Permalloy (79% Ni y 4% Mo): | $k_m = 100.000$ |
| Permalloy (79% Ni y 5% Mo): | $k_m = 1.000.000$ |

Además, estos materiales presentan histéresis, es decir, la variación de $\left| \vec{B} \right|$ con $\left| \vec{B}_0 \right|$ o $\left| \vec{H} \right|$ en un sentido, sigue una curva distinta en sentido contrario. Luego la estudiaremos.

En estos materiales $I_m \gg I$.

### 3.30.4. Dominios

Un trozo policristalino de material ferromagnético puede estar desimanado $\left( \vec{M} = 0 \right)$, pero un estudio microscópico muestra que la desimanación es global, pues al microscopio se observan pequeños dominios (fig.198) en los cuales los dipolos atómicos estarían orientados entre sí en cada dominio, pero no en relación a los otros dominios (fig.198-a). Cuando el material es sometido a un campo exterior los dominios que poseen dipolos más o menos paralelos al campo crecen a expensas de los otros (fig.198-b). Retirado el campo externo, los dominios no vuelven a ser como antes y queda cierta imanación (imanación permanente o remanente).

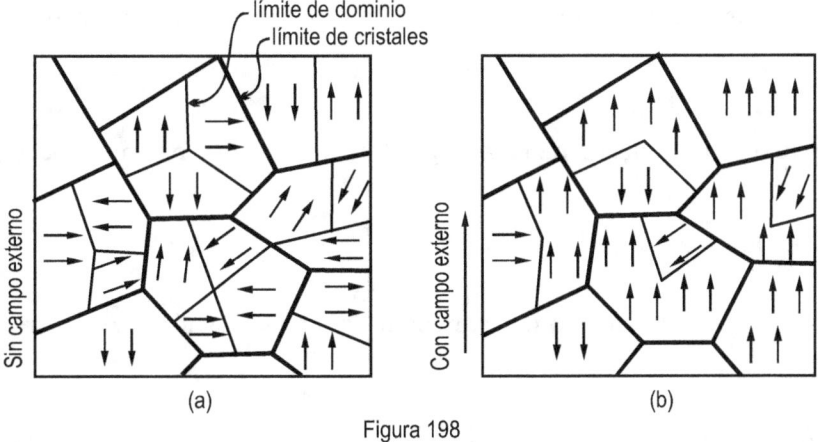

límite de dominio
límite de cristales
Sin campo externo
Con campo externo
(a)
(b)

Figura 198

## 3.31. Curvas características de los materiales ferromagnéticos

Si en un anillo de Rowland con núcleo inicialmente desimanado $\left(\vec{M}=0\right)$, desde cero aumentamos la corriente $I$ del bobinado, aumentará $H = n\,I$, comprobándose por mediciones que $\vec{B}$ aumenta no linealmente con $H$, según una gráfica cuyo aspecto general es el de la fig.199, llamada curva de magnetización del material en cuestión.

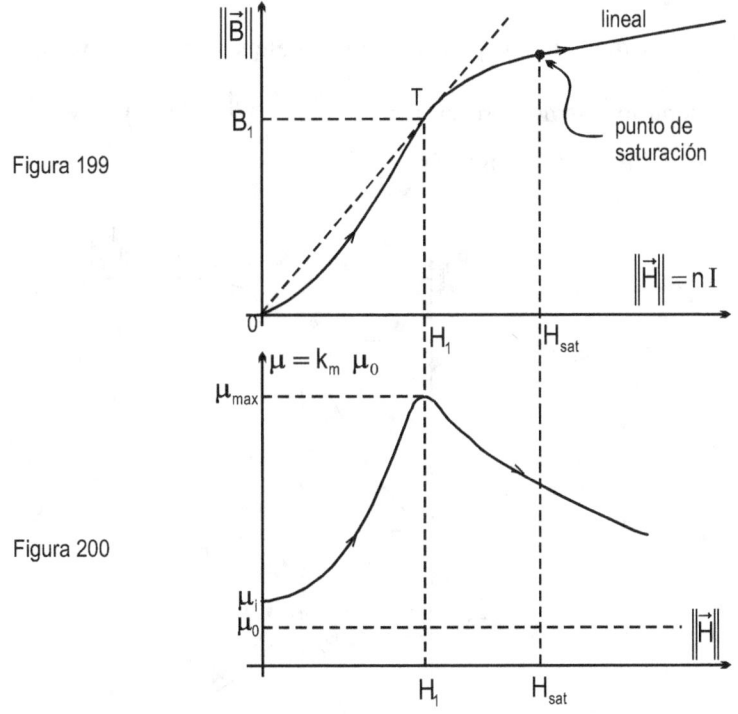

Figura 199

Figura 200

‖B‖
lineal
T
B1
punto de
saturación
‖H‖ = n I
0
H1
Hsat
μ = km μ0
μmax
μi
μ0
‖H‖
H1
Hsat

En la fig.200, correlacionada con la (199), se ha graficado

$$\mu = \frac{B}{H}$$

es decir, el cociente entre una ordenada $B$ y la correspondiente abscisa $H$ (no confundir con la derivada $\dfrac{dB}{dH}$).

Para $H_1$, abscisa del punto de tangencia $T$ de la tangente $OT$, se tiene la máxima permeabilidad:

$$\frac{B_1}{H_1} = \mu_{máx}$$

Por otro lado, a partir de cierto $H$, llamado de saturación, la magnetización $\left|\vec{M}\right|$ no crece más, de modo que

$$\left|\vec{B}\right| = \mu_0\left|\vec{H}\right| + \mu_0\left|\vec{M}\right|$$

empieza a partir de allí a crecer linealmente con $H$, pues $\mu_0\vec{M}$ se ha hecho constante. Vale decir que para $H \geq H_s$ que tenemos la ecuación de una recta:

$$\left|\vec{B}\right| = \mu_0\left|\vec{H}\right| + cte.$$

El material se ha saturado: los pseudo dipolos están alineados al máximo.

La curva de $\mu$, para $H = 0$, arranca de un $\mu_i$ inicial que suele ser mucho más alto que $\mu_0$.

En las fig.201 y 202 se tiene lo mismo pero en términos de $\left|\vec{M}\right| = f(H)$ y $\chi_m = f(H)$. Vemos en la 201 claramente cuando se llega a la saturación.

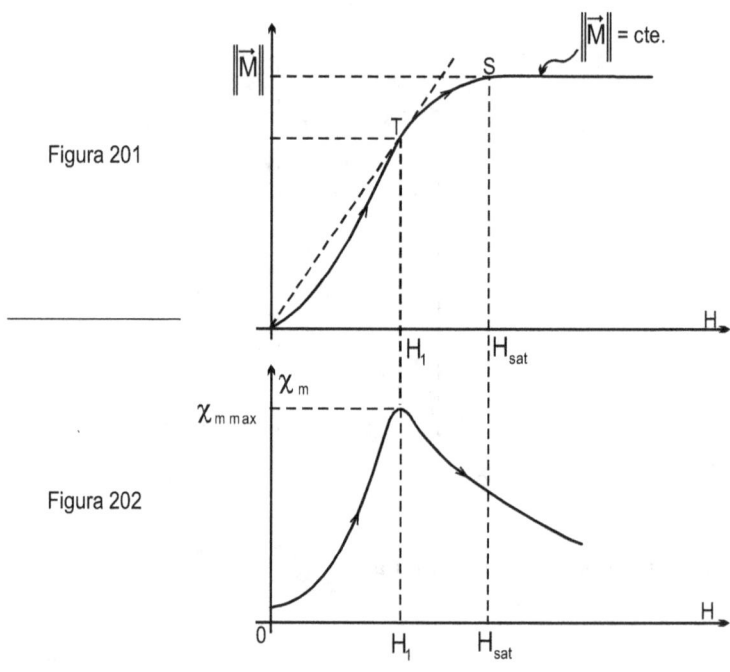

Figura 201

Figura 202

Todas estas curvas se han hecho suponiendo que el material estaba inicialmente desimanado sin "historia" magnética previa.

## 3.32. Ciclo de HISTÉRESIS

Si se llega a un valor cualquiera de $H$, digamos $H'$ en la fig.203 y luego comienza a disminuir, el valor $B$ disminuye pero siguiendo otros valores, no se repiten los anteriores de la curva de magnetización. Si $H$ varía cíclicamente entre $H'$ y $-H'$, cosa que ocurre cuando la corriente $i$ es alternada, $B$ varía siguiendo una curva cerrada como se muestra en la fig.203, llamada curva o **Ciclo de Histéresis** (literalmente histéresis significa "retardo").

La forma de este ciclo es similar para todo material ferromagnético, pero no los valores, en especial el área encerrada, $B_{rem}$ y $H_c$ son diferentes para cada material. Observamos que para $H = 0$, $B$ no se anula, toma el valor $B_{rem}$, llamado campo remanente. En este punto, según la ecuación (26) se tiene

$$\vec{B}_{rem} = \mu_0 \vec{M}_{rem}$$

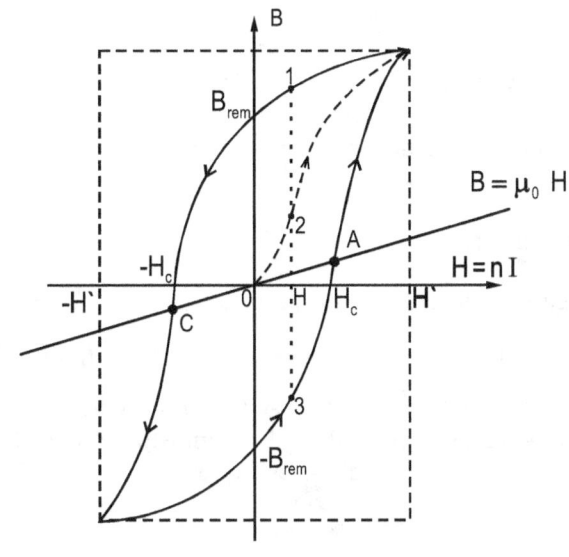

Figura 203

Note el lector que si no conocemos en que estado de magnetización se encuentra el material, dado un valor de $H$, $B$, puede tomar uno de los tres valores (1, 2 o 3) indicados en la fig. 203.

Se interpreta que el valor de $H_c$, llamado excitación coerciva, es el campo necesario para anular $\vec{B}$, pero deja al material con "memoria" del estado anterior.

En efecto, según la relación $B = \mu_0 H + \mu_0 M$, tenemos que $H = H_c$, $B = 0$ resulta $0 = \mu_0 H_c + \mu_0 M$ que nos hace ver que la magnetización no es nula: $\mu_0 M = -\mu_0 H_c$ (pensar que $M = 0$ obligaría a pensar que $H_c = 0$ !).

Para $H = 0$ es $B_{rem} = \mu_0 M$, luego $M \neq 0$.

Para $H = H_c$ es $B = 0$, luego $\mu_0 H = -\mu_0 M$, luego también es $M \neq 0$ ¿Habrá puntos del ciclo de histéresis en que $M = 0$? Sí: son aquellos en que la "recta del vacío" $B = \mu_0 H$ corta al ciclo de histéresis (puntos $A$ y $C$ de la fig.203).}

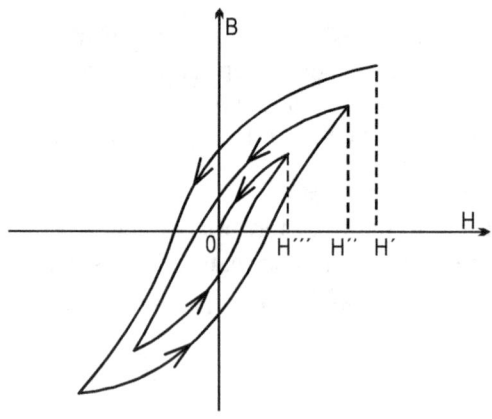

Figura 204

Para anular la magnetización definitivamente es necesario efectuar un proceso como se indica en la fig.204 (Proceso de desmagnetización). También calentamiento del material por arriba de la temperatura de Curie lo torna paramagnético y luego un enfriamiento en ausencia de campos exteriores logra la desmagnetización.

### 3.32.1. Disipación de energía por histéresis

Es posible demostrar que el "área" encerrada por el ciclo de histéresis representa la energía, por unidad de volumen de núcleo (por ejemplo $\dfrac{Joul}{m^3}$) y por ciclo que se disipa como calor. Para el que material recorra este ciclo hay que aportar energía y esta se transforma en calor (aparte de la energía por efecto Joule de las corrientes inducidas o parásitas). La demostración es sencilla, pero requiere que el lector conozca la ley de inducción de Faraday-Lenz que trataremos más adelante, ver punto 4-14.

Por análisis el lector sabe que $\oint H\, dB \left(\text{o } \oint B\, dH\right)$ da el área encerrada por el ciclo.

Un análisis dimensional del "área" muestra que da $\left(\dfrac{Energía}{Volumen}\right)$ en efecto:

$$[H] = A\!\!/_m \;; \qquad\qquad [B] = \frac{N}{Am}$$

luego

$$[H][dB] = \frac{A}{m}\cdot\frac{N}{A\cdot m} = \frac{N}{m\cdot m} = \frac{N\cdot m}{m^3} = \frac{Joul}{m^3}$$

Esta transformación de la energía eléctrica (que proviene del generador que alimenta al bobinado) en calor, es la que causa (en parte) del calentamiento de los núcleos de transformadores. Para menguar este efecto, al material se le agrega Silicio, de modo que el *Fe-Si* posee ciclos más "delgados", disipan menos energía por ciclo.

Por el contrario, para la construcción de imanes se requiere ciclos "gordos", con alto valor de $B_{rem}$ y alto valor de $H_c$.

Para cuestiones prácticas el lector puede consultar manuales sobre materiales magnéticos. Conocido es el libro *Transformadores y Circuitos Magnético* del Staff de M.I.T. (Ed. Reverté)

## 3.33. Campos $\vec{B}$, $\vec{H}$ y $\vec{M}$ en un imán permanente

### 3.33.1. Concepto formal de masas o polos magnéticos

Supongamos una barra de material ferromagnético magnetizada uniformemente a lo largo de ella (caso ideal). Sabemos que la magnetización remanente de estos materiales no requiere la presencia de una bobina con corriente de conducción $I$. Bajo el modelo de corrientes magnetizantes $I_m$ el imán puede concebirse como equivalente a la "bobina" ideal con corriente $I_m$ (fig.205 [a]). Se muestran algunas líneas de $\vec{B}$. Estas son cerradas, como en un solenoide en el vacío. Para una superficie cerrada gaussiana $S$ cualquiera el flujo de $\vec{B}$ es cero

$$\oiint_s \vec{B} \cdot \vec{ds} = 0$$

Decimos que el campo $\vec{B}$ es "solenoidal". Si el lector conoce la divergencia de un campo de vectores, sabe que esto implica

$$div\vec{B} = 0$$

En la fig.205(b) se muestran las líneas del campo de magnetización (por $\mu_0$): $\mu_0 \vec{M}$. Fuera del material es nulo pues no hay dipolos. Si en cada punto del material se efectúa la diferencia $\vec{B} - \mu_0 \vec{M}$ se obtiene $\mu_0 \vec{H}$ (de la ecuación $\vec{B} = \mu_0 \vec{H} + \mu_0 \vec{M}$). En las fig.205 hemos elegido el punto $P$ en el eje de la barra para mayor sencillez. En la fig.205(c) se considera el resultado $\mu_0 \vec{H}$ como vector de sentido contrario $\vec{B}$ (se ha dibujado aparte para mayor claridad). Que en el interior del imán sea $\mu_0 \vec{H}$ contrario a $\vec{B}$ resulta de $\mu_0 |\vec{M}| > |\vec{B}|$.

Para convencer que así debe ser apliquemos el teorema circuital de Ampere para el campo $\vec{H}$ (ecuación 27). Como aquí no hay corrientes de conducción es $NI = 0$, luego $\oint \vec{H} \cdot \vec{d\ell} = 0$. Para integrar se ha elegido la curva cerrada $\ell$ de línea de trazos de la fig.205(c), recorrida en sentido horario.

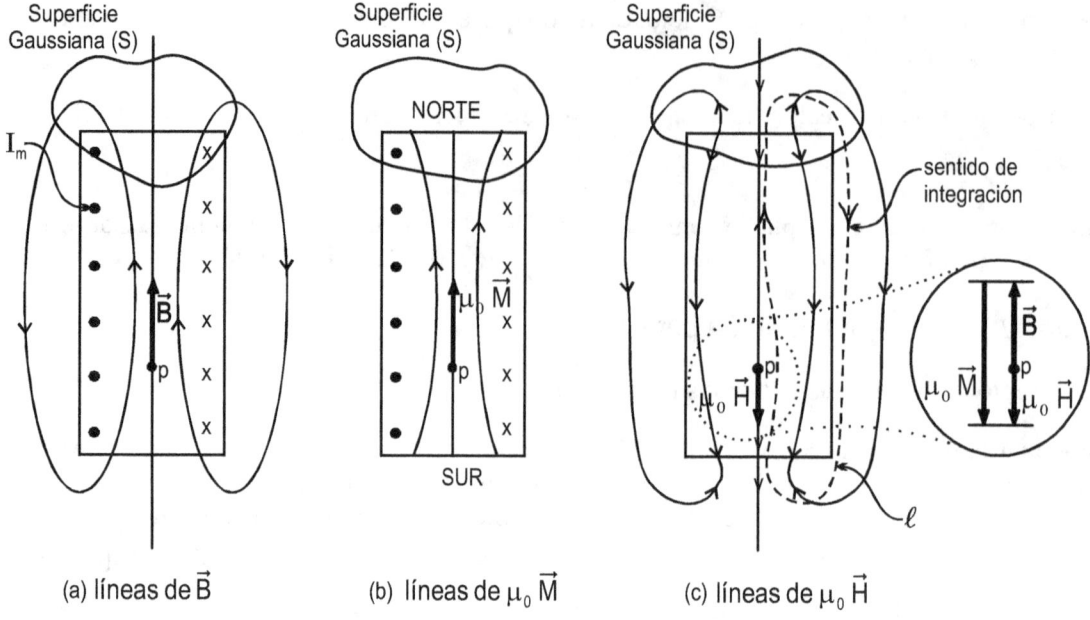

(a) líneas de $\vec{B}$     (b) líneas de $\mu_0 \vec{M}$     (c) líneas de $\mu_0 \vec{H}$

Figura 205

Como fuera del material es $\vec{B} = \mu_0 \vec{H}$ (inclusive $\vec{B} = \vec{H}$ en el CGS), la integral de un extremo a otro de la barra, por fuera, es positiva, pues la línea de integración es recorrida en el mismo sentido que la línea de $\vec{H}$, pero por dentro del material es que debe ser negativa para que el total sea cero, para ello $\mu_0 \vec{H}$ dentro del material es contrario al sentido de integración (fig.205(c)). Concluimos así que las líneas de $\vec{H}$ no son continuas en sentido: "nacen en el polo superior (NORTE) y terminan en el polo inferior (SUR). Vemos así que las líneas de $\mu_0 \vec{H}$ salen de la superficie gaussiana $S$, de modo que el flujo de $\vec{H}$ en $S$ NO ES NULO como el de $\vec{B}$.

En efecto, $\displaystyle\oiint_S \vec{B} \cdot \vec{ds} = 0$, pero $\vec{B} = \mu_0 \vec{H} + \mu_0 \vec{M}$, luego

$$\oiint_S \left( \mu_0 \vec{H} + \mu_0 \vec{M} \right) \cdot \vec{ds} = 0$$

En la fig.205 (b) se ve claro que tampoco el flujo de la magnetización $\vec{M}$ es nulo (hay un flujo entrante). Tenemos así que

$$\oiint_S \mu_0 \vec{H} \cdot \vec{ds} = -\oiint_S \mu_0 \vec{M} \cdot \vec{ds} \neq 0 \ \ (positivo)$$

Por la analogía con el caso eléctrico (teorema de Gauss)

$$\varepsilon_0 \oiint_S \vec{E} \cdot \vec{ds} = \sum (\text{cargas eléctricas } q)$$

podemos escribir

$$\mu_0 \oiint_S \vec{H} \cdot \vec{ds} = \sum m_N$$

donde $m_N$ sería la "carga o masa magnética" (para el extremo superior es + o norte)

### 3.33.2. Unidades de "polo" o carga magnética

S.I.:
$$(m) = \left(\mu_0\right)\left(\vec{H}\right)\left(ds\right)\frac{N}{A^2} \cdot \frac{A}{m} \cdot m^2 = \frac{N \cdot m}{A} = \frac{Joul}{A}$$

(CGS)$_m$:
$$(m) = \left(H\right)\left(ds\right) = Oers \cdot cm^2 = \frac{biot}{cm} \cdot cm^2 = biot \cdot cm$$

Vemos así que admitidas aunque sea por analogía las cargas magnéticas o polos $\left(m_N,\ m_S\right)$, el imán puede ser considerado un **Dipolo**, tal que $m_N = -m_S$.

Es interesante comprobar que

$$\left(\vec{H}\right) \times (m) = \left(Fuerza\right)$$

En efecto, si colocamos en un campo magnético $\vec{H}$ uniforme una delgada barra (o aguja magnética, como de brújula), en cuyos extremos tenemos $m_N$ y $m_S$, aparecerán un par de fuerzas opuestas (fig.206)

$$\vec{F}_N = m_N \cdot \vec{H}$$

$$\vec{F}_S = m_S \cdot \vec{H} = -\vec{F}_N$$

Si $\vec{\ell}$ es la longitud orientada de S a N, el momento o torca del par es

$$\left|\vec{M}\right| = \left|\vec{F}_N\right| \cdot \left|\vec{\ell}\right|\ sen\ \theta$$
$$\left|\vec{M}\right| = \left|\vec{H}\right|\left|m_N\right| \cdot \left|\ell\right|\ sen\ \theta$$

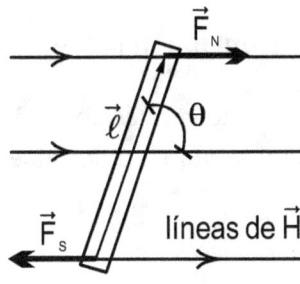

Figura 206

Podemos definir el momento del dipolo magnético

$$\vec{p}_m = m_N \vec{\ell}$$

(igual que $I_m S \, \hat{m}$), de modo que

$$\vec{M} = \vec{p}_m \times \vec{H} \qquad\qquad (\text{como } \vec{M} = \vec{p}_m \times \vec{B})$$

Libre de girar, la barra queda en equilibrio cuando $\vec{p}_m$ y $\vec{H}$ son paralelos (equilibrio estable) o antiparalelos (equilibrio inestable).

Por otro lado, vemos que admitiendo el concepto de polo, podemos definir $\vec{H}$ como

$$\vec{H} = \frac{\vec{F}_m}{m_N}$$

análogamente a como se ha definido el campo eléctrico

$$\vec{E} = \frac{\vec{F}_e}{q_0}.$$

De modo que de existir un **Monopolo Libre** podría ser utilizado como testigo, al igual que la carga testigo $q_0$, y determinar el campo $\vec{H}$ por la fuerza sobre un monopolo en reposo. Así como una carga eléctrica en movimiento produce un campo magnético, un monopolo en movimiento produciría un campo eléctrico. Ocurre que hasta ahora no se ha podido hallar (ni crear) partículas subatómicas que se comporten como monopolos.

De todos modos, formalmente, se puede pensar en una "ley de Coulomb de interacción entre polos $m$ y $m'$ puntuales

$$\left| \vec{F}_m \right| = k_0 \frac{m \, m'}{r^2}$$

Para el S.I., en el vacío es $k_0 = \dfrac{\mu_0}{4\pi}$, en el (CGS)$_m$, $k_0 = 1$.

Pero normalmente la "carga" magnética $m$ no está concentrada, sino distribuída (con cierta densidad volumétrica) desde los extremos hacia el "ecuador" del imán.

## 3.34. Circuitos Magnéticos. Relación de Hopkinson (o "ley de Ohm magnética)

Llamamos **Circuito Magnético** a cualquier camino cerrado formado por líneas de campo $\vec{B}$ (o como se suele decir en términos técnicos "líneas de flujo"). Estas líneas de $\vec{B}$ "atravesarán" en general diversos materiales, inclusive el aire.

En todo motor, generador o transformador eléctrico se tienen circuitos magnéticos. Para dar cierta generalidad consideremos ahora un circuito magnético formado por un anillo de sección variable y constituído por materiales de diversas permeabilidades $k_m$ (inclusive uno de ellos puede ser el aire o el vacío), fig.207. En un sector (o en todo el anillo) tenemos un bobinado de $N$ vueltas, por el cual circula una corriente $I$.

Consideremos un conjunto de líneas cerradas de $\vec{B}$, conjunto que constituya lo que se denomina "tubo de flujo", pero que más bien hay que pensarlo "lleno de líneas de campo".

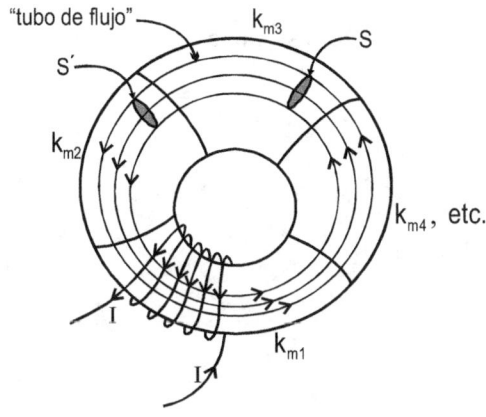

Figura 207

En el tubo de $\vec{B}$, el flujo $\phi_B$ es el mismo en todas las secciones $S$ de dicho tubo. Es decir, dadas dos secciones $S$ y $S'$ (fig.207) se tiene

$$\phi_B = \phi_B{'}$$

en general el flujo, recordemos, se obtiene por $\iint\limits_{S} \vec{B} \cdot \vec{ds}$.

Esto es como decir que, toda línea de $\vec{B}$ que pasa por $S$, pasa también por $S'$.

La unidad S.I. de flujo es

$$(\phi) = (B)(S) = T \cdot m^2 = WEBER$$

La unidad (CGS)$_m$ de flujo es

$$(\phi) = (B)(S) = G \cdot cm^2 = MAXWELL$$

$$1W \equiv 10^8 Mx, \quad pues \quad 1m^2 \equiv 10^4 cm^2$$
$$1T \equiv 10^4 G$$

### 3.34.1. Relación de Hopkinson

Utilicemos el teorema circuital de Ampere (27), para $\vec{H}$, a lo largo de una línea cerrada dentro del anillo de la fig.207

$$\oint\limits_{\ell} \vec{H} \cdot \vec{d\ell} = NI$$

Si la línea es del campo $\overrightarrow{H}$, el ángulo entre $\overrightarrow{H}$ y $\overrightarrow{d\ell}$ es cero, $\cos 0° = 1$, así que

$$\oint \left|\overrightarrow{H}\right| \cdot \left|\overrightarrow{d\ell}\right| = NI \qquad\qquad [32]$$

Por otro lado, si el tubo de flujo es lo suficientemente delgado como para suponer que $\overrightarrow{H}$ $\left(o\; \overrightarrow{B}\right)$ es uniforme en los puntos de una sección $S$ cualquiera se tiene

$$\phi_B = \iint \overrightarrow{B} \cdot \overrightarrow{ds} = \left|\overrightarrow{B}\right| \cdot S$$

y como

$$\left|\overrightarrow{B}\right| = \mu_0 k_m \left|\overrightarrow{H}\right| = \mu \left|\overrightarrow{H}\right|$$

resulta

$$\left|\overrightarrow{H}\right| = \frac{\left|\overrightarrow{B}\right|}{\mu} = \frac{\phi_B}{\mu S}$$

reemplazando en la (32), sacando fuera de la integral $\phi_B$ por ser constante en un tubo de flujo

$$\phi_B \oint_\ell \frac{\left|\overrightarrow{d\ell}\right|}{\mu S} = NI$$

Es habitual llamar a la integral ***Reluctacia*** (o "resistencia") magnética $\left(\Re\right)$

$$\Re \doteq \oint_\ell \frac{\left|\overrightarrow{d\ell}\right|}{\mu S}$$

Es la reluctancia del circuito, o mejor. del tubo considerado. De modo que

$$\phi_B \Re = NI$$

Por analogía con la ley de Ohm de los circuitos eléctricos a $NI$ le denominaremos "***Fuerza Magnetomotriz, FMM***". Así tenemos la "***ley de OHM magnética o de Hopkinson***"

$$\phi_B = \frac{F.M.M.}{\Re} \qquad\qquad [33]$$

*Unidades*

$$\left(F.M.M.\right) = \left(N\right)\left(I\right) = vueltas \times Ampere \qquad \text{en el S.I.}$$

Vueltas no es propiamente unidad, sino una forma de indicar que la corriente $I$ por sí sola no interesa sino además cuántas vueltas tiene el bobinado. Despejando $\Re$

$$\left(\Re\right) = \frac{F.M.M.}{\phi_B} = \frac{Av}{Weber}$$

Luego analizaremos las *analogías* pero también las *grandes diferencias* físicas entre la ley de OHM de los circuitos eléctricos con la de los magnéticos.

### 3.34.2. Aplicación a un anillo de Rowland homogéneo. de sección uniforme

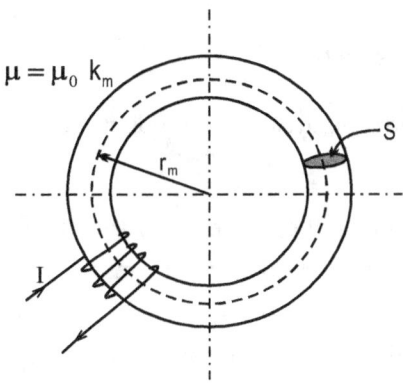

Figura 208

El propio anillo en este caso coincide con un tubo de flujo, entonces podemos escribir, tomando un campo medio $B_m$: $\phi_B = B_m S$, aplicando la [33]

$$\phi_B = B_m S = \frac{NI}{\Re}$$

además

$$\Re = \oint \frac{d\ell}{\mu S} = \frac{1}{\mu S} \oint d\ell = \frac{2\pi r_m}{\mu S}$$

y así

$$B_m S = \frac{NI}{2\pi r_m} \mu S$$

despejando $B_m$ se llega a la misma expresión que hemos deducido con la ley de Ampere.

### 3.34.3. Comparaciones entre $I = \dfrac{f.e.m.}{R_T}$ y $\phi_B = \dfrac{F.M.M.}{\Re_T}$

El equivalente eléctrico del circuito magnético de fig.208 sería el de la fig.209 (con un alambre conectado a la f.e.m. de cierta resistividad $\rho$, sección $S$ y longitud $\ell$).

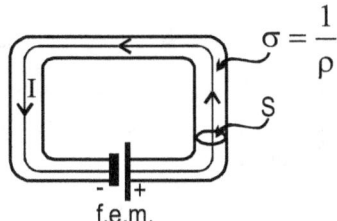

Figura 209

### 3.34.4. Analogías y diferencias

El flujo $\phi_B$ se corresponde con la corriente $I$, pero la diferencia está en el flujo $\phi_B$ no implica movimiento alguno, en cambio $I$ implica movimiento de portadores (electrones por ejemplo).

$$\Re = \frac{\ell}{\mu \, S} \qquad \text{es análogo a } R = \frac{\ell}{\sigma \, S}$$

de modo que la permeabilidad $\mu$ se corresponde con la conductividad $\sigma$, pero tenemos las siguientes diferencias:

El contraste de valores de $\mu$ del núcleo con el del aire $\left(\approx \mu_0\right)$ es del orden de miles en el mejor de los casos (materiales ferromagnéticos), en cambio el contraste de $\sigma$ de los conductores (por ejemplo Cu, Al) es "casi $\infty$" con el aire $\left(\sigma_{Aire} \approx 0\right)$. Esto implica que hay más líneas de campo $\vec{B}$ que se DISPERSAN o CIERRAN por fuera del núcleo, que líneas de corriente salen del conductor (corrientes de pérdidas).

En los ferromagnéticos $\mu$ es función del propio campo $\vec{B}$ $\left(\text{o } \vec{H}\right)$, en cambio $\sigma$ prácticamente no depende del campo $\vec{E}$. Esto hace que la ley de Hopkinson no sea lineal, y en algunos cálculos hay que utilizar las gráficas $\mu = f\left(H\right)$ o curvas de magnetización del material del núcleo, obtenidas por experiencia.

## 3.35. Circuito magnético en SERIE

Cuando las líneas de campo atraviesan sucesivamente diversos materiales se dice que tenemos un circuito magnético serie (fig.210(a)).

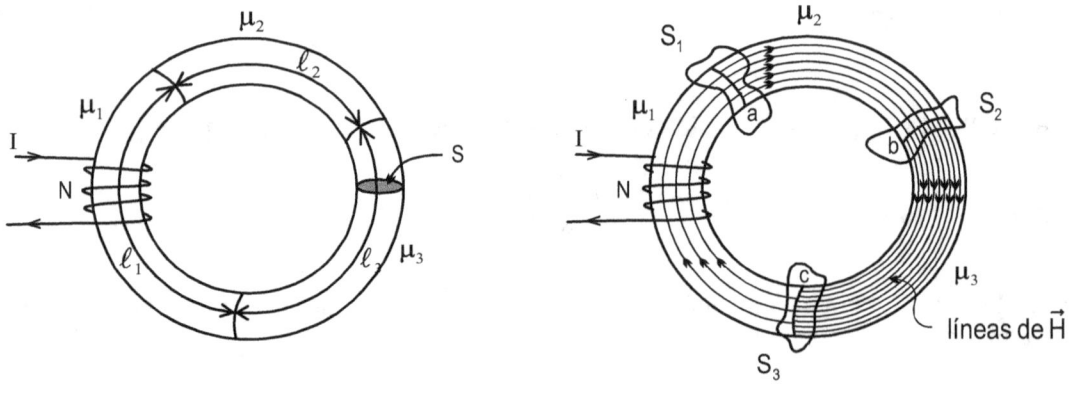

Figura 210 (a)          Figura 210 (b)

Supongamos para simplificar que la sección es uniforme. Sigue siendo cierto que el $\phi_B = B\,S$ es el mismo en toda sección. Como hemos supuesto que $S$ es constante, entonces $B = cte$. Resultando algo sorprendente, **ahora $B$ no depende del material!**

Por (33)

$$\phi_B \cdot \Re = F.M.M.$$

pero

$$\Re = \oint \frac{d\ell}{\mu \, S} = \frac{\ell_1}{\mu_1 \, S} + \frac{\ell_2}{\mu_2 \, S} + \frac{\ell_3}{\mu_3 \, S} = \Re_{TOTAL \; SERIE}$$

Vemos que es similar a un conjunto de resistencias en serie.

Debemos admitir que si $B = cte.$ entonces $H$ se adapta en cada sector de permeabilidad $\mu$

$$H_1 = \frac{B}{\mu_1} \quad ; \qquad H_2 = \frac{B}{\mu_2} \quad ; \qquad H_3 = \frac{B}{\mu_3}$$

En la fig.210 representamos líneas de $\overrightarrow{H}$ dando idea de los distintos valores de $\overrightarrow{H}$, suponiendo permeabilidades tales que $\mu_1 > \mu_2 > \mu_3$ (donde $\mu$ es mayor, menor es $H$, menor número de líneas).

En las junturas de dos materiales hay discontinuidad de líneas de $\overrightarrow{H}$. En la superficie gaussiana $S_1$ (juntura a) digamos que hay "dos" líneas salientes netas, pues entran 2 y salen 5 de modo que en esa juntura tendríamos una "carga" o polo $m_N$ resultante, en la juntura b, superficie $S_2$ tenemos "cuatro" líneas salientes netas, de modo que hay una carga $m'_N$ doble de la anterior, pero en la juntura c, en $S_3$ hay, por el contrario, "*seis = cuatro + dos*" líneas **entrantes**, de modo que hay una carga

$$\left| m_{SUR} \right| = \left| m_N + m'_N \right|$$

En todo el anillo la suma de cargas o polos es CERO (no hay polos libres). La presencia de estos polos (que no se tiene en el anillo homogéneo de Rowland) explica las diferencias de los valores de $\overrightarrow{H}$.

> *He aquí una conclusión posible: las "fuentes" del campo $\overrightarrow{H}$ no solo son las corrientes de conducción I sino también los polos. Vimos que en los imanes permanentes* $\left( \text{sin } F.M.M. = N \, I \right)$ *hay $\overrightarrow{H}$ debido a los polos.*

## 3.36. Concepto de "diferencia de potencial magnética"

Así como en un circuito eléctrico serie

$$f.e.m. = IR_1 + IR_2 + ... = IR_{TOT}$$

donde se incluye la resistencia de la propia fuente), se puede escribir análogamente

$$F.M.M. = NI = \phi_B \Re_1 + \phi_B \Re_2 + \phi_B \Re_3$$

aunque no tenemos algo equivalente a la resistencia de la fuente.

Cada producto $\phi_B \Re$ puede considerarse como una diferencia de potencial magnético (en *A-Vuelta*).

También se puede escribir, en base a que $\phi_B = \mu \, H \, S$ y $\Re = \dfrac{\ell}{\mu \, S}$

$$F.M.M. = H_1 \ell_1 + H_2 \ell_2 + H_3 \ell_3$$

Es claro que a igualdad de longitud del tramo, cuanto menor es la permeabilidad $\mu$, mayor es $H$ y por ende mayor es la diferencia de potencial magnético o "caída" de "tensión magnética" como se dice en la "jerga" técnica.

Cuando un sector es el aire $(\mu \cong \mu_0)$ en él ocurre la mayor caída $(H_0 \ell_0)$, a tal punto que si los demás materiales tienen alto $\mu$ se pueden despreciar las caídas en ellos (esto es similar a despreciar las caídas de tensión eléctricas en los conductores de conexión).

### 3.36.1. Aplicación a un toroide con núcleo ferromagnético y "entrehierro". Concepto de CAMPO DESMAGNETIZANTE

Es interesante analizar con la (33) los siguientes casos.

a) Un arrollamiento toroidal sin núcleo y

b) El mismo arrollamiento, con la misma corriente pero con núcleo y un espacio vacío (o aire) llamado entre-hierro (fig.211)

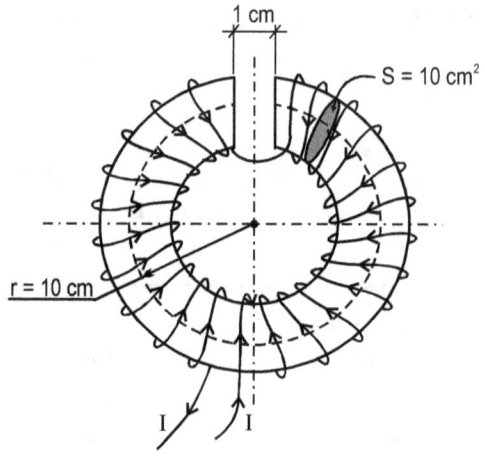

Figura 211

Supondremos que el flujo disperso es nulo, (esto es aproximado), el entrehierro es de longitud $(\ell_0)$ muy pequeña. En la fig.211 tenemos las medidas supuestas. La longitud media es

$$\ell = \ell_0 + \ell_{Fe} = 2\pi r \cong 62,83 \ cm$$

de modo que $\ell_{Fe} = 61,83 \ cm$ (longitud del hierro).

**Tratemos primero el toroide con núcleo.** Supongamos que deseamos, un campo $B = 1,2 \ T$. Este será de igual valor tanto en el Fe como en el aire, pues se ha despreciado toda línea dispersa, así: $\phi_B = B \ S = cte.$ y como $S = cte.$ deducimos $B = cte. = 1,2 \ T = B_{Fe} = B_0$ (En la práctica esto no es exacto). Queremos averiguar que $F.M.M. = NI$ se necesita. Para ello hay que averiguar la reluctancia total $\Re_T = \Re_0 + \Re_{Fe}$. Pero como

$$\mathfrak{R}_{Fe} = \frac{\ell_{Fe}}{\mu\,S}$$

se necesita saber la permeabilidad $\mu$ del hierro cuando $B = 1,2\,T$. Para ello recurrimos a la *curva de magnetización* $B = f(H)$ (fig.212) y entramos con 1,2,T en el eje de ordenadas y hallamos

$$H_{Fe} \cong 200 \left[\frac{A}{m}\right]$$

valores más o menos reales. La permeabilidad $\mu$ en este estado es entonces

$$\mu = \frac{B}{H} = \frac{1,2\,T}{200\ A/m} = 6\times10^{-3}\frac{T\,m}{A}$$

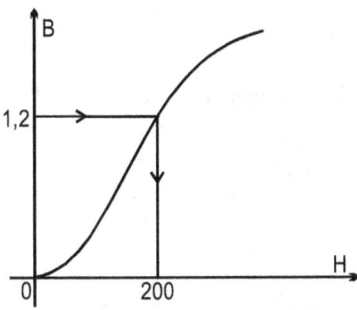

Figura 212

Podemos ahora calcular $NI$ con $\phi_B (\mathfrak{R}_0 + \mathfrak{R}_{Fe})$ o bien con $N\,I = H_{Fe}\ell_{Fe} + H_0\ell_0$. Para comparar reluctancias hagámoslo de la primera manera

$$\phi_B = 1,2\ T\times10\times10^{-4}m^2 = 1,2\times10^{-3}Weber$$

$$\mathfrak{R}_0 = \frac{\ell_0}{\mu_0 S} = \frac{10^{-2}}{4\pi\times10^{-7}\times10^{-3}} \cong 7,95\times10^6 \left[\frac{A}{W}\right]$$

$$\mathfrak{R}_{Fe} = \frac{\ell_{Fe}}{\mu\,S} = \frac{61,83\times10^{-2}}{6\times10^{-3}\times10^{-3}} = 1,0305\times10^5 \left[\frac{A}{W}\right]$$

es decir que $\mathfrak{R}_0 \approx 7,68\times10\,\mathfrak{R}_{Fe} = 76,8\,\mathfrak{R}_{Fe}$ (la reluctancia del entrehierro es 76,8 veces la del hierro)

$$\mathfrak{R}_{TOTAL} \equiv \mathfrak{R}_0 + \mathfrak{R}_{Fe} \cong 8\times10^6 \left[\frac{A}{W}\right]$$

luego

$$NI = \phi_B \cdot \mathfrak{R}_{TOTAL} = 1,2\times10^{-3}\times8\times10^6 = 9,6\times10^3 \cong 9600\,(A\text{-}v)$$

Si adoptamos un bobinado de $N = 1.000$ vueltas, la corriente deberá ser $I \cong 9,6A$ (quizás en la práctica deba ser $\sim 10A$)

### 3.36.2. Campo $H_0$ (en el entrehierro)

$$H_0 = \frac{B}{\mu_0} \cong \frac{1,2\ T}{12,56 \times 10^{-7}} \left(\frac{A}{m}\right)$$

$$H_0 = 955.000 \left(\frac{A}{m}\right)$$

### 3.36.3. Campo $H_{Fe}$ (en el hierro)

Ya vimos que $H_{Fe} = 200 \left[\dfrac{A}{m}\right]$, de modo que $H_0 \gg H_{Fe}$, pues $\mu_0 \ll \mu$

### 3.36.4. Bobina sin núcleo, con la misma $F.M.M. = NI$

Sabemos que $H$ será único, llamémosle $H'_0$ (no confundir con el del entrehierro anterior)

$$H'_0 = \frac{NI}{\ell} = \frac{9.600}{62,83 \times 10^{-2}} = 15.370 \left[\frac{A}{m}\right]$$

de modo que $H'_0 < H_0$, pero a su vez $H'_0 > H_{Fe}$.

Este resultado puede ser admitido "fríamente", resultado de la aplicación de la ley de Hopkinson, pero se presta a una interpretación "física" interesante: se supone que en la masa de hierro se superponen dos campos $\overrightarrow{H}$: el $H'_0$ producido por la bobina vacía (de líneas de sentido horario para la corriente de fig.211) y el campo $\overrightarrow{H}_{Polos}$ producido por las masas $m_N$ y $m_S$ que aparecen en las caras del entrehierro, cuyas líneas son salientes del polo $N$ y entrantes en el $S$ (fig.213), de modo que dentro del hierro son de sentido antihorario (contrario a $H'_0$).

En la fig.213 se dibujan las líneas de $\overrightarrow{H}$ de los polos.

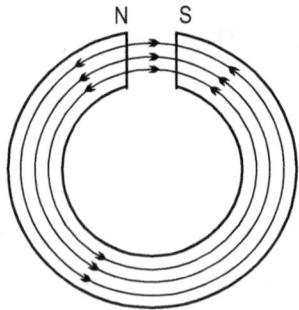

Figura 213

Así

$$H_{Fe} = H'_0 - H_{Polos}$$

Podemos calcular el

$$H_{Polos} = H'_0 - H_{Fe}$$

$$H_{Polos} = 15.270 - 200 = 15.170$$

Hay una dificultad, el campo $H_0$ en el entrehierro, de $955.000\,[A/m]$ no coincide con la suma $H'_0 + H_{Polos}$. Es que todo el cálculo se ha hecho solo para comprender cualitativamenteque el campo de los polos dentro del hierro es contrario al de excitación de la bobina cuando ella está vacía. Por todo esto, al campo de los polos, dentro del material, es considerado un **campo desmagnetizante**.

---

**Nota**

*El error que se produce hay que atribuirlo al hecho que un estudio más preciso mostraría que las líneas de $\overrightarrow{H}_{Polos}$ son más bien como las de la fig.214 y no como las de la fig.213.*

---

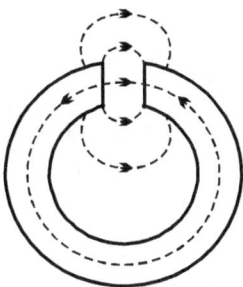

Figura 214

El campo desmagnetizante con el tiempo termina desordenando los dipolos del imán (este se "descarga"). Para evitar esto a los imanes se les coloca un trozo de hierro entre los polos de modo que estos se "equilibran" con los polos inducidos de signo contrario (fig.215 y 216).

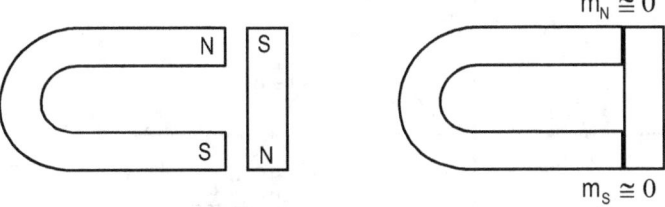

Figura 215            Figura 216

Otra de las dificultades del cálculo anterior deriva de que no hay relación unívoca entre $B$ y $H_{Fe}$ debido a la histéresis del material. Para contemplar esto, utilicemos la noción de diferencia de potencial magnético:

$$H_{Fe}\ell_{Fe} + H_0\ell_0 = NI$$

En el entrehierro es

$$H_0 = \frac{B_0}{\mu_0}$$

pero, supuesto que no hay dispersión y que las secciones son uniformes, de $\phi_B = cte. \longrightarrow B = cte.$, es decir $B_{Fe} \cong B_0$, de modo que

$$H_{Fe} \cdot \ell_{Fe} + \frac{B_{Fe}}{\mu_0}\ell_0 = NI$$

despejando $B_{Fe}$

$$B_{Fe} = -\left(\mu_0\frac{\ell_{Fe}}{\ell_0}\right) \cdot H_{Fe} + \mu_0 NI$$

que para una dada corriente $I = cte.$ es una función del tipo $y = a\,x + b$ representada por una recta en la fig.217. Determinemos los puntos dónde esta recta corta a los ejes coordenados:

Para

$$B_{Fe} = 0 \qquad \text{es} \qquad H'_{Fe} = \frac{\ell_0}{\ell_{Fe}}NI$$

y para

$$H_{Fe} = 0 \ \text{ es } \ B'' = \mu_0 NI$$

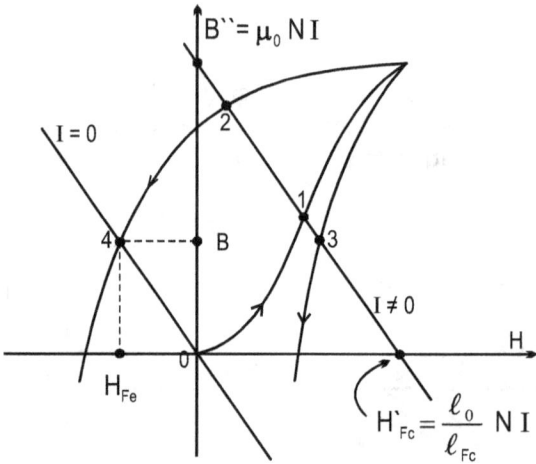

Figura 217

Así vemos que el campo $B$ bien podría ser, para una dada $I$, las ordenadas de los puntos 1, ó 2 ó 3, según sea la "historia" previa del material. Como la pendiente de la recta

$$\left(-\mu_0 \frac{\ell_{Fe}}{\ell_0}\right)$$

no depende de $I$, tenemos que para $I = 0$ (bobinado sin corriente, es decir, de tener un electroimán. pasamos a un imán), la recta es paralela a la anterior, pero pasa por el origen, el campo $B$ puede ahora ser la ordenada del punto 4 y la abscisa, el campo $H_{Fe}$ para el imán permanente (el hecho de ser $H_{Fe}$ negativo significa que es "desmagnetizante".

## 3.37. Circuitos magnéticos en paralelo

Hay núcleos de ciertos dispositivos o máquinas eléctricas (motores, generadores, transformadores) que tienen el aspecto de las figs.218.

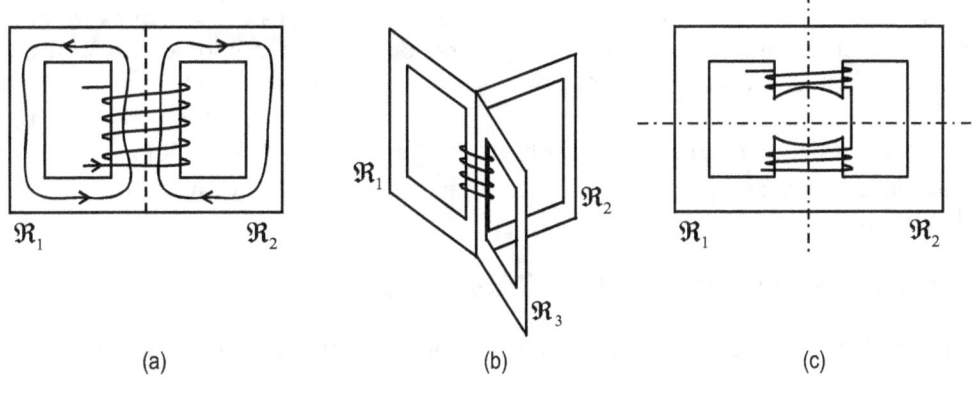

(a)                    (b)                    (c)

Figura 218

Las líneas de $\vec{B}$, producidas por un bobinado, se establecen en distintas ramas del núcleo, así podemos hablar de reluctancias equivalentes, como en los circuitos eléctricos. Por ejemplo, para las figs.60 (a) o (c) es

$$\Re_{eq.} = \frac{\Re_1 \cdot \Re_2}{\Re_1 + \Re_2}$$

en general. se tiene

$$\frac{1}{\Re_{eq.}} = \frac{1}{\Re_1} + \frac{1}{\Re_2} + \frac{1}{\Re_3} + \dots$$

**4**

# Inducción Electromagnética

Hasta ahora hemos tratado campos magnéticos constantes en el tiempo, es decir, hemos tratado sobre **Magnetostática**. Muchos resultados allí encontrados pueden ser extendidos a casos en que la variación temporal sea "lenta", digamos, de unos pocos ciclos por segundo (*Hertz*).

Ahora trataremos los efectos que resultan al variar el campo magnético $\vec{B}$ o su flujo $\phi_B$. Pero aún no consideraremos variaciones tan rápidas, tales que la energía radiada en forma de ondas electromagnéticas sea importante.

## 4.1. Ley de Inducción Electromagnética de FARADAY-LENZ

Michel Faraday (en 1831), arribó al siguiente resultado experimental, que expresado en una forma moderna sería:

> *"siempre que el flujo $\phi_B$ varíe en el tiempo, se produce una fuerza electromotriz inducida por él $\left( \varepsilon_i \right)$ "*

De existir un circuito conductivo esta $\varepsilon_i$ hará circular una corriente $i$ (corriente inducida).

En principio no interesa la causa por la cual el flujo $\phi_B$ está variando ni cual es la fuente de $\vec{B}$.

En las figs.219 se tiene distintas situaciones en las cuales se produce f.e.m. inducida: en (a) un imán M se acerca a la espira $\ell$, a lo largo de su eje. En (b), en el circuito $\ell_1$ (primario) se hace variar la corriente $i_1$ moviendo el cursor del reóstato R. Esta variación produce una variación de $\vec{B}_1$, de modo que, en el área $S_2$ delimitada por el circuito $\ell_2$ el flujo

$$\phi_{2,1} = \int_{S_2} \vec{B}_1 \cdot \vec{dS}_2 \qquad \textbf{varía.}$$

En (c) el circuito rectangular tiene un lado $MN$ móvil, está sometido a un campo $\vec{B}$ uniforme, constante. Al aumentar el área sombreada (cuando $MN$ se mueve hacia la derecha) aumenta el flujo $\phi_B = B \cdot S = B \cdot \ell \cdot a$.

Existen otros casos en que no parece que exista flujo variable, sin embargo hay f.e.m. inducida, por ejemplo en (d) se tiene un disco conductor D, por ejemplo de Cobre, que gira entre los polos de un imán. Si se forma un circuito entre el eje del disco y la periferia (con contactos deslizantes), circulará corriente. Esto se explica, como luego veremos, con las fuerzas magnéticas de Lorentz, $|e|\vec{V}\times\vec{B}$ que actúan sobre las cargas $|e|$ libres en el disco conductor, más también admite una interpretación con "áreas barridas" por los radios del disco durante el giro (pero es una interpretación más bien práctica, conceptualmente objetable).

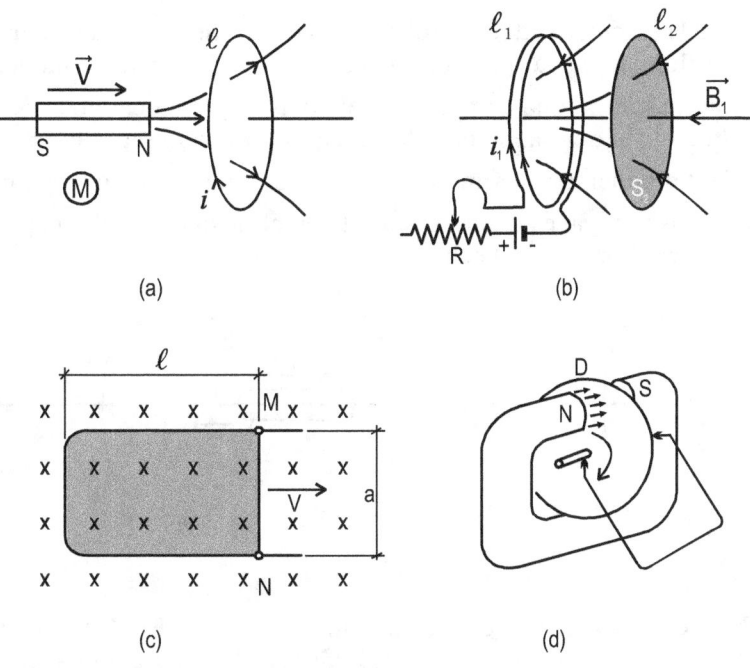

Figura 219

Hasta ahora no hemos dicho nada cuantitativo, con poder de cálculo. Tenemos que precisar dos cosas:

1) Valor de la f.e.m. inducida $\varepsilon_i$ en relación al flujo $\phi$ variable,

2) Polaridad o signo de $\varepsilon_i$.

Ambas cuestiones quedan definidas así

$$\varepsilon_i = -\frac{d\phi}{dt}$$ [34]

que es la llamada ley de "**Faraday-Lenz**". Algunos la denominan "de Henry" y otros, "de Neumanm".

## 4.2. Análisis de unidades (S.I.)

Como toda f.e.m., se mide en $\dfrac{Joul}{Coul} = Volt$, de modo que según la (34) debe ser

$$Volt = \frac{Weber}{seg}$$

Esto se puede demostrar con independencia de la (34), en efecto: $Weber = Tesla \times m^2$

$$Wb = \frac{N}{A \cdot m} \cdot m^2 = \frac{N \cdot m}{A} = \frac{Joul}{Coul} \cdot seg = Volt \times seg$$

Análisis del porqué del signo (-) en la (34)

Con el signo menos en la (34) se quiere advertir sobre el siguiente hecho: si sobre una espira (por ejemplo en la fig.220(a)) el flujo aumenta (pues el imán se acerca), la corriente inducida $i$ debe tener un sentido tal que produzca a su vez un campo magnético $\vec{B}_R$ (que llamaremos de **Reacción De Inducido**) que "trata" de que el flujo no aumente. Por el contrario, si se retira el imán, el flujo inductor disminuye, la corriente inducida invertirá su sentido, de modo que produzca un campo $\vec{B}_R$ que "trata" que el campo no disminuya, es decir, ahora está en el mismo sentido que el inductor $\vec{B}$. EN las fig.62 (a) y (b) se esquematizan estos hechos.

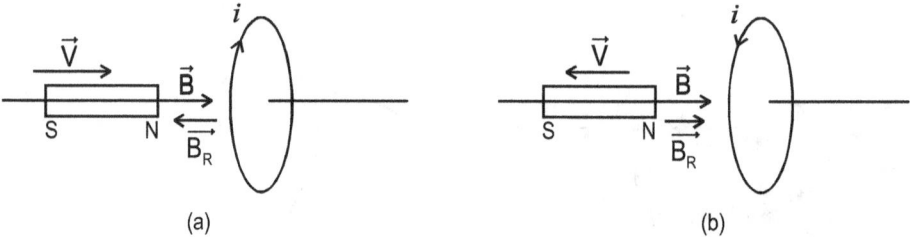

(a)           (b)

Figura 220

Esta interpretación "verbal" del signo (-) es conocida como la ley de LENZ. Equivale a la ley de inercia de la mecánica: "la inercia se opone a que aumente la velocidad como a que disminuya". Estas analogías se pueden profundizar.

Note el lector que es incorrecto decir que el *campo inductor* se opone siempre al de reacción de inducido, pues en la situación de la fig.220(b) no es así.

La **ley de Lenz** en realidad es una consecuencia de una ley más básica: *la de conservación de la energía en todas sus formas*. En efecto, sea el sistema mecánico electromagnético de la fig.221 constituido por un imán con ruedas, de masa $m$, y la espira $\ell$, de resistencia $R$, fijada de algún modo a una mesa. El imán, con su polo N hacia la espira *fue* impulsado *antes* de este análisis, es decir, ahora **no hay fuerza exterior** al sistema que trabaje sobre él, por lo tanto la energía en este sistema no debe crecer ni disminuir.

Para ello la corriente debe circular como se indica en la fig.221 (la espira se ve en *corte*), de este modo hay *repulsión* entre la espira y el imán, este se frena, pierde energía cinética $\left(E_{cin}\right)$ y en la espira se genera calor $\left(Q\right)$ por efecto Joule de la corriente

$$Q = i^2 R \, \Delta t$$

así tenemos que

$$-\left|\Delta E_{cin}\right| + Q = 0$$

Si la corriente circulase en sentido contrario, habría atracción, el imán se aceleraría, aumentando la energía cinética al tiempo que también se produce calor: en el sistema aumentaría la energía total $\left(\Delta E_{cin} + Q\right)$ sin que a él ingrese otro tanto del exterior (violación de la conservación de la energía).

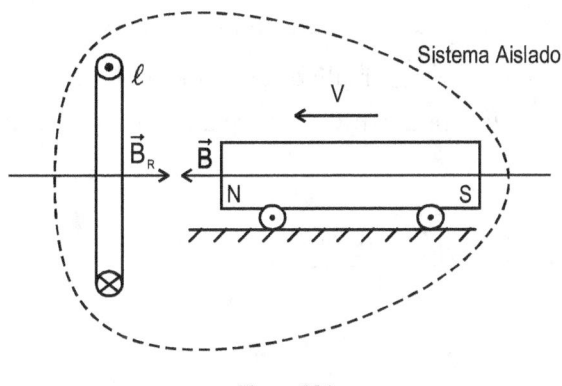

Figura 221

## 4.3. Generador "lineal" elemental

Analizaremos desde distintos puntos de vista el circuito de la fig.222 Es una "vista en planta". Los tramos $AC$ y $BD$ son fijos. Sobre ellos apoya un tramo móvil $MN$, de longitud $\ell$. En los extremos $A$, $B$, se conecta un resistor de resistencia $R$. Todo está en el plano horizontal y bajo un campo magnético $\vec{B}$ inductor (o principal), bastante uniforme cuyos dominios se indican en líneas de trazo. El tramo móvil $MN$ está "tironeado" por una fuerza motriz $\vec{F}_{mot.}$ y se mueve con velocidad $\vec{V}$.

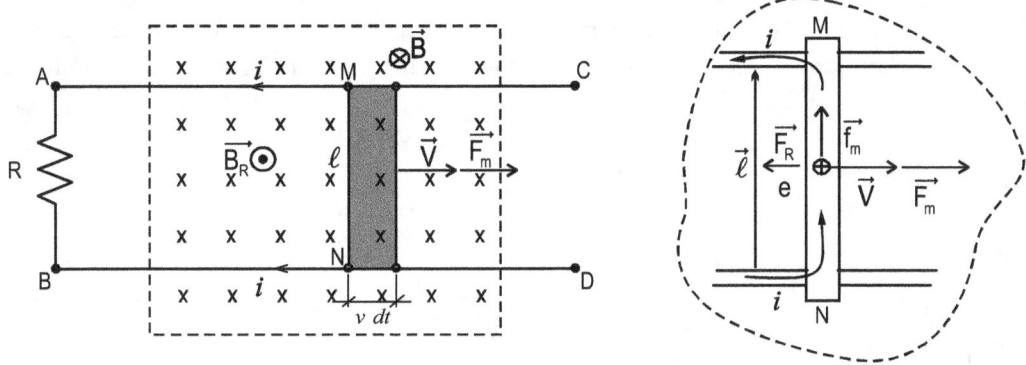

Figura 222

Analicemos un portador $+\left|e\right|$ del tramo móvil. Está obligado a moverse con velocidad $\vec{V}$, de modo que sobre él aparecerá una fuerza (de Lorentz)

$$\vec{f}_m = \left|e\right|\vec{V} \times \vec{B}$$

a lo largo del tramo móvil. Esta fuerza llevará al portador desde $N$ hasta $M$, constituyendo (junto con los otros que les sucede lo mismo) una corriente $i$. Esta corriente prosigue por los tramos fijos y por la resistencia $R$. En las partes fijas la fuerza

$$\vec{f}_m = |e| \vec{V}_{arr} \times \vec{B}$$

es transversal a los conductores fijos ($\vec{V}_{arr}$ es la velocidad con que se mueven los portadores en los conductores fijos), por lo tanto no produce trabajo.

Recordando que por definición de f.e.m. esta es el trabajo para transportar una carga $|e|$ en todo el circuito, dividido dicha carga, resulta que $\vec{f}_m$ realiza trabajo solo en el tramo móvil pues allí es paralela al desplazamiento de $|e|$, en los tramos fijos es perpendicular (no realiza trabajo), de modo que

$$f.e.m.\ Inducida\ |\varepsilon_i| = \frac{\vec{f}_m \cdot \vec{\ell}}{|e|} = \frac{|\vec{f}_m||\vec{\ell}|\cos 0°}{|e|}$$

pero

$$|\vec{f}_m| = |e||\vec{V}||\vec{B}|\ sen\ 90°$$

resulta así

$$|\varepsilon_i| = |\vec{\ell}||\vec{V}||\vec{B}| \qquad\qquad [35]$$

es decir "la f.e.m. inducida en el circuito es proporcional a la velocidad y al campo inductor".

La (35) puede ser deducida con la ley (34) de Faraday Lenz, en efecto, en un intervalo de tiempo $dt$ el área delimitada por el circuito crece en un valor $(V\ dt)\cdot\ell$ (sombreado de la fig.222, de modo que el flujo crece en

$$d\phi = B\cdot(V\ dt)\cdot\ell$$

aplicando (34), se tiene

$$|\varepsilon_i| = \left|\frac{d\phi}{dt}\right| = \ell\ V\ B$$

idéntica a (35). Como $\phi$ crece la corriente inducida $i$ debe circular con sentido tal que el campo de reacción de inducido $(\vec{B}_R)$ sea opuesto al inductor $\vec{B}$. Si el tramo móvil se moviese hacia la izquierda se invertirá $i$ y $\vec{B}_R$ sería del mismo sentido que $\vec{B}$.

> **Nota**
>
> *Cuando el campo de reacción de inducido $\vec{B}_R$ actúa sobre otros tramos móviles (como en los generadores usuales, con bobinados distribuidos), la f.e.m. inducida es debida a la variación del flujo del campo total*
>
> $$\left(\vec{B}+\vec{B}_R\right)$$
>
> *No tener en cuenta esto puede conducir a paradojas como ser: violación del la conservación de la energía, aumentos de flujo fuera de todo límite, etc.*
>
> *Cuando el estudiante estudie en electrotecnia las máquinas eléctricas verá la importancia de la "reacción de inducido".*

El análisis no termina aquí: digamos ahora que por el conductor móvil *MN* está circulando la corriente inducida *i*, de modo que sobre él aparecerá una fuerza del tipo

$$\vec{F}_R = i\vec{\ell}\times\vec{B}$$

contraria a la motriz $\vec{F}_{mot.}$. Si queremos conservar constante la velocidad $\vec{V}$ (despreciando rozamientos mecánicos) al menos $\vec{F}_{mot.}$ deberá equilibrar a $\vec{F}_R$. Como vemos mover al tramo *MN* no resulta "gratuito", necesitamos fuerza motora.

## 4.4. Análisis de tensiones y energías

Llamando con $R_g$ (resistencia del generador), constituida por los tramos fijos y el móvil, la diferencia de potencial en los bornes *A* y *B*, es decir, la diferencia de potencial aplicada a la resistencia de "carga" *R* es

$$\Delta V_{AB} = \varepsilon - i\,R_g \qquad\qquad [36]$$

donde $i\,R_g$ se interpreta como "caída de potencial interno", como en todo generador "bajo carga". De (36) podemos poner

$$\varepsilon = \ell\,B\,V = \Delta V_{AB} + i\,R_g \qquad\qquad [37]$$

Por otro lado, la potencia motriz mecánica entregada al generador es

$$P_{mot} = F_{mot}\cdot V$$

Si se desprecian rozamientos y se supone que $V = cte.$, es porque $F_{mot} = F_R = i\,\ell\,B$, reemplazando

$$P_{mot} = i\,\ell\,B = i\,\varepsilon$$

es decir, la **potencia motriz mecánica** se convierte en **eléctrica** $i\,\varepsilon$, a su vez, de (37)

$i\,\varepsilon = \left(\Delta V_{AB}i\right) + i^2 R_g =$ potencia entregada "a la carga" + potencia disipada en el interior

Para terminar nuestro análisis podemos preguntar que ocurre si se abre el circuito, por ejemplo sacando la carga $R$. No puede ahora circular la corriente $i$ en forma estacionaria y se producirá una acumulación de portadores (+) en un extremo y un defecto (-) en el otro (fig.223).

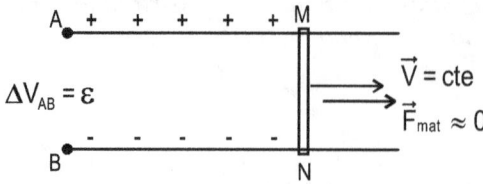

Figura 223

Al ser $i\,R_g = 0$ resulta $\Delta V_{AB} = \varepsilon$, además desaparece la fuerza frenante $F_R = i\,\ell\,B$, de modo que de subsistir la motriz $\vec{F}_{mot.}$ el tramo $MN$ se aceleraría. Si suponemos que la $\vec{F}_{mot.}$ se reduce a solo equilibrar rozamientos, $\vec{V} = cte.$ y las acumulaciones de cargas permanecen constantes: sobre cada portador del tramo móvil existirían 2 fuerzas en equilibrio: la magnética de Lorentz $|e|\vec{V}\times\vec{B}$ y la coulombiana producida por las cargas acumuladas

$$\vec{E}_{coul} \cdot |e|$$

En esta situación cesa todo movimiento ordenado de portadores $(i = 0)$.

## 4.5. Generador rotativo elemental. Tensión alternada

Supongamos ahora $N$ espiras empaquetadas en forma rectangular (fig.224(a), girando con velocidad angular $\omega$ constante "dentro" de un campo magnético $\vec{B}$ uniforme.

En $A$ y $B$ se tienen contactos de salida deslizantes (escobillas).

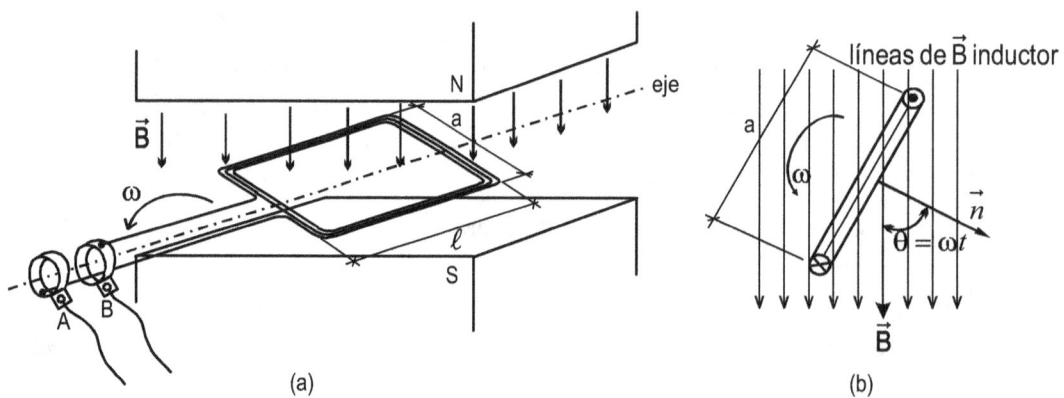

Figura 224

En la fig.224(b) se tiene la vista frontal, en corte. El tiempo $t = 0$ corresponde a $\theta = 0$, donde $\theta$ es el ángulo entre el versor normal $\vec{n}$ y el campo $\vec{B}$. En la fig.(b) se tiene una posición arbitraria $\theta = \omega t$. El flujo de $\vec{B}$ en el total de espiras es

$$\vec{B} \cdot \vec{n}\, N\, a\, \ell = \left|\vec{B}\right| N\, a\, \ell \cos(\omega t)$$

es función de $t$

$$\phi(t) = B\, N\, a\, \ell \cos(\omega t)$$

Para $\omega t = 0$ se tiene el flujo máximo

$$\phi_{máx} = B\, N\, a\, \ell \qquad\qquad \text{(amplitud de flujo)}$$

y para $\omega t = \dfrac{\pi}{2}$ o $\dfrac{3}{2}\pi = -\dfrac{\pi}{2}$ es $\phi = 0$ (la bobina queda de "canto" con respecto a las líneas de $\vec{B}$).

Aplicando la ley de Faraday-Lenz

$$\varepsilon(t) = -\frac{d\phi}{dt}$$

$$\varepsilon(t) = -B\, N\, a\, \ell\, \omega\left(-sen\,\omega t\right)$$

$$\varepsilon(t) = \left(B\, N\, a\, \ell\, \omega\right) sen\,\omega t$$

es decir, la f.e.m. inducida varía sinusoidalmente, mientras el flujo lo hace cosenoidalmente. Es claro que para $\omega t = \dfrac{\pi}{2}$ o $\dfrac{3}{2}\pi$ es

$$\varepsilon_{máx} = B\, N\, a\, \ell\, \omega \qquad\qquad \text{(amplitud de la }f.e.m.\text{)}$$

así

$$\varepsilon(t) = \varepsilon_{máx}\, sen\,\omega t$$

En la fig.225 está representadas las gráficas $\phi(t)$, $\varepsilon(t)$ a lo largo del tiempo. En la fig.225*(a)* se tienen los "fasores" que son vectores rotantes, con velocidad $\omega = cte.$, tal que sus componentes instantáneas, por ejemplo en un eje $y$ dan los valores instantáneos de $\phi$ y de $\varepsilon$. Se han dibujado para el instante $t = 0$. Se observa que entre el "fasor" $\vec{\phi}$ y el "fasor" $\vec{\varepsilon}$ hay $\dfrac{\pi}{2}$ de diferencia de fase, el fasor $\vec{\varepsilon}$ está atrasado $\dfrac{\pi}{2}$ respecto del fasor $\vec{\phi}$.

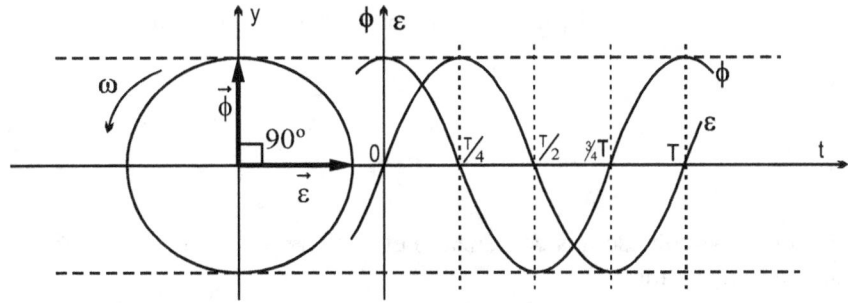

Figura 225

El dispositivo se comporta como un generador de alterna elemental ("alternador monofásico"). Si se tienen 3 bobinas idénticas, a 120° entre sí, se tiene un "alternador trifásico". El lector seguramente estudiará en detalle estas máquinas en Electrotecnia.

## 4.6. Mutua inducción y autoinducción. Coeficientes de mutuainducción *(M)* y de autoinducción *(L)*

### 4.6.1. Mutua inducción

En la fig.226 se han representado dos bobinados (1) y (2). Si en uno de ellos, digamos, el (1), se hace circular una corriente $i_1$, se producirá un campo $\vec{B}_1$, que a su vez producirá sobre las superficies delimitadas por las espiras de la (2) un ***flujo total*** $\phi_{2,1}$ (el subíndice primero, el 2, indica en que bobina se evalúa el flujo y el subíndice segundo, el 1, que bobina produce el campo).

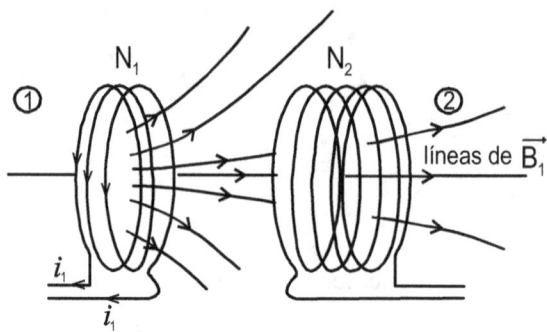

Figura 226

Si las espiras de la bobina (2) están bien juntas, de modo que toda líneas de campo que pasa por una espira pasa por las demás, se puede escribir, como es usual

$$\phi_{2,1(total)} = N_2 \cdot \phi_{2,1(por\ espira)}$$

pero esto no es algo esencialmente importante, solo es ***usual***, para resaltar la importancia que tiene el número de espiras de un bobinado. Si el flujo por espira difiere espira por espira, el flujo total habría que obtenerlo sumando los flujos espira por espira.

Cuando las líneas de campo de una bobina "concatenan" a otra bobina decimos que entre ellas hay ***Acoplamiento Magnético*** y se puede producir el fenómeno de ***Mutuainducción***: en efecto, si ahora la corriente $i_1$ varía, varía $\vec{B}_1$ y por ende el flujo $\phi_{2,1}$, de modo que se producirá sobre la bobina (2) una f.e.m. inducida:

$$\varepsilon_2 = -\frac{d\phi_{2,1}}{dt}$$

Todo esto es igualmente cierto si hubiésemos comenzado el análisis partiendo de la bobina (2) hacia la (1), de aquí la denominación de "mutua".

### 4.6.2. Coeficiente de mutuainducción o mutuainductancia *M* de la "pareja" (1), (2)

Es intuitivo que si aumenta la corriente $i_1$ aumentará el flujo $\phi_{2,1}$, de modo que existe una relación que se puede escribir así

$$\phi_{2,1} = M_{2,1}\ i_1 \qquad\qquad [38]$$

Esta relación es de proporcionalidad (o lineal) si las **bobinas están en el vacío** (o con **materiales no ferromagnéticos**). La presencia de materiales ferromagnéticos **hace perder** la relación lineal entre $i_1$ y $\phi_{2,1}$ (aunque es usual seguir escribiendo la (38) de ese modo, pero ¡cuidado! el coeficiente $M_{2,1}$ sería función de la propia $i_1$). Aquí suponemos que la (38) es una relación lineal, es decir que $M_{2,1}$ es independiente de $i_1$. Igualmente se podría escribir

$$\phi_{1,2} = M_{1,2}\ i_2 \qquad\qquad [39]$$

Se puede demostrar que $M_{2,1} = M_{1,2}$ (lo haremos luego prácticamente), de modo que eliminamos los subíndices

$$M = M_{2,1} = M_{1,2}$$

**Este coeficiente se denomina mutuainductancia del par de bobinas**, depende solo de las posiciones mutuas o relativas entre sí, del número de espiras de una y otra y de los materiales presentes, que influyen con sus permeabilidades.

## 4.7. Unidades

De (38) o (39) se tiene

$$(M) = \frac{(\phi)}{(I)}$$

en el S.I.:

$$(M) = \frac{Weber}{Amp} = Henryo = Hy$$

Con este coeficiente la ley de Faraday-Lenz se puede escribir así

$$\varepsilon_2 = -\frac{d\phi_{2,1}}{dt} = -\frac{d}{dt}\left(M\ i_1\right)$$

Si *M* es constante

$$\varepsilon_2 = -M\frac{di_1}{dt}$$

también, claro está se puede tener

$$\varepsilon_1 = -M\frac{di_2}{dt}$$

*Advertencia:*

Ya hemos dicho que si las bobinas tienen núcleo de material ferromagnético, $M$ no es constante y no podría "sacarse" fuera del operador derivada.

## 4.8. Cálculo de *M* para bobinas toroidales

En la fig.227 se tiene dos bobinas con núcleo común en forma de anillo, una de $N_1$ espiras y la otra de $N_2$ espiras. Despreciamos las pequeñas diferencias de áreas transversales, es decir, suponemos que todas tienen igual área $S$ (sombreada en la figura).

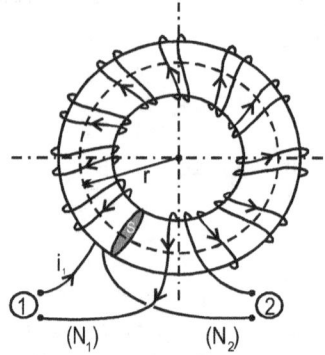

Figura 227

Hemos dicho que

$$M_{2,1} = M = \frac{\phi_{2,1}}{i_1} = \frac{N_2 \ \phi_{2,1(por \ espira)}}{i_1}$$

pero

$$\phi_{2,1(por \ espira)} = B_1 \ S$$

El campo para un toroide con núcleo de permeabilidad $k_m$ es

$$B_1 = \frac{\mu_0 k_m \ N_1 \ i_1}{2\pi r}$$

de modo que

$$M = \frac{N_2 \ \mu_0 k_m \ N_1 \ \not{i_1} S}{\not{i_1} \ 2\pi r}$$

$$M = \frac{\mu_0 k_m \ N_1 N_2 \ S}{2\pi r}$$

Repita el lector el cálculo para $M_{1,2}$ y llegará al fin a la misma expresión de $M$, que como vemos depende del material, de los números de espiras, de la sección y del radio, pero **NO** de las corrientes (en la medida en que $k_m$ no dependa de las corrientes, es decir, materiales no ferromagnéticos).

Para el toroide con núcleo vacío (de "aire") es

$$M_0 = \frac{\mu_0\, N_1 N_2\, S}{2\pi r}$$

de modo que la relación entre los valores de $M$ con núcleo y sin núcleo es

$$k_m = \frac{M}{M_0}$$

Esta relación suele aprovecharse para medir permeabilidades.

Todo lo dicho es la base del funcionamiento de un transformador, de hecho, el dispositivo de la fig.227 es un transformador: si $\phi$ es el flujo por espira, común a todas ellas, se tiene que las f.e.m. inducidas en cada espira es

$$\varepsilon_{(por\ espira)} = -\frac{d\phi}{dt}$$

el bobinado (1) tiene $N_1$ espiras en serie, de modo que

$$\varepsilon_1 \atop (total) = N_1 \underset{por\ espira}{\varepsilon} = -N_1 \frac{d\phi}{dt}$$

y el bobinado (2) tiene $N_2$ espiras en serie, de modo que

$$\varepsilon_2 \atop (total) = N_2 \underset{por\ espira}{\varepsilon} = -N_2 \frac{d\phi}{dt}$$

la relación entre f.e.m.'s es

$$\frac{\varepsilon_1}{\varepsilon_2} = \frac{N_1}{N_2}$$

En un transformador idealizado (sin ningún tipo de pérdidas, es decir, 100% de rendimiento ) se puede decir que si (1) es el bobinado primario (donde entra la potencia eléctrica), $\varepsilon_1$ es de igual valor absoluto a la tensión aplicada $V_1$ y $\varepsilon_2$ es directamente la tensión de salida en el bobinado (2) o secundario, que puede ser aplicada a una "carga" es decir:

$$V_1 = -\varepsilon_1 \; ; \qquad\qquad V_2 = \varepsilon_2$$

Si no hay pérdidas, las potencias de entrada y salida son iguales: $i_1\, V_1 = i_2\, V_2$, de modo que

$$\frac{i_1}{i_2} = \frac{V_2}{V_1} = \frac{N_2}{N_1}$$

No entraremos en detalles que son propios de un curso de electrotecnia.

## 4.9. Autoinductancia

Analizando solo una bobina también resulta que al variar la corriente en ella varia el flujo de su propio campo en las áreas de sus propias espiras. No hay dudas que este "**Autoflujo**" es proporcional a la propia corriente (bajo las mismas condiciones que impusimos para las mutuainductancias). Podemos escribir

$$\phi_{1,1\ TOTAL} = L_{11}\ i_1$$

o simplemente

$$\phi_{TOTAL} = L\ i \qquad\qquad [40]$$

El coeficiente $L$ se denomina ***Autoinductancia*** de la bobina en cuestión. Es claro que también se mide en *Henrios*.

Como es usual, si en cada una de las $N$ espiras el flujo por espira es el mismo, se puede escribir:

$$\phi_{TOTAL} = N\ \phi_{Espira}$$

Con la (40) la ley de ***Faraday-Lenz*** se escribe suponiendo $L = cte$:

$$\varepsilon = -L\frac{di}{dt} \qquad\qquad [42]$$

Podemos leer esta expresión como que "la f.e.m. autoinducida en la bobina es proporcional a la "rapidez" de variación de la corriente que circula en la misma bobina".

Es importante tomar un poco más de "conciencia de este resultado. en la fig.228 hemos conectado un alternador tal que produce en sus bornes una diferencia de potencial

$$\Delta V_{AB} = V_{máx}\ sen\ \omega t$$

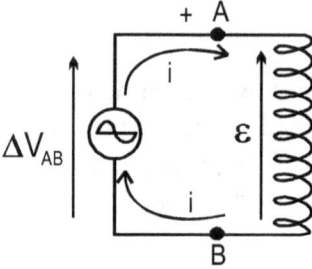

Figura 228

Esta diferencia de potencial se aplica en los bornes de la bobina (o **Inductor**). De conocer la resistencia $R_{bob.}$ del hilo del inductor encontraríamos que la diferencia de potencial que, claro está, no puede ser otra que la aplicada $\Delta V_{AB}$, no resulta igual al producto $(i\ R_{bob.})$. Es decir, no es correcto emplear la ley de Ohm que hemos empleado en los **Resistores**. Más aún, bien podría ser que en el caso de un inductor de pocas espiras de hilo grueso, sea $R_{bob.} \approx 0$ lo que conduciría a pensar que

$$i = \frac{\Delta V_{AB}}{R_{bob.}} \longrightarrow \infty$$

Y no es así: ocurre que al ser $\Delta V_{AB}$ aplicada, variable en el tiempo, se produce en el inductor el fenómeno de autoinductancia y en este caso vale la ley de **Faraday-Lenz**. Precisamente, despreciando $R_{bob.}$, se tiene:

$$\Delta V_{AB} = -\varepsilon = L\frac{di}{dt}$$

expresión que, como luego veremos, permite calcular correctamente la corriente $i$. Pero... ¿porqué consideramos que $\Delta V_{AB} = -\varepsilon$ ?

Porque, por un lado, se sigue cumpliendo la ley de mallas de **Kirchhoff**: si en el circuito de la fig.228 consideramos el instante en que el borne superior es +, circulando la corriente como se indica en la fig., al recorrer en sentido horario a la malla se tiene:

$$+\Delta V_{AB} - L\frac{di}{dt} = 0$$

o sea

$$\Delta V_{AB} = L\frac{di}{dt} = -\varepsilon$$

Podemos decir, por otro lado, que en la malla hay dos f.e.m.: la del alternador y la $\varepsilon$ autoinducida, en oposición a $\Delta V_{AB}$.

Ya que las tensiones son *Armónicas*(seno o coseno) podemos representarlas con fasores (cosa usual en electrotecnia).

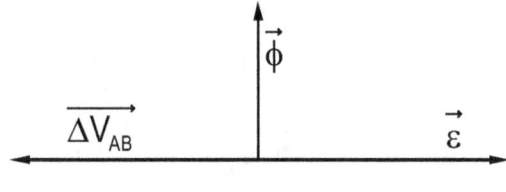

Figura 229

En la fig.229 vemos el fasor flujo $\overline{\phi}$, "causante" de la f.e.m. autoinducida $\varepsilon$ (representada con el fasor $\overline{\varepsilon}$, atrasado 90° respecto a $\overline{\phi}$) y la diferencia de potencial $\overline{\Delta V}_{AB}$ aplicada, tal que

$$\overline{\Delta V}_{AB} = -\overline{\varepsilon}$$

en "oposición de fase".

¿Qué ocurre si no despreciamos $R_{bob.}$ o bien incluimos cualquier resistencia $R$?

Sencillamente tendríamos el circuito de la fig.230: en $R$ incluimos toda resistencia que se tenga desde los bornes $A$ y $B$ hacia la derecha. La ecuación de malla sería:

$$\Delta V_{AB} - IR - L\frac{di}{dt} = 0$$

o bien

$$\Delta V_{AB} = IR + L\frac{di}{dt}$$

Solo integrando se puede hallar $i$.

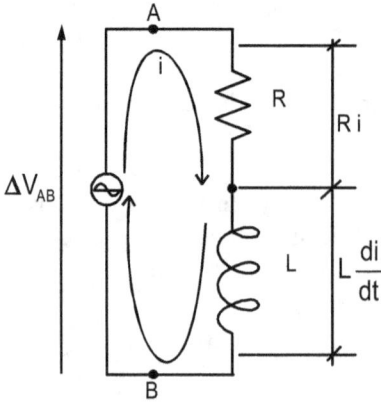

Figura 230

## 4.9.1. Analogía mecánica

Puede ser útil la siguiente comparación formal con la ley de Newton:

$$\vec{F}_{aplic.} = m \cdot \vec{a} = m\frac{d\vec{v}}{dt}$$

La ley de Newton se puede escribir así (D'Alambert):

$$\vec{F}_{aplic.} - m\frac{d\vec{v}}{dt} = 0$$

análoga a la ecuación de malla de **Kirchhoff** (hemos despreciado $R_{bob}$):

$$\Delta V_{AB\,(aplic.)} - L\frac{di}{dt} = 0$$

Cuando aplicamos a un cuerpo una fuerza $\vec{F}$, el cuerpo reacciona y nos aplica una fuerza opuesta

$$-m\frac{d\vec{v}}{dt}$$

"debida a la inercia". Análogamente: cuando el alternador aplica la tensión $\Delta V_{AB}$ al inductor, éste reacciona y aplica al alternador la tensión opuesta

$$-L\frac{di}{dt} = \varepsilon$$

"debida a la autoinducción".

Vemos que

| | | |
|---|---|---|
| $L$ | se corresponde con | $m$ |
| $\dfrac{di}{dt}$ | se corresponde con | $\dfrac{dv}{dt}$ |
| $i$ | se corresponde con | $v$ |
| $\Delta V$ | se corresponde con | $F$ |

(el autor gusta llamar "aceleración eléctrica" a $\dfrac{di}{dt}$ )

En la sección **5** (Nociones de Corriente Alternada) veremos cómo se obtiene la corriente en un inductor.

## 4.10. Cálculo de la autoinductancia de una bobina toroidal

Al igual que en el caso del cálculo de la mutuainductancia tenemos que

$$L = \frac{\phi_{TOTAL}}{i}$$

pero

$$\phi_{TOTAL} = N\ \phi_{esp.} = N\ B_m\ S$$

$B_m$ para una bobina toroidal es

$$B_m = \mu_0 k_m \frac{N\ i}{2\pi r_m}$$

luego

$$L = \frac{\mu_0 k_m N^2 \cdot S}{2\pi r_m}$$

La relación entre la autoinductancia con núcleo a la autoinductancia en el vacío $\left(L_0\right)$ es la permeabilidad magnética adimensional del material del núcleo:

$$k_m = \frac{L}{L_0}$$

## 4.11. Autoinductancias en serie con mutuainducción

En la fig.231 tenemos dos inductores (1) y (2) en serie, con autoinductancias $L_1$ y $L_2$ y mutuainductancia $M$. En la forma en que están enrollados los alambres, los campos magnéticos $\overline{B}_1$ y $\overline{B}_2$ son opuestos.

Las diferencias de potencial que surgen al variar la corriente común $i$ son: a los bornes $A$, $B$ de la bobina (1) se tiene la debida a la autoinducción y a la mutuainducción, opuestas

$$\Delta V_{AB} = L_1 \frac{di}{dt} - M \frac{di}{dt}$$

idem a los bornes de la (2)

$$\Delta V_{BC} = L_2 \frac{di}{dt} - M \frac{di}{dt}$$

la diferencia de potencial total es

$$\Delta V_{AC} = \left( L_1 + L_2 - 2M \right) \frac{di}{dt}$$

luego la autoinductancia equivalente a la serie es:

$$L_{AC} = L_1 + L_2 - 2M$$

Si se enrollan como en la fig.232, al ser los campos de igual sentido, se tiene

$$L_{AC} = L_1 + L_2 + 2M$$

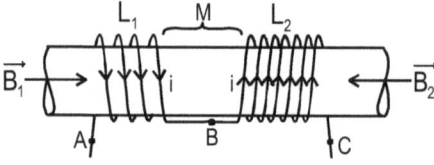

Figura 231

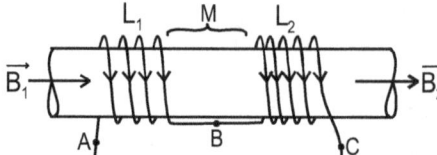

Figura 232

Vemos que debido a la mutuainducción la inductancia equivalente no es simplemente al suma $L_1 + L_2$, como en el caso de los resistores. Inversamente, si se tiene una bobina como en la fig.233 de inductancia $L$, *¡cada mitad NO tiene la inductancia* $\frac{L}{2}$ ! Para que las mitades tengan $\frac{L}{2}$ deberían estar muy alejadas (o apantalladas), de modo que no haya mutuainducción.

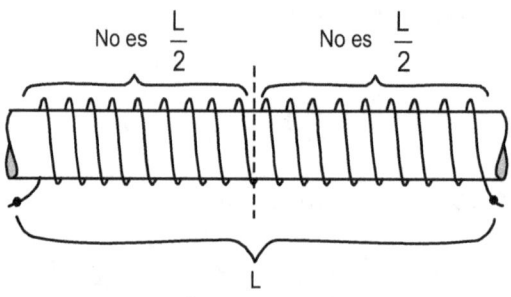

Figura 233

## 4.12. Conexión de autoinductancias en paralelo

### 4.12.1. Sin mutuainductancia

Al estar en paralelo debe cumplirse que

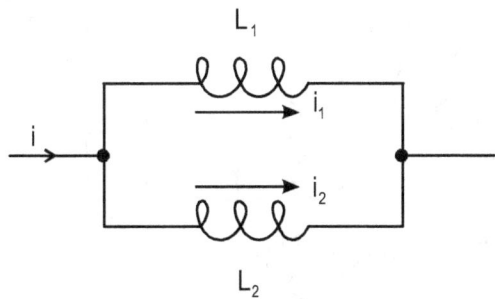

$$L_1 \frac{di_1}{dt} = L_2 \frac{di_2}{dt} = L_{eq} \frac{di}{dt},$$

teniendo en cuenta que $i = i_1 + i_2$ es fácil demostrar (hágalo el lector) que

$$L_{eq} = \frac{L_1 L_2}{L_1 + L_2}$$

(como si fuesen resistores)

### 4.12.2. Con mutuinductancia M

Supongamos que el campo de una, refuerza al de la otra, entonces debe cumplirse que

$$L_1 \frac{di_1}{dt} + M \frac{di_2}{dt} = L_2 \frac{di_2}{dt} + M \frac{di_1}{dt}$$

trasponiendo resulta:

$$\left(L_1 - M\right)\frac{di_1}{dt} = \left(L_2 - M\right)\frac{di_2}{dt}$$

es decir, resulta como se tuviésemos un paralelo de autoinductancias equivalentes $L'_1 \cong L_1 - M$, $L'_2 \cong L_2 - M$ "sin mutuainducción, luego ha de ser:

$$L_{eq} = \frac{L'_1 L'_2}{L'_1 + L'_2} = \frac{\left(L_1 - M\right)\left(L_2 - M\right)}{L_1 + L_2 - 2M}$$

## 4.13. Medición de *B* de un toroide, con galvanómetro balístico

En la fig.234 tenemos un toroide con un bobinado (1) y se le ha agregado un bobinado (2), de $N_2$ espiras, aislado eléctricamente del (1) pero concatenado por las líneas de campo $\vec{B}$ del toroide. Este bobinado (2) se conecta a un galvanómetro balístico *Gb*.

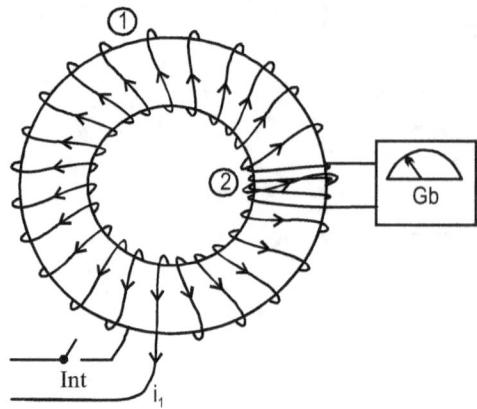

Figura 234

*¿Qué es un galvanómetro balístico?*

Es un amperímetro muy sensible, con un bobinado móvil de mayor momento de inercia que el de los amperímetro comunes. Se demuestra que su aguja se desvía un ángulo máximo que es proporcional a la carga eléctrica

$$q = \int i\ dt$$

que circula por su bobina cuando una corriente $i$ transitoria la recorre. Así, si leemos cuántas divisiones se ha desviado su aguja y conocemos la sensibilidad $S'$ en $\frac{Coul}{división}$ conocemos $q$. La sensibilidad $S'$ se puede determinar descargando a través del galvanómetro un capacitor con carga $q = C\ \Delta V$ conocida.

Ahora bien, supongamos que por la bobina (1) del toroide circula una corriente por momento estacionaria $I_1$, esta corriente producirá un campo $B_1$ y a su vez este un flujo total en el bobina (2)

$$\phi_{2,1} = N_2 \cdot S \cdot B_1$$

Si ahora interrumpimos la corriente $I_1$ abriendo el interruptor $(Int.)$ el flujo caerá a cero. En el interín se inducirá en (2) una f.e.m.

$$\varepsilon_{2,1} = -\frac{d\phi_{2,1}}{dt}$$

que hará circular a través del galvanómetro una corriente transitoria

$$i_2 = \frac{\varepsilon_{2,1}}{R_{TOT}}$$

donde $R_{TOT}$ es la resistencia del conjunto bobina (2) y galvanómetro. Esto es cierto en la medida que pueda despreciarse los efectos de reactancia. Tenemos entonces que

$$i_2 = \frac{d\phi_{2,1}}{R_{TOT}\ dt}$$

(hemos eliminado el signo – pues no influye en el resultado), o bien

$$dq_2 = i_2 \ dt = \frac{d\phi_{2,1}}{R_{TOT}}$$

la carga total se obtiene integrando

$$q_2 = \frac{1}{R_{TOT}} \int d\phi_{2,1} = \frac{\phi_{2,1}}{R_{TOT}}$$

$$q_2 = \frac{N_2 \cdot S \cdot B_1}{R_{TOT}}$$

de modo que midiendo $q_2$ con el galvanómetro balístico hallamos $B_1$.

## 4.14. Significado del área del ciclo de histéresis

Estamos ahora en condiciones de demostrar el significado del área del ciclo de histéresis que hemos estudiado en 3.32.

En efecto, sea que un alternador entrega potencia eléctrica a un bobinado toroidal (fig.235). La potencia instantánea es $P = i \ \Delta V$, pero sabemos que

$$\Delta V = \frac{d\phi_{TOT}}{dt}$$

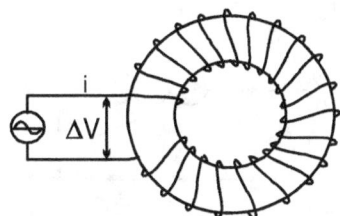

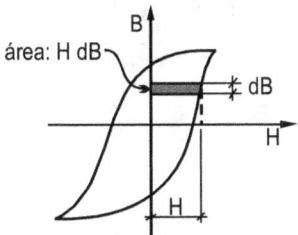

Figura 235

si despreciamos la resistencia, de modo que

$$d \text{ Energía entregada} = i \ \Delta V \ dt = i \ d\phi_{TOT}$$

pero $\phi_{TOT} = B \ S \ N$    y        $d\phi_{TOT} = S \ N \ dB$,        además

$$H = \frac{N \ i}{2\pi r}$$

así

$$d \text{ Energía entregada} = \cancel{S} \, \frac{2 \, S \, \pi r}{\cancel{S}} \cdot H \, dB$$

pero $S \cdot 2 \pi r$ es el *volumen del núcleo*, pasándolo al primer miembro tenemos integrando para todo el ciclo (fig.77)

$$\frac{Energía\ entreg.}{Volumen\ nucleo} = \oint H \cdot dB = "área"\ encerrada\ por\ el\ ciclo, \text{en } \frac{Joul}{m^3}.$$

Esta energía entregada por ciclo y por $m^3$ se conviente en calor en el núcleo de modo que no retorna al generador ni se acumula como energía de campo.

## 4.15. Transitorios de conexión y desconexión de un circuito con inductor *(L)* y resistor *(R)*, en serie con fuente continua

En la fig.236 se tiene un circuito R-L serie, pronto a ser conectado a una fuente de tensión continua girando el interruptor a la posición 1. Se lo hace en el instante $t = 0$. La corriente, inicialmente nula, no puede establecerse en su valor de régimen en forma instantánea, dada la presencia del inductor; en él aparece una f.e.m.

$$\varepsilon = -L \frac{di}{dt}$$

autoinducida, en oposición a la f.e.m. $\varepsilon_b$ de la batería. En un instante $t > 0$ cualquiera la corriente tendrá un valor *i(t)* circulando como se indica en la fig.236.

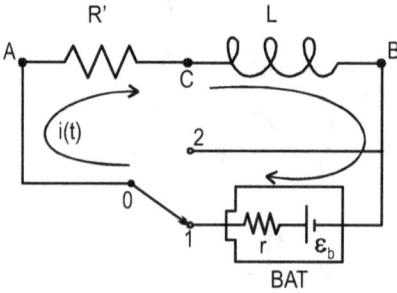

Figura 236

Por la ley de mallas de Kirchhoff se tiene

$$\varepsilon_b - R \, i - L \frac{di}{dt} = 0, \qquad \text{donde} \qquad R = R' + r$$

o bien

$$L \frac{di}{dt} + R \, i = \varepsilon_b \qquad\qquad\qquad [42]$$

Esta es una ecuación diferencial de primer orden, con coeficientes $L$ y $R$ constantes, no homogénea por la presencia de $\varepsilon_b$. Es análoga a la que surge en un circuito R-C. Resolverla significa encontrar una corriente *i(t)*, función del tiempo, que verifique la igualdad (42). Uno de los modos es "separar variables" es decir, que en un miembro quede *i* y su diferencial *di*; y del otro *dt*. Operando sobre la (42) queda:

$$\frac{di}{\left(i - \frac{\varepsilon_b}{R}\right)} = -\frac{R}{L}dt$$

Integrando indefinidamente m. a m.

$$\ln\left(i - \frac{\varepsilon_b}{R}\right) = -\frac{R}{L}t + cte.$$

o bien

$$\left(i - \frac{\varepsilon_b}{R}\right) = e^{-\frac{R}{L}t + cte.}$$

es decir

$$i(t) = \frac{\varepsilon_b}{R} + e^{-\frac{R}{L}t + cte.} \qquad [43]$$

Esta función $i(t)$ es la solución general de la (42). Posee una cte. de integración. Para adaptarla a nuestra situación particular debemos calcular la cte. sabiendo que para $t = 0$ es $i(0) = 0$ (condición inicial).

Haciendo $t = 0$, $i(0) = 0$ en la (43)

$$0 = \frac{\varepsilon_b}{R} + e^{-\frac{R}{L}t + cte.} \quad ; \quad \text{luego} \qquad e^{-\frac{R}{L}t + cte.} = -\frac{\varepsilon_b}{R}$$

reemplazando en (43)

$$i(t) = \frac{\varepsilon_b}{R}\left(1 - e^{-\frac{R}{L}t}\right) \qquad [44]$$

Esta es la solución particular buscada. Nos informa cuanto vale la corriente $i$ para cualquier instante $t$. Conviene hacer una gráfica *(t-i)*, fig.237. Hay 3 valores notables, el conocido $i = 0$ para $t = 0$. El valor de régimen

$$\lim_{t \to \infty} i(t) = \frac{\varepsilon_b}{R}$$

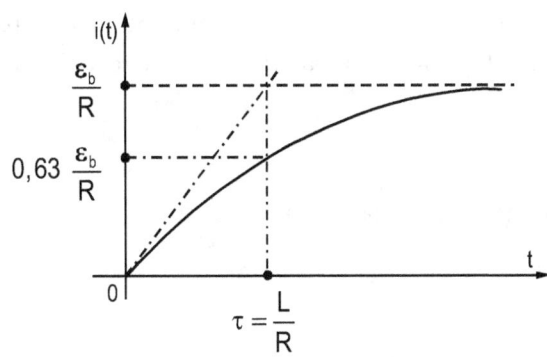

Figura 237

El otro valor interesante es el que corresponde a un tiempo $\tau$ conocido como constante de tiempo o de relajación del circuito

$$\tau \triangleq \frac{L}{R}$$

para este tiempo la (44) resulta

$$i(\tau) = \frac{\varepsilon_b}{R}\left(1 - e^{-1}\right) \cong 0,63\frac{\varepsilon_b}{R}$$

es decir, para este tiempo la corriente alcanza aproximadamente el 63% del valor de régimen. Como teóricamente el valor de régimen solo es asintótico $(t \to \infty)$, en la práctica podemos comprobar que para un tiempo $t$ mayor que 4 o 5 veces $\tau$, $i$ es aproximadamente

$$\frac{\varepsilon_b}{R}$$

Por ejemplo, si $L = 1$ *Henryo* y $R = 100\ \Omega$, $\tau = 0,01\ seg$. A los $0,04$ ó $0,05\ seg$. $i$ estará muy cerca del valor $\frac{\varepsilon_b}{R}$.

Se comprueba que la tangente en el origen corta a la asíntota $\frac{\varepsilon_b}{R}$ en un punto cuya abscisa es precisamente $\tau$ (fig.237).

La gráfica de *i(t)* en otra escala puede dar como varía la diferencia de potencial a los bornes del resistor, pues $R$ es una constante:

$$\Delta V_R = i(t) \cdot R = \varepsilon_b \left(1 - e^{-\frac{R}{L}t}\right)$$

Para hallar la diferencia de potencial $\Delta V_L$ en los bornes C-B del inductor calculamos la derivada de $i$ y multiplicamos por $L$:

$$\Delta V_L = L\frac{di}{dt} = \varepsilon_b\ e^{-\frac{R}{L}t}$$

Para $t = 0$, $\Delta V_L = \varepsilon_b$, es decir, apenas se conecta la batería, en la bobina aparece una f.e.m. autoinducida cuyo valor absoluto es igual a la *f.e.m.* de la batería. Luego decae. Para

$$t = \tau = \frac{L}{R}$$

a decaído al 37% del valor $\varepsilon_b$ y tiende a cero para $t \to \infty$. En efecto, cuando la corriente se estabiliza

$$\left(\frac{di}{dt} \approx 0\right)$$

ya no puede existir diferencia de potencial en bornes del inductor (salvo una pequeña diferencia $(i\,R_{bob})$, pero resulta que hemos supuesto $R_{bob} \approx 0$ o bien se ha incluido en $R$). En la fig.238 se tienen graficadas $\Delta V_L$ y $\Delta V_R$ es claro que debe ser $\Delta V_R + \Delta V_L = \varepsilon_b = cte.$

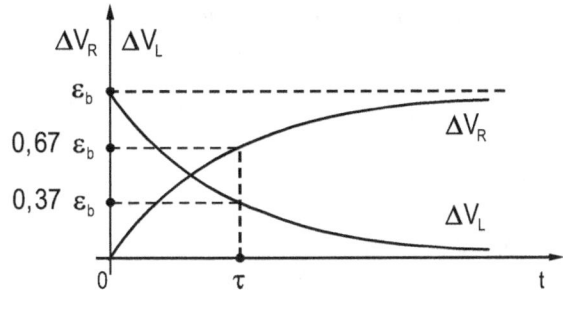

Figura 238

El lector debe analizar que ocurre con los valores cuantitativos de estas gráficas cuando se cambian $\varepsilon_b$, $R$ y $L$, por ejemplo ¿qué ocurre si duplicamos $L$ dejando lo demás cte.?

### 4.15.1. Paso del interruptor al punto 2. Transitorio de desconexión de la fuente

Supuesto se pueda pasar el interruptor a la posición 2 instantáneamente, al quedar excluida la batería, la corriente tiene que decaer, pero no lo hace instantáneamente porque en el inductor se autoinducirá una f.e.m. que "tiende a mantener la corriente" (efecto Lenz). Supongamos que la operación de pasar a la posición 2 se hace cuando $i$ tenía el valor de régimen, es decir, $\Delta V_L \approx 0$. Al decaer $i$ aparece nuevamente una dif. de potencial

$$\Delta V_L = L\frac{di}{dt}$$

De modo que por ley de mallas, al no estar ahora la batería

$$L\frac{di}{dt} + R\,i = 0 \qquad\qquad [45]$$

(ya no está la resistencia interna de la batería, pero para no complicar la escritura hemos hecho $R' \to R$).

Es más fácil aún que la (42), separando variables

$$\frac{di}{i} = -\frac{R}{L}dt$$

integrando m a m.

$$\ln i = -\frac{R}{L}t + cte.$$

o bien

$$i = e^{-\frac{R}{L}t + cte.} \qquad\qquad [46]$$

Hemos dicho que la corriente inicial en esta etapa es

$$i = \frac{\varepsilon_b}{R}$$

para $t = 0$, de modo que aplicando este conocimiento a la solución general (46)

$$\frac{\varepsilon_b}{R} = e^{cte.}$$

reemplazando, resulta al fin

$$i = \frac{\varepsilon_b}{R} \ e^{-\frac{R}{L}t} \qquad\qquad [47]$$

que cumple con lo que sospechábamos: para $t \to \infty$, $i \to 0$, fig.239.

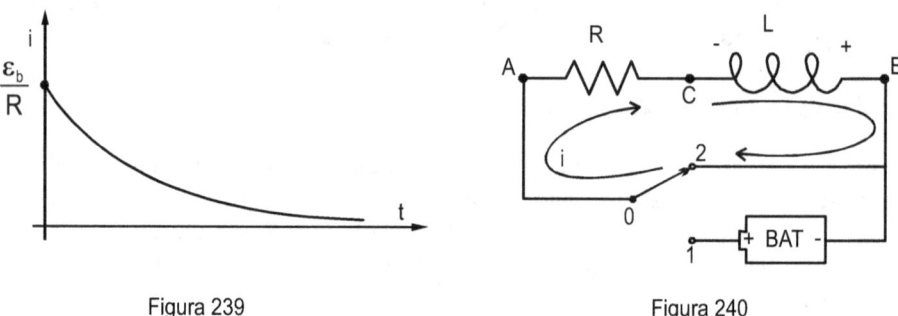

Figura 239                                   Figura 240

*¿Cómo varía $\Delta V_L$ en esta etapa?*

$$\Delta V_L = L\frac{di}{dt} = -\varepsilon_b \ e^{-\frac{R}{L}t}$$

El signo (-) nos indica que en la apertura aparece a los bornes del inductor C-B una polaridad opuesta a la que se tenía en la etapa de cierre (fig.240). Podemos decir que el inductor "oficia" de batería pero transitoriamente: al fin $\Delta V_L \to 0$ para $t \to \infty$ (fig.241).

En la fig.241 se indican $\Delta V_R$ y $\Delta V_L$. Claro está que ahora debe ser $\Delta V_R + \Delta V_L = 0$

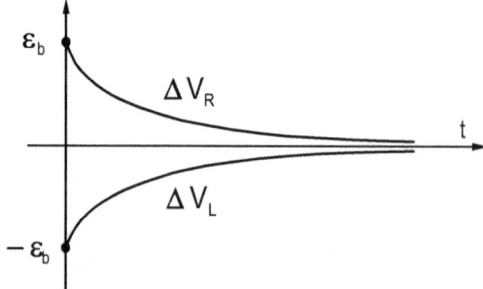

Figura 241

### 4.15.2. Caso en que la desconexión de la fuente se hace antes que la corriente llegue al valor máximo $\dfrac{\varepsilon}{R}$

Para mayor sencillez despreciamos la resistencia interna de la fuente (lo mismo hicimos para el circuito R-C serie).

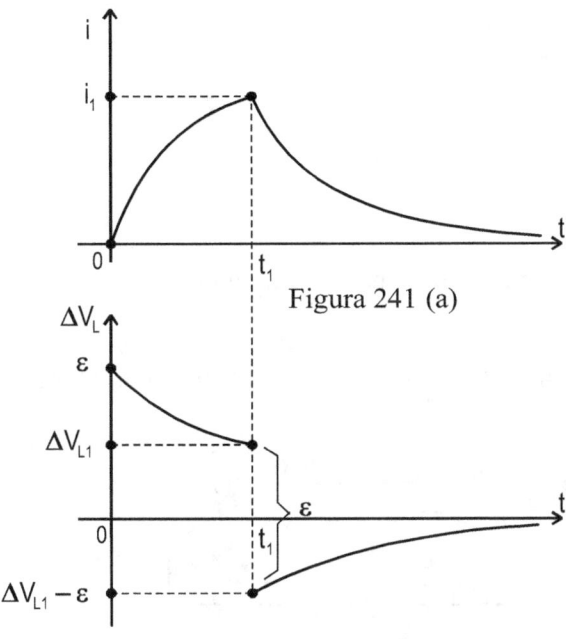

Figura 241 (a)

Figura 241 (b)

Supongamos que la fuente ha estado conectada un tiempo $t_1$, la corriente habrá alcanzado el valor:

$$i\left(t_1\right)=i_1=\frac{\varepsilon}{R}\left(1-e^{-\frac{R\,t_1}{L}}\right) \qquad \text{fig.241(a)}$$

Al pasar el interruptor a la posición 2 la corriente decae con la ley

$$i\left(t\right)=i_1\,e^{-\frac{R}{L}\left(t-t_1\right)} \qquad \left(t\geq t_1\right)$$

¿Qué ocurre con la diferencia de potencial en los bornes de la bobina?

En la conexión, ésta había decaído hasta el valor

$$\Delta V_L\left(t_1\right)=\Delta V_{L1}=\varepsilon\,e^{-\frac{R}{L}t_1} \qquad \text{fig.241(b)}$$

Luego, al pasar el interruptor a la posición 2 la nueva función será:

$$\Delta V_L\left(t\right)=-L\frac{di}{dt}$$

con $i\left(t\right)$ válida para $t\geq t_1$, es decir:

$$\Delta V_L\left(t\right) = -\cancel{L} \cdot i_1 \frac{R}{\cancel{L}}\, e^{-\frac{R}{L}(t-t_1)},$$

reemplazando $i_1$ se llega a

$$\Delta V_L\left(t\right) = -\varepsilon\left(e^{\frac{R}{L}t_1} - 1\right)e^{-\frac{R}{L}t}$$

válida para $t \geq t_1$.

Para $t = t_1$, resulta:

$$\Delta V_L\left(t_1\right) = \varepsilon\, e^{-\frac{R}{L}t_1} - \varepsilon$$

es decir, la tensión en la bobina experimentó una discontinuidad de amplitud $\varepsilon$, cambiando además de polaridad (fig.241(b)).

Energía en un circuito R-L. Energía y densidad de energía de un campo magnético.

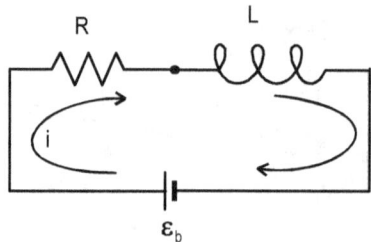

Figura 242

Consideremos incluida en $R$ la resistencia interna de la batería del circuito de la fig.242. Si $\varepsilon_b$ es la f.e.m. de esta batería se tiene

$$\varepsilon_b = iR + L\frac{di}{dt}$$

Si multiplicamos miembro a miembro por $i$ pasamos a tener términos que son potencias (en Watts)

$$\varepsilon_b \cdot i = i^2 R + L\, i\frac{di}{dt}$$

y si multiplicamos por $dt$ pasamos a tener términos que son energías (en *Joul*) que se manifiestan en el intervalo $dt$

$$\varepsilon_b \cdot i\, dt = i^2 R\, dt + L\, i\, di$$

donde

$\varepsilon_b \cdot i\, dt = $ energía entregada por la f.e.m.

$i^2 R\, dt = $ energía calórica disipada en el total de resistencias

$L\,i\,di =$ energía magnética acumulada en el campo del inductor, todo para un intervalo $dt$.

Integrando desde 0 a un instante $t$ cualquiera las dos primeras y entre 0 e $i$ las última:

$$\varepsilon_b \int_0^t i\,dt = R\int_0^t i^2 dt + L\int_0^i i\,di$$

En particular nos interesa la última integral

$$L\int_0^i i\,dt = \frac{L\,i^2}{2}$$

pues es la energía acumulada en el campo magnético cuando por el inductor circula una corriente $i$:

$$U_{mag} = \frac{L\,i^2}{2} \qquad\qquad [48]$$

La energía que corresponde a la (48) no se disipa, hay que interpretarla como energía potencial. Podemos afirmar que esta energía potencial fue la que mantuvo a la corriente en la etapa de apertura del circuito R-L, y que debido a $R$ se disipó al fin en forma de calor.

Esta energía $\dfrac{L\,i^2}{2}$ está acumulada en el **Campo Magnético**. Para evidenciar este concepto analicemos otra vez una bobina toroidal. Ya hemos calculado para ella la autoinductancia

$$L = \frac{\mu_0 k_m N^2 \cdot S}{2\pi r_m}$$

reemplazando en (48)

$$U_{mag} = \frac{\mu_0 k_m N^2 \cdot S \cdot i^2}{2\cdot 2\pi r_m}$$

Podemos hacer aparece los campos $B$ ó $H$ ó ambos:

$$B = \frac{\mu_0 k_m N \cdot i}{2\pi r_m}$$

luego

$$U_{mag} = \frac{B^2 \cdot S \cdot 2\pi r_m}{2\mu_0 k_m}$$

donde $S\cdot 2\pi r_m =$ volumen del toroide, luego

$$\frac{U_{mag}}{Vol} = \frac{B^2}{2\mu_0 k_m}$$

teniendo en cuenta que $H = \dfrac{B}{\mu_0 k_m}$, se puede escribir

$$\frac{U_{mag}}{Vol}\left(\frac{Joul}{m^3}\right)=\frac{B\cdot H}{2}=u_m$$

Estas expresiones, demostradas aquí para un toroide, en realidad son de validez general:

Si en un punto del espacio hay campo magnético entonces hay una densidad volumétrica de energía dada por

$$u_m=\frac{\vec{B}\cdot\vec{H}}{2}$$

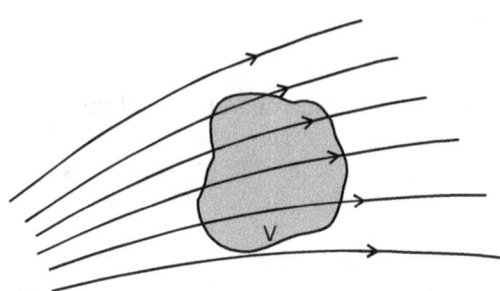

Figura 243

En la fig.243 representamos líneas de campo en el espacio. En un volumen $V$ se tendrá una energía magnética acumulada, dada por la integral de volumen

$$U_m=\iiint\limits_V\frac{\vec{B}\cdot\vec{H}}{2}dv$$

Si además hay campo eléctrico tendremos en total

$$u_{em}=\frac{\vec{E}\cdot\vec{D}}{2}+\frac{\vec{B}\cdot\vec{H}}{2} \qquad\qquad [49]$$

donde $u_{em}$ es la densidad de energía electromagnética en cada punto del espacio.

## 4.16. Ecuaciones de Maxwell para el electromagnetismo

### 4.16.1. Introducción

Algunos teoremas que hemos estudiado hasta ahora suponían algunas hipótesis restrictivas. Es necesario que estudiemos ahora los reajustes a efectuar en tales conclusiones para los casos más generales, es decir, encontrar las ecuaciones válidas para cualquier situación en el electromagnetismo. Para esto agrupamos en forma sintética aquellas leyes y teoremas de la electricidad y el magnetismo que puedan ser útiles de aquí en más y especifiquemos sus alcances.

### 4.16.2. Teorema de Gauss sobre el flujo $\left(\phi_E\right)$ del campo eléctrico $\vec{E}$

En el vacío (sin materiales aislantes)

$$\varepsilon_0 \oiint_{\substack{Superficie \\ Cerrada\,(S)}} \vec{E} \cdot \vec{ds} = \varepsilon_0 \phi_E = \sum_{\substack{encerradas \\ por\,S}} q$$

en un medio material

$$\varepsilon_0 \oiint_S \vec{E} \cdot \vec{ds} = \sum q_{libres} + \sum q_{ligadas} \qquad \text{(Ambas encerradas por } S\text{)}$$

Recordemos que $q_{ligadas}$ son la cargas inducidas en los dieléctricos, es decir, cargas de polarización $\vec{P}$

Si $\vec{D} = \varepsilon_0 \vec{E} + \vec{P}$ se tiene

$$\oiint_S \vec{D} \cdot \vec{ds} = \sum q_{libres}$$

Las cargas pueden estar en movimiento, es decir, estos teoremas (o leyes) son de validez general.

### 4.16.3. Teorema circuital de Ampere

En el vacío

$$\oint_C \vec{B} \cdot \vec{dc} = \mu_0 \sum I_{\substack{Conducción\ que\ atraviesan\ la \\ superficie\ que\ tiene\ C\ por\ borde}}$$

en un material:

$$\oint_C \vec{B} \cdot \vec{dc} = \mu_0 \sum \left( I_{Conducción} + I_{Magnetización} \right),$$

donde también son las corrientes que atraviesan a cualquier superficie que tenga al circuito $C$ por borde.

(A las corrientes de conducción también podemos denominarlas corrientes de portadores libres).

No es de validez general, en ambos casos se ha supuesto corrientes estacionarias (o continuas).

¿Qué ocurrirá con este teorema en los casos no estacionarios (por ejemplo en corrientes alternas)? El responder a esta pregunta nos conducirá al concepto de corrientes de desplazamiento (de Maxwell).

### 4.16.4. Ley de Faraday-Lenz

f.e.m. inducida

$$\varepsilon_i = \oint_{Circuito\ \ell} \vec{E} \cdot \vec{d\ell} = -\frac{d\phi_{B\ Total}}{dt}$$

donde

$$\phi_{B\ Total} = \oiint_{\substack{Superficie\ S \\ delimitada\ por \\ el\ circuito\ \ell}} \vec{B} \cdot \vec{ds}$$

El campo $\vec{E}$ es el total, es decir, es la suma del coulombiano con el "inducido" o de "Faraday", que luego veremos.

Recordemos que si $\vec{E}_{Coul}$ es el campo producido por cargas eléctricas en reposo resulta:

$$\oint_{\ell} \vec{E}_{Coul} \cdot \vec{d\ell} \equiv 0$$

para cualquier circuito $\ell$, por lo tanto ya sabemos que entonces es $\vec{E}_{Coul}$ un campo "conservativo.

Para el estudio de las ecuaciones de Maxwell es necesario recurrir a ciertos teoremas y definiciones del Análisis Vectorial.

### 4.16.5. Concepto de Divergencia de un campo vectorial

Sea una superficie $S$ cerrada, en el entorno de un punto $P$, en el espacio donde existe un campo de vectores $\vec{V}$ ($\vec{V}$ puede ser el campo eléctrico $\vec{E}$ o el magnético $\vec{B}$).

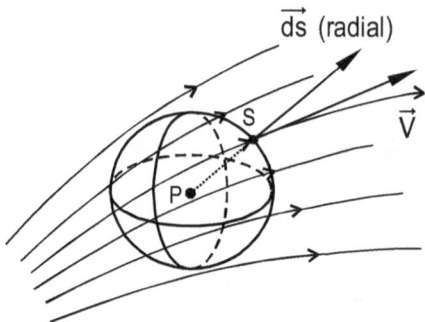

Figura 244

Aunque no sea necesario, pensemos que la superficie es esférica (fig.244), con centro en $P$. En general, sobre la superficie $S$ se tendrá un flujo total dado por

$$\oiint_{S} \vec{V} \cdot \vec{ds}$$

Si $\Delta v$ es el volumen encerrado por $S$, definimos la divergencia del campo $\vec{V}$, evaluada en el punto $P$, por:

$$div \ \vec{V} \doteq \lim_{\Delta v \to 0} \frac{\oiint_{S} \vec{V} \cdot \vec{ds}}{\Delta v} \qquad [50]$$

La esfera se "contrae" tendiendo al punto $P$.

Como tanto el flujo y el volumen son números reales o escalares, la divergencia de un vector es un escalar.

En los cursos de análisis se demuestra que, si se trabaja con coordenadas cartesianas,el límite conduce a

$$div \ \vec{V} = \frac{\partial V_x}{\partial x} + \frac{\partial V_y}{\partial y} + \frac{\partial V_z}{\partial z}$$

donde $V_x$, $V_y$, $V_z$ son las componentes escalares del vector $\vec{V}$ en coordenadas cartesianas.

### 4.16.6. Caso particular

Si las líneas de campo "atraviesan" de "lado a lado" a la superficie, es decir, si el flujo entrante es igual en valor absoluto al saliente, es $div \ \vec{V} = 0$. Si esto es cierto para todo punto del campo , es decir, si $div \ \vec{V} \equiv 0$ (idénticamente nula), el campo se denomina ***Solenoidal*** (en "honor" al campo $\vec{B}$ de un solenoide). Si no es así, por ejemplo cuando en un punto hay una densidad $\rho$ de cargas, veremos que resulta distinta de cero.

Las líneas de un campo solenoidal son cerradas (no tienen punto de inicio ni fin).

### 4.16.7. Concepto de Rotor de un campo vectorial

Ahora en el entorno del punto $P$ tenemos una curva cerrada $C$ que delimita una superficie de área $\Delta S$ (fig.245).

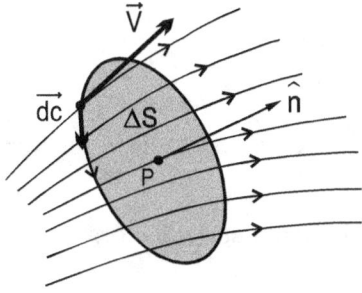

Figura 245

Aunque no sea necesario pensemos en un círculo. Por definición $\hat{n}$ es el versor normal al plano del círculo, orientado según la regla de la mano derecha. Se puede definir un vector llamado ***Rotor*** de $\vec{V}$ tal que

$$\left( rot \ \vec{V} \right) \cdot \hat{n} \ \hat{=} \lim_{\Delta S \to 0} \frac{\oint_C \vec{V} \cdot \vec{dc}}{\Delta S} \qquad [51]$$

imaginemos que $\Delta S$ se "contrae" manteniendo a $P$ en su centro. Es decir, la componente del rotor de $\vec{V}$, normal a la superficie, es el límite del cociente entre la circuitación de $\vec{V}$ y el área encerrada, para cuando ésta tiende a cero.

Con coordenadas cartesianas se demuestra que este límite conduce a

$$Rot \ \vec{V} = \left( \frac{\partial V_z}{\partial y} - \frac{\partial V_y}{\partial z} \right) \hat{i} + \left( \frac{\partial V_x}{\partial z} - \frac{\partial V_z}{\partial x} \right) \hat{j} + \left( \frac{\partial V_y}{\partial x} - \frac{\partial V_x}{\partial y} \right) \hat{k}$$

### 4.16.8. Caso particular

Si para toda curva cerrada $C$ es

$$\oint_C \vec{V} \cdot \overrightarrow{dc} = 0$$

podrá resultar que en $P$ es $Rot\ \vec{V} = \vec{0}$. Si esto es cierto para todo punto del campo, es decir, si $Rot\ \vec{V} \equiv \vec{0}$ se dice que el campo es ***Irrotacional*** o ***Conservativo***.

El campo $\vec{g}$ de gravedad de Newton y el campo eléctrico $\vec{E}$ de Coulomb tienen esta característica, en efecto, recuerde el alumno que

$$\oint_C \vec{E}_{Coul} \cdot \overrightarrow{dc} \equiv 0$$

para cualquier curva cerrada, luego, para todo punto donde $\vec{E}_{Coul}$ está definido, es $Rot\ \vec{E}_{Coul} = \vec{0}$

### 4.16.9. Operador "nabla"

Facilita el cálculo utilizar un operador simbolizado por

$$\nabla = \vec{i}\frac{\partial}{\partial x} + \vec{j}\frac{\partial}{\partial y} + \vec{k}\frac{\partial}{\partial z}$$

Aplicado a una función escalar $f(x,y,z)$ da el gradiente de la función

$$\nabla f = \vec{i}\frac{\partial f}{\partial x} + \vec{j}\frac{\partial f}{\partial y} + \vec{k}\frac{\partial f}{\partial z}, \quad \text{ya conocido por el lector.}$$

Hemos visto que si la función es el potencial eléctrico se tiene el campo de coulomb

$$\vec{E}_{Coul} = -\nabla V(x,y,z)$$

Aplicado como producto escalar a una función vectorial $\vec{V}(x,y,z)$ da la divergencia

$$div\ \vec{V} = \nabla \cdot \vec{V} = \frac{\partial V_x}{\partial x} + \frac{\partial V_y}{\partial y} + \frac{\partial V_z}{\partial z}$$

Aplicando como producto vectorial da el rotor

$$rot\ \vec{V} = \nabla \times \vec{V} = \begin{vmatrix} \hat{i} & \hat{j} & \hat{k} \\ \dfrac{\partial}{\partial x} & \dfrac{\partial}{\partial y} & \dfrac{\partial}{\partial z} \\ V_x & V_y & V_z \end{vmatrix} = \left(\frac{\partial V_z}{\partial y} - \frac{\partial V_y}{\partial z}\right)\hat{i} - \left(\frac{\partial V_z}{\partial x} - \frac{\partial V_x}{\partial z}\right)\hat{j} + \left(\frac{\partial V_y}{\partial x} - \frac{\partial V_x}{\partial y}\right)\hat{k}$$

Complementamos estos conocimientos con una identidad importante

$$div\left(rot\ \vec{V}\right) \equiv 0$$

o bien

$$\nabla \cdot \left(\nabla \times \vec{V}\right) \equiv 0$$

es decir, la divergencia del rotor es siempre cero. Puede ser aceptado este resultado como consecuencia del producto "mixto": $\nabla \times \vec{V}$ da un vector normal a $\nabla$, luego el producto escalar de este con el primero es cero. Todo campo de rotores es solenoidal.

## 4.17. Teoremas integrales

Son importantes las relaciones entre ciertas integrales. Estas relaciones son consecuencia de las definiciones de divergencia y de rotor.

### 4.17.1. Teorema de Gauss-Ostrogradsky

De

$$div\ \vec{V} \stackrel{\triangle}{=} \lim_{\Delta v \to 0} \frac{\oiint_S \vec{V} \cdot \overrightarrow{ds}}{\Delta v}$$

se deduce que

$$\oiint_S \vec{V} \cdot \overrightarrow{ds} = \iiint_v div\ \vec{V} \cdot \overrightarrow{dv} \qquad [52]$$

es decir el flujo de $\vec{V}$ en una superficie cerrada $S$ es igual a la integral de la divergencia de $\vec{V}$ en el volumen $v$ encerrado. El segundo miembro es una integral de volumen.

### 4.17.2. Teorema de Stokes

De

$$\left(rot\ \vec{V}\right) \cdot \vec{n} \stackrel{\triangle}{=} \lim_{\Delta S \to 0} \frac{\oint_C \vec{V} \cdot \overrightarrow{dc}}{\Delta S}$$

se deduce que

$$\oint_C \vec{V} \cdot \overrightarrow{dc} = \iint_S \left(rot\ \vec{V}\right) \cdot \overrightarrow{ds} \qquad [53]$$

es decir, la circuitación de $\vec{V}$ en una curva cerrada $C$ es igual al flujo del rotor de $\vec{V}$ evaluado en cualquier superficie $S$ que tenga a $C$ por borde (fig.246)

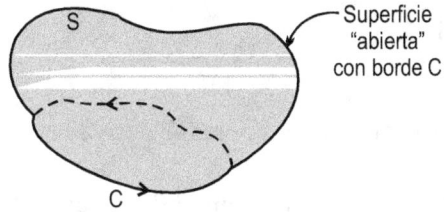

Superficie "abierta" con borde C

Figura 246

El primer miembro es una integral curvilínea y el segundo miembro una integral de superficie. Con estos conocimientos estamos en condiciones de abordar las consecuencias físicas.

***

**Nota**

*No hemos especificado las propiedades que deben tener las funciones vectoriales para la validéz de las igualdades aquí propuestas. El lector interesado en un mayor rigor y detalle debe consultar los textos de Análisis Vectorial.*

***

## 4.18. Conservación de la carga eléctrica. Ecuación de continuidad

Una de las grandes leyes universales es la de conservación de la carga eléctrica $q$ (hasta hoy no se conoce excepción, en todo caso las cargas eléctricas se crean o se destruyen pero de a pares de signos opuestos, por ejemplo la creación de un par electrón-positrón).

Sea

$$\rho = \frac{dq}{dv} \left( \frac{Coul}{m^3} \right)$$

la densidad volumétrica de cargas eléctricas. En un volumen fijo, finito $v$, la carga encerrada en él será

$$q = \iiint_v \rho \, dv$$

Si la carga varía en ese volumen fijo será porque entran y salen cargas a modo de corrientes $i$ a través de la superficie $S$ que delimita al volumen $v$, es decir

$$i = \frac{dq}{dt} = \frac{d}{dt} \iiint_V \rho \, dv$$

Podemos evaluar esta corriente calculando el flujo de la densidad superficial de corriente

$$\vec{J} \left( \frac{A}{m^2} \right)$$

sobre la superficie $S$, en valor absoluto

$$|i| = \left| \oiint_S \vec{J} \cdot \vec{ds} \right|$$

Si predominan las corrientes salientes (de cargas positivas), el flujo de $\vec{J}$ es positivo en $S$ y la carga total dentro diminuye, de modo que podemos afirmar que

$$\oiint_S \vec{J} \cdot \vec{ds} = -\frac{dq}{dt} = -\frac{d}{dt} \iiint_v \rho \, dv$$

Como $S$ es fija y por ende el volumen $v$ también el operador derivada $\dfrac{d}{dt}$ puede ingresar dentro de la integral, aunque como derivada parcial $\dfrac{\partial}{\partial t}$ pues $\rho$ amén de función del tiempo $t$ puede ser función de las coordenadas espaciales así que

$$\oiint_S \vec{J} \cdot \vec{ds} = -\iiint_v \frac{\partial \rho}{\partial t}\, dv \qquad [54]$$

Esta es la ecuación de continuidad en forma integral.

Se puede escribir la ecuación de continuidad en forma **diferencial (o local)**, es decir, aplicable punto por punto, utilizando al relación de **Gauss-Ostrogradsky** (52)

$$\oiint_S \vec{J} \cdot \vec{ds} = \iiint_v div\ \vec{J}\ dv$$

comparando con (54) ha de ser:

$$\iiint_v div\ \vec{J}\ dv = -\iiint_v \frac{\partial \rho}{\partial t} dv$$

agrupando en el primer miembro

$$\iiint_v \left( div\ \vec{J} + \frac{\partial \rho}{\partial t} \right) dv \equiv 0$$

es decir que debe ser

$$div\ \vec{J} + \frac{\partial \rho}{\partial t} \equiv 0 \qquad [55]$$

Esta es la ecuación de continuidad en forma diferencial (o local).

En los casos estacionarios, es decir, cuando $\rho$ no varía en el tiempo (por ejemplo, en corriente continua) se tiene $\frac{\partial \rho}{\partial t} = 0$, luego $div\ \vec{J} = 0$ o también por la (54)

$$\oiint_S \vec{J} \cdot \vec{ds} = 0$$

## 4.19. El teorema circuital de Ampere en forma diferencial

Hemos dicho que en los casos estacionarios (campos y corrientes que no varían en el tiempo), en presencia de corrientes magnetizantes de materiales, la circuitación del campo $\vec{B}$ es

$$\oint_C \vec{B} \cdot \vec{dc} = \mu_0 \sum \left( I_{Conducción} + I_{Magnetización} \right)$$

En base al concepto de densidad de corrientes, podemos escribir

$$\oint_C \vec{B} \cdot \vec{dc} = \mu_0 \iint_S \vec{J}_{Cond.} \cdot \vec{ds} + \mu_0 \iint_S \vec{J}_{Mag.} \cdot \vec{ds} \qquad [56]$$

o más brevemente

$$\frac{1}{\mu_0}\oint_C \vec{B}\cdot\overrightarrow{dc}=\iint_S \vec{J}_{Tot.}\cdot\overrightarrow{ds}$$

Ahora bien, por el teorema de **Stokes** (53)

$$\frac{1}{\mu_0}\oint_C \vec{B}\cdot\overrightarrow{dc}=\frac{1}{\mu_0}\iint_S rot\ \vec{B}\cdot\overrightarrow{ds}$$

comparando tenemos que debe ser

$$rot\ \frac{\vec{B}}{\mu_0}=\vec{J}_{Tot.}=\vec{J}_{Cond.}+\vec{J}_{Mag.} \qquad\qquad [57]$$

que es la forma diferencial o puntual del teorema de Ampere, para casos estacionarios.

### 4.19.1. Casos no estacionarios. Corriente de desplazamientos

Consideremos el caso de un capacitor (sin dieléctrico para mayor sencillez), en la etapa transitoria de carga, fig.247. Los portadores (+) son sacados de la placa derecha y llevados a la izquierda por acción de la batería, de modo que en las placas se está produciendo una acumulación de cargas libres, por lo tanto en los puntos de ellas, en especial en las cara internas es $\frac{\partial\rho}{\partial t}\neq 0$, donde $\rho$ es la densidad de carga libre.

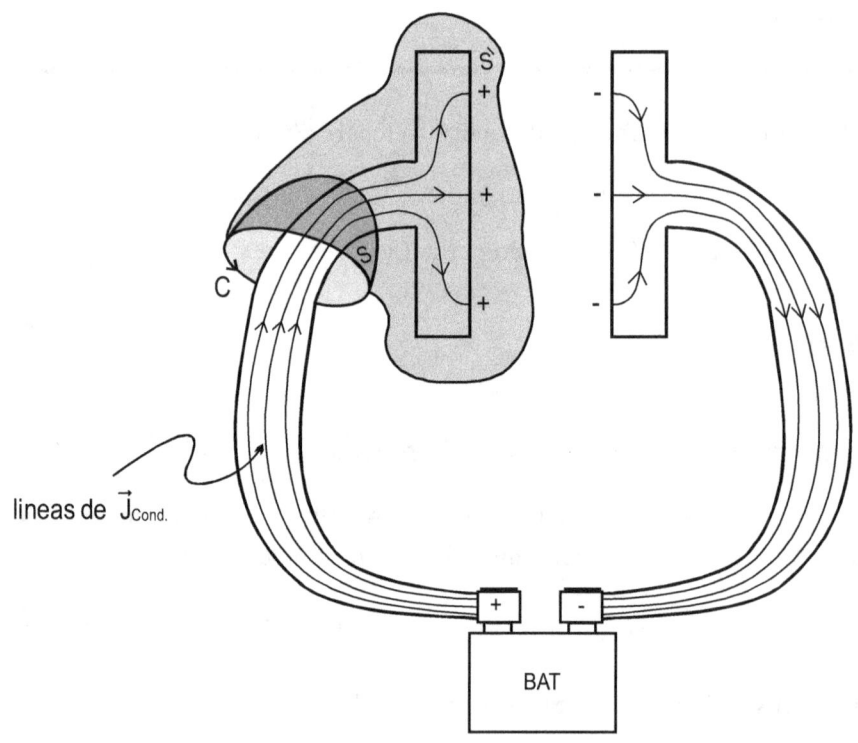

Figura 247

En los conductores de conexión y en las placas (vistas por su espesor) se tienen líneas del campo de densidad de corriente de conducción $\vec{J}_{Cond}$ (no tenemos densidad de corriente de magnetización $\vec{J}_m$).

Veamos las contradicciones que surgen al aplicar el teorema de Ampere para los casos estacionarios (en la forma (56)). En efecto, la superficie con borde en $C$ puede ser cualquiera sin que por ello varíe el resultado de la circuitación de $\vec{B}$, pero en este caso no se cumple, algo anda mal, pues si elegimos una superficie $S'$ totalmente en el vacío, al no existir $\vec{J}_{Cond}$ sobre ella se tiene

$$\oint_C \vec{B} \cdot \vec{dc} = \iint \vec{J}_{Cond} \cdot \vec{ds'} = 0$$

Si en cambio elegimos una superficie $S$ (la más pequeña en la fig.247) que es atravesada por el conductor con corriente $i$ resulta

$$\oint_C \vec{B} \cdot \vec{dc} = \iint \vec{J}_{Cond} \cdot \vec{ds} = i \neq 0$$

De modo que la circuitación de $\vec{B}$ está dependiendo del "capricho" en la elección de la superficie, ¡No puede ser!. Algo anda mal. Algo está faltando. Seguramente que al ser en $S'$ la falla, algo debe existir que "pasa" a través de $S'$ y no se ha tenido en cuenta.

*¿La ecuación de continuidad (54) se cumple?*

Si, pues tomando una superficie cerrada $S''$ (fig.248), que encierra un volumen $v$ se tiene

$$\oiint_{S''} \vec{J}_{Cond} \cdot \vec{ds''} = -\iiint_v \frac{\partial \rho}{\partial t} dv \qquad [58]$$

En este caso $\vec{J}_{Cond}$ produce un flujo entrante negativo (los ángulos entre $\vec{ds''}$ y $\vec{J}_{Cond}$ son obtusos), de modo que la integral de volumen resulta positiva, indicando que la carga $q = \iiint_v \rho \, dv$ aumenta.

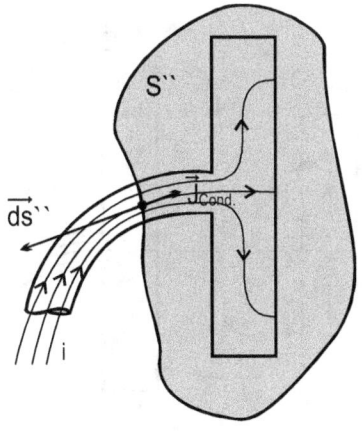

Figura 248

Recordando el teorema de Gauss

$$\varepsilon_0 \oiint_{S''} \vec{E} \cdot \vec{ds''} = \iiint_v \rho \, dv$$

derivando respecto al tiempo m.a.m. y siendo $S''$ y $v$ fijos los operadores derivada $\dfrac{d}{dt}$ ingresan a las integrales como $\dfrac{\partial}{\partial t}$

$$\varepsilon_0 \oiint_{S''} \frac{\partial \vec{E}}{\partial t} \cdot \vec{ds''} = \iiint_v \frac{\partial \rho}{\partial t} \, dv$$

comparando con (58)

$$\oiint_{S''} \vec{J}_{Cond} \cdot \vec{ds''} = -\varepsilon_0 \oiint_{S''} \frac{\partial \vec{E}}{\partial t} \cdot \vec{ds''}$$

o bien

$$\oiint_{S''} \left( \vec{J}_{Cond} + \varepsilon_0 \frac{\partial \vec{E}}{\partial t} \right) \cdot \vec{ds''} = 0$$

Podemos interpretar que $\varepsilon_0 \dfrac{\partial \vec{E}}{\partial t} \triangleq \vec{J}_D$ $\left( \text{en } \dfrac{A}{m^2} \right)$ es una densidad superficial de corriente (llamada de

***Desplazamiento*** por Maxwell), que sale de $S''$ compensando la entrada de la de conducción $\vec{J}_{Cond}$. En efecto, en la fig.249 se muestran las líneas del campo

$$\varepsilon_0 \frac{\partial \vec{E}}{\partial t} = \vec{J}_D \, ,$$

que coinciden en este caso con las de $\vec{E}$ entre placas, pues el campo $\vec{E}$ varía solo en módulo.

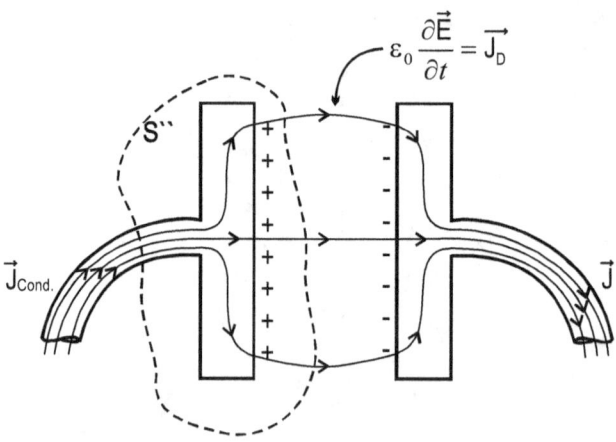

Figura 249

***NO*** debemos "esforzar" nuestra imaginación pensando que

$$\varepsilon_0 \frac{\partial \vec{E}}{\partial t} = \vec{J}_D$$

es una densidad de corriente de algo similar a la corriente de electrones, como para $\vec{J}$ de conducción. Veremos que se denomina densidad de corriente porque $\varepsilon_0 \dfrac{\partial \vec{E}}{\partial t}$ produce campo magnético como lo producen las cargas en movimiento. La denominación de corriente de "desplazamiento" proviene de la época de Maxwell, en la cual se admitía la existencia de "ETER". Este llenaba todo el espacio y servía de "soporte" o "medio" para los campos electro-magnéticos.

Lo cierto es que las líneas de $\vec{J}_{Cond}$ de conducción en el metal "empalman" con las líneas de $\vec{J}_D$ en el vacío, constituyéndose así líneas continuas, sin cortes.

Dicho de otro modo; la densidad total

$$\vec{J}_T = \vec{J}_{Cond} + \vec{J}_D$$

constituye un campo solenoidal, en efecto, como hemos visto que

$$\oiint_{S''} \left( \vec{J}_{Cond} + \vec{J}_D \right) \cdot \vec{ds''} = 0$$

por el *teorema de Gauss-Ostrogradsky* es $\iiint_{S''} div \left( \vec{J}_C + \vec{J}_D \right) dv = 0$, es decir

$$div \left( \vec{J}_C + \vec{J}_D \right) = 0 \qquad\qquad [59]$$

La experiencia demostró que efectivamente $\varepsilon_0 \dfrac{\partial \vec{E}}{\partial t} = \vec{J}_D$ produce circuitación del campo $\vec{B}$, de modo que modificaremos el teorema de Ampere así

$$\frac{1}{\mu_0} \oint_C \vec{B} \cdot \vec{dc} = \iint_{S'} \left( \vec{J}_C + \varepsilon_0 \frac{\partial \vec{E}}{\partial t} \right) \cdot \vec{ds'} \qquad\qquad [60]$$

Ahora sí todo está bien, pues si bien el flujo de $\vec{J}_{Cond}$ en $S'$ es

$$\iint_{S'} \vec{J}_C \cdot \vec{ds'} = 0$$

no es así para $\iint_{S'} \varepsilon_0 \dfrac{\partial \vec{E}}{\partial t} \cdot \vec{ds'} =$ corriente de desplazamiento $\neq 0$, de modo que no se anula

$$\frac{1}{\mu_0} \oint \vec{B} \cdot \vec{dc}$$

### 4.19.2. El teorema de Ampere en presencia de materia. Densidad de corriente total en máxima generalidad

*¿Qué ocurre si hay dieléctrico entre las placas del capacitor?*

No hay problema, pues en lugar del teorema de Gauss para $\vec{E}$ lo planteamos para $\vec{D} = \varepsilon_0 \vec{E} + \vec{P}$

$$\oiint_{S''} \vec{D} \cdot \vec{ds}'' = q_{libre} = \iiint_v \rho_{libre} dv$$

Repitiendo el razonamiento anterior llegamos a

$$\oiint_{S''} \left( \vec{J}_C + \varepsilon_0 \frac{\partial \vec{D}}{\partial t} \right) \cdot \vec{ds}'' = 0$$

es decir, llegamos a una densidad total solenoidal

$$\vec{J}_T = \vec{J}_C + \frac{\partial \vec{D}}{\partial t} = \vec{J}_C + \varepsilon_0 \frac{\partial \vec{E}}{\partial t} + \frac{\partial \vec{P}}{\partial t}$$

donde $\dfrac{\partial \vec{P}}{\partial t}$ es la densidad de corriente de polarización.

Esta sí está asociada a movimientos locales de cargas eléctricas ligadas: la de los dipolos del dieléctrico.

Por fin, se puede generalizar aun más, admitiendo la presencia de materia magnetizable que aporta corrientes de magnetización, de modo que en general se tiene

$$\vec{J}_T = \vec{J}_C + \varepsilon_0 \frac{\partial \vec{E}}{\partial t} + \frac{\partial \vec{P}}{\partial t} + \vec{J}_{mag}$$

Podemos escribir $\vec{J}_{mag}$ en función del campo de magnetización $\vec{M}$ :

vimos que en el anillo de Rowland utilizado para empezar a estudiar el magnetismo en la materia, se tenia

$$M \cdot 2\pi r_m = N \, I_{mag}$$

Con el concepto de densidad $\vec{J}_{mag}$ se puede poner así

$$\oint_C \vec{M} \cdot \vec{dc} = \iint_{S'} \vec{J}_m \cdot \vec{ds}'$$

($S'$ tiene por borde a $C$) y por el teorema de Stokes

$$\oint_C \vec{M} \cdot \vec{dc} = \iint_{S'} rot \ \vec{M} \cdot \vec{ds}'$$

comparando resulta

$$\vec{J}_m = rot\ \vec{M} \qquad\qquad [61]$$

Por todo lo expuesto, el teorema de Ampere en su máxima generalidad es

$$\frac{1}{\mu_0}\oint_C \vec{B}\cdot\vec{dc} = \iint_{S'}\left(\vec{J}_C + \varepsilon_0\frac{\partial\vec{E}}{\partial t} + \frac{\partial\vec{P}}{\partial t} + rot\ \vec{M}\right)\cdot\vec{ds'} \qquad [62]$$

Por el teorema de Stokes se puede escribir

$$\frac{1}{\mu_0}rot\ \vec{B} = \vec{J}_C + \varepsilon_0\frac{\partial\vec{E}}{\partial t} + \frac{\partial\vec{P}}{\partial t} + rot\ \vec{M} \qquad [63]$$

Esta ecuación diferencial es una de las ecuaciones de Maxwell, que luego agruparemos con las demás.

Recordando que

$$\vec{B} = \mu_0\vec{H} + \mu_0\vec{M} \qquad y \qquad \vec{H} = \frac{\vec{B}}{\mu_0} - \vec{M}$$

la (63) se puede escribir en término del campo $\vec{H}$

$$rot\ \vec{H} = \vec{J}_C + \frac{\partial\vec{D}}{\partial t} \qquad [64]$$

La (63) es más explícita.

### 4.19.3. Fenómeno simétrico a la inducción de Faraday-Lenz.

Para mayor sencillez pensemos en una zona del espacio dónde no hay $\vec{J}_C$ ni $\vec{P}$ ni $\vec{M}$, de modo que la (63) queda:

$$\frac{1}{\mu_0}rot\ \vec{B} = \varepsilon_0\frac{\partial\vec{E}}{\partial t} \qquad [65]$$

Esto muestra que un campo eléctrico variable en el tiempo contribuye a la existencia de un campo magnético. Es el hecho simétrico a que un campo magnético variable en el tiempo produce un campo eléctrico (**Faraday**).

Podemos decir que esta es la contribución más importante hecha por Maxwell.

Estamos en condiciones ahora de agrupar las 4 ecuaciones llamadas de Maxwell:

Por *Gauss*, para $\vec{E}$, tenenmos:

$$\varepsilon_0\oiint_S \vec{E}\cdot\vec{ds} = \iiint_v\left(\rho_{ligada} + \rho_{libre}\right)\cdot dv$$

y por el teorema de *Gauss-Ostrogradsky*

$$\varepsilon_0 \ div \ \vec{E} = \rho_{ligada} + \rho_{libre} \qquad\qquad [66]$$

Es la primera ecuación de Maxwell.

Por *Faraday-Lenz la* f.e.m. inducida es

$$\varepsilon_i = \oint_C \vec{E} \cdot \vec{dc} \equiv -\frac{d}{dt} \iint_{S'} \vec{B} \cdot \vec{ds'}$$

para *S'* fija, con borde en *C* podemos ingresar la derivada temporal:

$$\oint_C \vec{E} \cdot \vec{dc} \equiv -\iint_{S'} \frac{\partial \vec{B}}{\partial t} \cdot \vec{ds'}$$

y por el teorema de Stokes

$$rot \ \vec{E} = -\frac{\partial \vec{B}}{\partial t} \qquad\qquad [67]$$

Es la segunda ecuación de Maxwell.

Por el hecho de que $\vec{B}$ no tiene cargas fuentes, el campo $\vec{B}$ es solenoidal

$$\phi_B = \oiint_{S \ (cerrada)} \vec{B} \cdot \vec{ds} = 0$$

luego por Gauss-Ostrogradsky

$$div \ \vec{B} = 0 \qquad\qquad [68]$$

Es la tercera ecuación de Maxwell.

Por último, de (63)

$$\frac{1}{\mu_0} rot \ \vec{B} = \vec{J}_C + \varepsilon_0 \frac{\partial \vec{E}}{\partial t} + \frac{\partial \vec{P}}{\partial t} + rot \ \vec{M} \qquad\qquad [69]$$

Es la cuarta ecuación de Maxwell.

Como vemos se da la divergencia y el rotor para cada campo. En los cursos de análisis vectorial algo más desarrollados se demuestra que al dar la div y el rotor de un campo, más las condiciones de contorno, el campo queda determinado para todo punto e instante.

### 4.19.4. Aclaración sobre el campo eléctrico $\vec{E}$

Al comenzar el curso se definió el campo eléctrico de Coulomb $\left(\vec{E}_{Coul}\right)$, que algunos denominan "electrostático". Se definió básicamente como cociente entre la fuerza eléctrica de Coulomb y la carga testigo $q_0$. La fuerza eléctrica de Coulomb sencillamente es la fuerza que otras cargas (en reposo) producen sobre la testigo.

El campo $\vec{E}_{Coul}$ es conservativo

$$\oint_C \vec{E}_{Coul} \cdot \vec{dc} \equiv 0$$

es irrotacional

$$rot\ \vec{E}_{Coul} \equiv 0$$

Deriva por ello de un potencial $V$

$$\vec{E}_{Coul} = -grad\ V$$

No produce f.e.m., es decir, no puede hacer circular estacionariamente cargas eléctricas, aunque, claro está contribuye en partes del circuito a mover portadores. Dicho de otro modo, contribuye a la densidad de corriente de conducción

$$\vec{J}_{cond} - \nabla\sigma\left(\vec{E}_{Coul} + ...\right)$$

donde $\sigma$ es la conductividad.

Por otro lado, al estudiar la ley de inducción electromagnética de Faraday-Lenz hemos aceptado que el flujo variable de $\vec{B}$ produce también campo eléctrico, pero este *No Es Conservativo*

$$\oint_C \vec{E} \cdot \vec{dc} \neq 0$$

precisamente esta integral es una f.e.m. Es rotacional, $rot\ \vec{E} \neq 0$. **No posee potencial escalar**. Contra la costumbre podríamos llamarlo "campo eléctrico de Faraday, $\vec{E}_{Far}$". Es claro que al producir f.e.m. si es capaz de producir corrientes cerradas y por ende también hay que tenerlo en cuenta, del modo que:

$$\vec{J}_{cond} \nabla \sigma\left(\vec{E}_{Coul} + \vec{E}_{Far} + ...\right)$$

Por último, cualquier fuerza "externa" al fenómeno electromagnético puede mover cargas eléctricas (por ejemplo con "nuestra mano", la gravedad, las presiones, etc.). Podemos denominar "campo eléctrico externo o equivalente $\vec{E}_{equi}$" a estas fuerzas por unidad de carga del portador, de modo que, en general:

$$\vec{J}_{cond} \nabla \sigma\left(\vec{E}_{Coul} + \vec{E}_{Far} + \vec{E}_{Equiv}\right) \qquad [70]$$

Tenemos asi la ley de OHM vectorial con todos los campos posibles.

Después de lo dicho puede surgir la pregunta ¿qué campos representa el vector $\vec{E}$ que figura en las ecuaciones de Maxwell? Es el vector suma entre el de Coulomb y el de Faraday o inducido:

$$\vec{E} = \vec{E}_{Coul} + \vec{E}_{Far} \tag{71}$$

El $\vec{E}_{eq.}$ no figura explícitamente en las ecuaciones de Maxwell, pero puede estar presente en $\vec{J}_{cond}$ por la relación (70)

---

**Nota**

*El autor de estas líneas opina que lo dicho en estos párrafos en general no esta enfatizado en la mayoría de los textos.*

---

Si en (71) "tomamos" divergencia m. a m.

$$div\ \vec{E} = div\ \vec{E}_{Coul} + div\ \vec{E}_{Far}$$

pero $div\ \vec{E}_{Far} = 0$, luego resulta

$$div\ \vec{E}_{Coul} = \frac{\rho_{lib} + \rho_{lig}}{\varepsilon_0}$$

Con esto queremos señalar que la $div$ puede ser $\neq 0$ "gracias" al campo de Coulomb, el campo inducido $\vec{E}_{Far}$ no posee "cargas fuentes" ni (+) ni (-).

Veamos que ocurre con el rotor: si "tomamos" rotor m. a m.

$$rot\ \vec{E} = rot\ \vec{E}_{Coul} + rot\ \vec{E}_{Far}$$

pero $rot\ \vec{E}_{Coul} = \vec{0}$, luego resulta

$$rot\ \vec{E} = -\frac{\partial \vec{B}}{\partial t}$$

Con esto queremos señalar que el rotor puede ser $\neq 0$ "gracias" al campo de Faraday o inducido.

Estando esto de acuerdo a las ecuaciones (66) y (67).

### 4.19.5. El "potencial" vector $\vec{A}$

Es posible definir un campo de vectores $\vec{A}$ tal que se pueda escribir

$$\vec{B} = rot\ \vec{A} \tag{72}$$

En efecto, como siempre es $div\ \vec{B} = 0$ (ecuación 68) y recordando que todo campo de rotores es solenoidal, es claro que se cumple idénticamente:

$$div \ \vec{B} = div \left( rot \ \vec{A} \right) \equiv 0$$

Al campo $\vec{A}$ se le denomina "potencial vector". Pero $\vec{A}$ no está **Unívocamente** definido, puede diferir en un campo de gradientes de función escalar $\varphi$, en efecto, si

$$\vec{A'} = \vec{A} + grad \ \varphi$$

es

$$rot \ \vec{A'} = rot \ \vec{A} + rot \left( grad \ \varphi \right)$$

Pero el campo de gradientes es irrotacional

$$rot \left( grad \ \varphi \right) = 0 \text{, luego } rot \ \vec{A'} = rot \ \vec{A} = \vec{B}$$

Por la última ecuación de Maxwell (69) se deduce que el campo $\vec{A}$ es definido por las densidades de corrientes.

Veamos una interesante relación entre el campo $\vec{E}$ y el potencial escalar V y el vectorial $\vec{A}$: de (67)

$$rot \ \vec{E} = -\frac{\partial \vec{B}}{\partial t} = -\frac{\partial}{\partial t} \left( rot \ \vec{A} \right)$$

como *rot* no afecta al tiempo *t*, se puede escribir

$$\frac{\partial}{\partial t} \left( rot \ \vec{A} \right) = rot \left( \frac{\partial \vec{A}}{\partial t} \right)$$

y pasando todo al primer miembro

$$rot \ \vec{E} + rot \ \frac{\partial \vec{A}}{\partial t} = 0$$

también se puede escribir:

$$rot \left( \vec{E} + \frac{\partial \vec{A}}{\partial t} \right) \equiv 0$$

Aprovechando que el rotor de un gradiente es cero, podemos afirmar que el paréntesis es el gradiente de una función escalar y como $\vec{E} = \vec{E}_{Coul} + \vec{E}_{Far}$ esta función escalar ha de ser el potencial *V*:

$$\vec{E} + \frac{\partial \vec{A}}{\partial t} = -grad \ V$$

(el signo $-$ ya fue usado para el campo de Coulomb). Así que

$$\vec{E} = -grad \ V - \frac{\partial \vec{A}}{\partial t} \qquad [73]$$

De modo que:

$$\vec{E}_{Coul} = -grad\ V\ ,\qquad\qquad \vec{E}_{Faraday} = -\frac{\partial \vec{A}}{\partial t}$$

## 4.20. Ondas electromagnéticas

Maxwell (alrededor de 1869) con sus ecuaciones dedujo teóricamente que debían existir ondas electromagnéticas. H. Hertz veinte años después comprobó experimentalmente que así era. Quizás se tardó tanto porque para que las corrientes de desplazamiento

$$\varepsilon_0 \frac{\partial \vec{E}}{\partial t}$$

sean comparables a la de conducción, $\vec{E}$ debe variar con mucha frecuencia (aparte también debido a la estructura del campo, ver PURCELL).

Veamos cómo con las ecuaciones de Maxwell es posible demostrar que los campos $\vec{E}$ y $\vec{B}$ pueden propagarse ondulatoriamente.

Para mayor sencillez suponemos que en cierta zona del espacio no hay $\vec{J}_{cond}$, ni $\frac{\partial \vec{P}}{\partial t}$, ni

$$\vec{J}_{mag} = rot\ \vec{M}$$

solo $\varepsilon_0 \frac{\partial \vec{E}}{\partial t}$ (densidad de corriente de desplazamiento "en el vacío"). La (69) resulta, (pasando $\mu_0$ multiplicando al segundo miembro)

$$rot\ \vec{B} = \mu_0\varepsilon_0 \frac{\partial \vec{E}}{\partial t} \qquad\qquad [74]$$

y por la (67)

$$rot\ \vec{E} = -\frac{\partial \vec{B}}{\partial t}$$

tomando rotor m. a m. en la (74)

$$rot\left(rot\ \vec{B}\right) = \mu_0\varepsilon_0\ rot\left(\frac{\partial \vec{E}}{\partial t}\right)$$

permutando $rot$ con $\frac{\partial}{\partial t}$:

$$rot\left(rot\ \vec{B}\right) = \mu_0\varepsilon_0 \frac{\partial}{\partial t} rot\ \vec{E}$$

por la (67)

$$rot\left(rot\ \vec{B}\right) = -\mu_0\varepsilon_0\frac{\partial^2\vec{B}}{\partial t^2}$$

Con el operador nabla se puede escribir

$$\nabla\times\left(\nabla\times\vec{B}\right) = -\mu_0\varepsilon_0\frac{\partial^2\vec{B}}{\partial t^2} \qquad [75]$$

*¿A qué es igual el rotor del rotor?*

Se sabe que el doble producto vectorial entre tres vectores $\vec{A},\ \vec{B},\ \vec{C}$ se puede calcular así

$$\vec{A}\times\left(\vec{B}\times\vec{C}\right) = \begin{vmatrix} \vec{B} & \vec{C} \\ \vec{A}\cdot\vec{B} & \vec{A}\cdot\vec{C} \end{vmatrix} = \left(\vec{A}\cdot\vec{C}\right)\vec{B} - \left(\vec{A}\cdot\vec{B}\right)\vec{C}$$

de modo que

$$\nabla\times\left(\nabla\times\vec{B}\right) = \begin{vmatrix} \nabla & \vec{B} \\ \nabla\cdot\nabla & \nabla\cdot\vec{B} \end{vmatrix} = \nabla\left(\nabla\cdot\vec{B}\right) - \nabla^2\vec{B} = grad\left(div\ \vec{B}\right) - lap\ \vec{B}$$

Interpretamos que $\nabla\cdot\nabla = \nabla^2 = \dfrac{\partial^2}{\partial x^2} + \dfrac{\partial^2}{\partial y^2} + \dfrac{\partial^2}{\partial z^2} \cong lap$, pues se denomina "operador laplaciano"

Por otro lado $\nabla\left(\nabla\cdot\vec{B}\right) = grad\left(div\ \vec{B}\right)$ por la (68) es nulo, de modo que la (75) resulta

$$-lap\ \vec{B} = -\mu_0\varepsilon_0\frac{\partial^2\vec{B}}{\partial t^2} \qquad [76]$$

o bien

$$\frac{\partial^2\vec{B}}{\partial x^2} + \frac{\partial^2\vec{B}}{\partial y^2} + \frac{\partial^2\vec{B}}{\partial z^2} - \mu_0\varepsilon_0\frac{\partial^2\vec{B}}{\partial t^2} = 0$$

Ahora bien, antes que Maxwell encontrase estas relaciones, D'Alembert había demostrado (estudiando ondas en cuerdas estiradas) que todo movimiento ondulatorio queda descripto por ecuaciones diferenciales parciales del tipo

$$\nabla^2\psi - \frac{1}{v^2}\frac{\partial^2\psi}{\partial t^2} = 0 \qquad [77]$$

donde $\psi$ es una función de onda y $v$ la velocidad de propagación.

Comparando (77) con (76) se tiene que $\psi \to \vec{B}$ y que

$$v = \frac{1}{\sqrt{\mu_0\varepsilon_0}}$$

Si reemplazamos

$$\varepsilon_0 \cong 8,85 \times 10^{-12} \frac{Coul}{N\ m^2}$$

y

$$\mu_0 = 4\pi \times 10^{-7} \frac{N}{\left(Coul\middle/seg\right)^2}$$

resulta

$$v \approx 3 \times 10^8 \frac{m}{seg}$$

es decir la velocidad de la luz en el vacío. Por esto y otras cuestiones, Maxwell propuso que la luz "era" una onda electromagnética.

La (76) se puede expresar en términos de las componentes escalares de $\vec{B}$, de $\vec{E}$ o de $\vec{A}$. Compruébelo el lector.

## 4.21. Caso particular ideal. Onda electromagnética plana, en el vacío.

Probemos con las ecuaciones de Maxwell la posibilidad de una onda plana de campo $\vec{B}$ y $\vec{E}$ paralelos a $(y, z)$ respectivamente (fig.250), propagándose con velocidad $\vec{v}$ a lo largo de $x$.

Supondremos que se estudia una zona del espacio vacía, es decir, sin $\rho_{libre}$, ni $\rho_{ligado}$, ni $\vec{J}_{cond}$, ni $\dfrac{\partial \vec{P}}{\partial t}$, y ni $\vec{J}_{mag}$. Es claro que en algunas otras zonas algo de esto tendrá que existir para producir los campos inicialmente. En principio supondremos que tanto $\vec{E}$ y $\vec{B}$ son funciones de todas las coordenadas

$$\vec{E} = E_y\left(x, y, z, t\right)\hat{j}$$

$$\vec{B} = B_z\left(x, y, z, t\right)\hat{k}$$

pero veamos lo que ocurre según las ecuaciones de Maxwell.

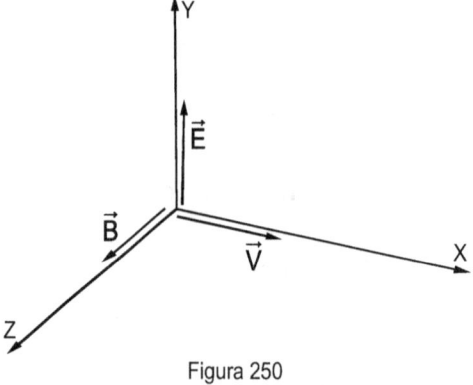

Figura 250

Por la primera ecuación (66), $\varepsilon_0 \, div\vec{E} = 0$, es decir

$$\frac{\partial E_y}{\partial y} = 0$$

de modo que $E_y$ no es función de la coordenada y, quedando por ahora $E_y(x,z,t)$, pero por la segunda ecuación (67)

$$rot \; \vec{E} = -\frac{\partial \vec{B}}{\partial t}$$

Calculamos el rotor

$$rot \; \vec{E} = \begin{vmatrix} \hat{i} & \hat{j} & \hat{k} \\ \dfrac{\partial}{\partial x} & \dfrac{\partial}{\partial y} & \dfrac{\partial}{\partial z} \\ 0 & E_y & 0 \end{vmatrix} = \hat{i}\left(-\frac{\partial E_y}{\partial z}\right) + 0 \; \hat{j} + \frac{\partial E_y}{\partial x}\hat{k}$$

luego

$$-\frac{\partial E_y}{\partial z}\hat{i} + \frac{\partial E_y}{\partial x}\hat{k} = \frac{\partial B_z}{\partial t}\hat{k}$$

para que esta igualdad vectorial sea cierta, debe ser

$$-\frac{\partial E_y}{\partial z} = 0 \qquad ; \qquad \frac{\partial E_y}{\partial x} = \frac{\partial B_z}{\partial t}$$

de modo que tampoco $E_y$ depende de z, aunque si de x quedando al fin

$$\vec{E} = E_y(x,t)\,\hat{j}$$

Significa que para un plano $x = cte.$ (paralelo al y, z), para cierto instante t, en todos los puntos de ese plano, $\vec{E}$ es uniforme, paralelo a y.

Veamos que ocurre con $\vec{B}$.

Por la tercera ecuación (68), $div \; \vec{B} = 0$, luego

$$\frac{\partial B_z}{\partial z} = 0$$

es decir $B_z$ no depende de z, quedando hasta ahora $B_z(x,y,t)$, pero por la cuarta ecuación (69)

$$\frac{1}{\mu_0}rot \; \vec{B} = \varepsilon_0 \frac{\partial \vec{E}}{\partial t}$$

Calculamos el rotor

$$rot \ \vec{B} = \begin{vmatrix} \hat{i} & \hat{j} & \hat{k} \\ \dfrac{\partial}{\partial x} & \dfrac{\partial}{\partial y} & \dfrac{\partial}{\partial z} \\ 0 & 0 & B_z \end{vmatrix} = \hat{i}\left( \dfrac{\partial B_z}{\partial y} \right) - \hat{j}\left( \dfrac{\partial B_z}{\partial x} \right) + 0 \ \hat{k}$$

de modo que

$$\frac{\partial B_z}{\partial y}\hat{i} - \frac{\partial B_z}{\partial x}\hat{j} = \mu_0\varepsilon_0 \frac{\partial \vec{E}_y}{\partial t}\hat{j}$$

para que esta igualdad se cumpla debe ser

$$\frac{\partial B_z}{\partial y} = 0 \qquad ; \qquad -\frac{\partial B_z}{\partial x} = \mu_0\varepsilon_0 \frac{\partial E_y}{\partial t}$$

es decir que $B_z$ tampoco es función de $y$ pero si de $x$, quedando al fin

$$B = B_z\left( x,t \right)\vec{k}$$

Podemos afirmar lo mismo que para $\vec{E}$, solo que es paralelo a $z$.

**En síntesis:** $\vec{E}$ y $\vec{B}$ son sólo función de $x$ y de $t$ y ha resultado de la segunda ecuación de Maxwell

$$\frac{\partial E_y}{\partial x} = \frac{\partial B_z}{\partial t} \qquad\qquad\qquad [78]$$

y de la cuarta ecuación de Maxwell:

$$-\frac{\partial B_z}{\partial x} = \mu_0\varepsilon_0 \frac{\partial E_y}{\partial t} \qquad\qquad\qquad [79]$$

Hagamos un trabajo parecido al que hicimos para llegar a la ecuación (76), derivemos m. a m. la (79) respecto a $x$

$$-\frac{\partial^2 B_z}{\partial x^2} = \mu_0\varepsilon_0 \frac{\partial}{\partial x}\left( \frac{\partial E_y}{\partial t} \right)$$

permutando los operadores derivadas y utilizando la (78) se llega a

$$\frac{\partial^2 B_z}{\partial x^2} - \mu_0\varepsilon_0 \frac{\partial^2 B_z}{\partial t^2} = 0 \qquad\qquad\qquad [80]$$

que es la (76) particularizada para el caso presente $\left( B_x = 0, \ B_y = 0 \right)$.

También se tiene

$$\frac{\partial^2 E_y}{\partial x^2} - \mu_0 \varepsilon_0 \frac{\partial^2 E_y}{\partial t^2} = 0 \qquad\qquad [81]$$

Es fácil probar que estas ecuaciones diferenciales admiten como solución funciones de argumento $u = (x - ct)$, es decir, funciones del tipo $E_y$ (ó $B_z$) $= f(x - ct)$.

Ahora bien ¿cómo se comportan estas funciones? Representan ondas o pulsos que viajan con velocidad $c$ a lo largo del eje $x$ en sentido positivo (si fuesen del tipo $f(x + ct)$ lo harían en sentido contrario). En la fig.257 representamos una función $E_y (x - ct)$ cualquiera (un pulso) en dos instantes $t$ y $(t + \Delta t)$.

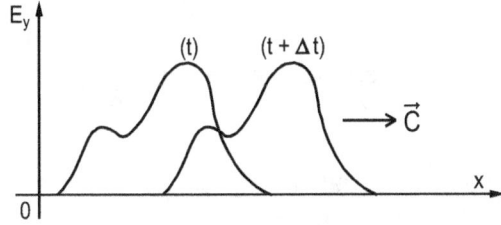

Figura 251

Probemos que efectivamente son solución de la (81)

$$E_y (x - ct) = E_y (u) \qquad\qquad \text{con } u = x - ct.$$

Derivemos respecto a $x$

$$\frac{\partial E_y}{\partial x} = \frac{\partial E_y}{\partial u} \cdot \frac{\partial u}{\partial x}$$

pero $\dfrac{\partial u}{\partial x} = 1$, luego $\dfrac{\partial E_y}{\partial x} = \dfrac{\partial E_y}{\partial u}$, derivemos nuevamente

$$\frac{\partial^2 E_y}{\partial x^2} = \frac{\partial^2 E_y}{\partial u^2} \cdot \frac{\partial u}{\partial x} = \frac{\partial^2 E_y}{\partial u^2} \qquad\qquad [82]$$

Ahora derivemos respecto a $t$

$$\frac{\partial E_y}{\partial t} = \frac{\partial E_y}{\partial u} \cdot \frac{\partial u}{\partial t}$$

pero $\dfrac{\partial u}{\partial t} = -c$, luego $\dfrac{\partial E_y}{\partial t} = -c \dfrac{\partial E_y}{\partial u}$, derivemos nuevamente

$$\frac{\partial^2 E_y}{\partial t^2} = -c^2 \frac{\partial^2 E_y}{\partial u^2}$$

o bien

$$\frac{\partial^2 E_y}{\partial u^2} = -\frac{1}{c^2} \cdot \frac{\partial^2 E_y}{\partial t^2} \qquad [83]$$

Comparando (82 y (83) se tiene efectivamente la (81) con lo que queda demostrado que $E_y(x-ct)$ es solución (particular) de la ecuación de D'Alambert.

Una función importante es la que corresponde a una onda armónica

$$E_y = E_{y\,máx} \cdot sen\left(\frac{2\pi}{\lambda} \cdot (x-ct)\right)$$

o bien teniendo en cuenta que $\dfrac{2\pi}{\lambda} = k$ (número de onda) y que $\dfrac{2\pi}{\lambda}c = 2\pi f = \omega$ (frecuencia angular), se tiene

$$E_y = E_{y\,máx} \cdot sen(kx - \omega t) \qquad [84]$$

ídem para $B_z$ :

$$B_z = B_{z\,máx} \cdot sen(kx - \omega t) \qquad [85]$$

Estas funciones son, como ya hemos dicho, soluciones particulares de las ecuaciones (80) y (81). Constituyen, físicamente hablando, una onda electromagnética "**Polarizada** en **Forma Plana**", "**Monocromática**" (que significa de un solo color, de una sola frecuencia $\omega$).

En la fig.252 se tienen graficadas estas funciones a lo largo del eje $x$, para cierto instante $t$. Digamos que el campo eléctrico $\vec{E}_y$ está en el plano vertical y el campo magnético $\vec{B}_z$ en el plano horizontal.

En la fig.253 se tiene las líneas de campo, vistas de frente, para un corte A (fig.252), mirándolas hacia el origen de las $x$. Constituyen un "FRENTE" de ONDA, plano. Avanza hacia el lector con velocidad $c$.

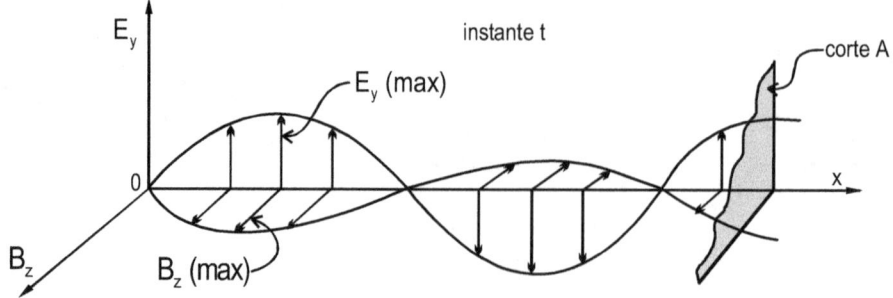

Figura 252

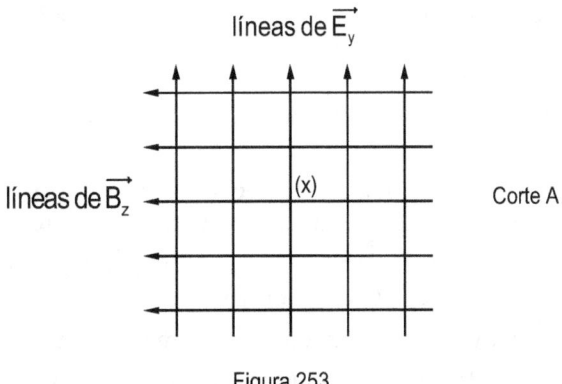

líneas de $\vec{E}_y$

líneas de $\vec{B}_z$

(x)

Corte A

Figura 253

## 4.22. Balance energético (o de potencias). Vector de *Poynting*

Cuando se trata de campos es habitual hablar de las magnitudes en términos de densidades volumétricas de las mismas. Aquí nosotros trataremos con energías y potencias "por unidad de volumen"

$$\left( \text{en } \frac{Joul}{m^3} \text{ y } \frac{Watt}{m^3} \right)$$

Cuando hemos estudiado un capacitor cargado y luego una bobina toroidal, hemos demostrado que existen densidades de energía de campo eléctrico, dada por $\dfrac{\vec{E} \cdot \vec{D}}{2}$ (en el vacío es $\vec{D} = \varepsilon_0 \vec{E}$, resultando $\dfrac{\varepsilon_0 E^2}{2}$), y densidad de energía de campo magnético, dada por $\dfrac{\vec{B} \cdot \vec{H}}{2}$ (en el vacío es $\vec{B} = \mu_0 \vec{H}$, resultado $\dfrac{B^2}{2\,\mu_0}$)

Se puede demostrar que estas expresiones siguen siendo válidas aún para los campos electromagnéticos variables en el tiempo. De modo que si en un punto del espacio (con o sin materia) existen ambos campos, se tiene allí una densidad volumétrica de energía electromagnética dada por

$$\left( \frac{\vec{E} \cdot \vec{D}}{2} + \frac{\vec{B} \cdot \vec{H}}{2} \right)$$

Pensemos ahora en cierta región del espacio con materia en general, limitada por una superficie matemática *S*, que encierra un volumen *v* (fig.254), fijo respecto a un dado referencial.

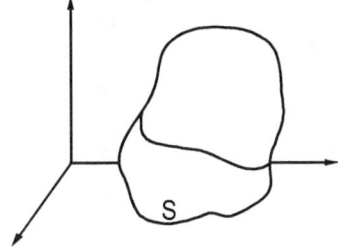

S

Figura 254

En cierto instante (*t*) se tendrá en ese volumen energía electromagnética dada por

$$\iiint_v \left( \frac{\vec{E} \cdot \vec{D}}{2} + \frac{\vec{B} \cdot \vec{H}}{2} \right) dv$$

Esta energía puede variar en dicho volumen por diversas causas en general: 1) que entre y/o salga energía del campo electromagnético a través de la superficie *S* (flujo de potencia), 2) que dentro del volumen circulen corrientes de conducción de densidad $\vec{J}_{Cond}$, disipándose energía electromagnética en forma de calor (efecto Joule), 3) que, por el contrario, fuerzas exteriores al campo electromagnético, representadas por $\vec{E}_{eq}$, conviertan energía no electromagnética en electromagnética (por ejemplo, a escala macroscópica cuando hay f.e.m. ($\varepsilon$) de origen químico, termocuplas (efecto SEEBECK), etc.).

Por medio de las ecuaciones de Maxwell es fácil demostrar (no lo hacemos aquí) que la relación entre la potencia que fluye a través de *S* y las potencias en el interior del volumen *v* se puede escribir así

$$\oiint_S \left( \vec{E} \times \vec{H} \right) \cdot ds = -\frac{d}{dt} \iiint_v \left( \frac{\vec{E} \cdot \vec{D}}{2} + \frac{\vec{B} \cdot \vec{H}}{2} \right) dv - \iiint_v \vec{J} \cdot \vec{E} \, dv \quad (en \ Watt) \quad [86]$$

La integral de superficie del primer miembro da el flujo del vector de **Poynting**.

$$\vec{P} \triangleq \vec{E} \times \vec{H} \quad \left( \frac{Watt}{m^2} \right) \qquad\qquad [87]$$

Dicha integral da la potencia del campo electromagnético que fluye a través de *S*. Si resulta positiva significa que sale más potencia de la que entra (el flujo saliente es +).

La primera integral del segundo miembro da la variación en el tiempo de la energía electromagnética acumulada en *v* y la última integral da la potencia que se transforma por los motivos 2) y 3) mencionados antes.

Para resaltar este hecho, modifiquemos esta última integral: sabemos que

$$\vec{J} = \sigma \left( \vec{E} + \vec{E}_{eq} \right)$$

dividiendo por $\sigma$ y multiplicando m. a m. por $\vec{J}$

$$\frac{J^2}{\sigma} = \vec{J} \cdot \vec{E} + \vec{J} \cdot \vec{E}_{eq} \qquad ; \qquad \vec{J} \cdot \vec{E} = \frac{J^2}{\sigma} - \vec{J} \cdot \vec{E}_{eq}$$

reemplazando

$$-\iiint_v \vec{J} \cdot \vec{E} \, dv = -\iiint_v \frac{J^2}{\sigma} \, dv + \iiint_v \vec{J} \cdot \vec{E}_{eq} \, dv$$

veremos con un ejemplo sencillo que

$$-\iiint_{v} \frac{J^2}{\sigma}\, dv$$

da la potencia disipada por el efecto Joule y que $\iiint_{v} \vec{J}\cdot\vec{E}_{eq}\, dv$ da la potencia entregada al campo electromagnético por los campos externos equivalentes. Tenemos que la (86) resulta

$$\oiint_{S}\left(\vec{E}\times\vec{H}\right)\cdot ds = -\frac{d}{dt}\iiint_{v}\left(\frac{\vec{E}\cdot\vec{D}}{2}+\frac{\vec{B}\cdot\vec{H}}{2}\right)dv - \iiint_{v}\frac{J^2}{\sigma}\, dv + \iiint_{v}\vec{J}\cdot\vec{E}_{eq}\, dv \qquad [88]$$

Para reforzar la interpretación escribamos la (88) así

$$\frac{d}{dt}\iiint_{v}\left(\frac{\vec{E}\cdot\vec{D}}{2}+\frac{\vec{B}\cdot\vec{H}}{2}\right)dv = -\oiint_{S}\left(\vec{E}\times\vec{H}\right)\cdot ds - \iiint_{v}\frac{J^2}{\sigma}\, dv + \iiint_{v}\vec{J}\cdot\vec{E}_{eq}\, dv$$

El primer miembro es la variación en el tiempo de la energía en el volumen $V$ encerrado por $S$; esta variación, según el segundo miembro, es producida en general por: energía electromagnética que fluye a través de $S$, disipación de energía en el interior de $S$ y por último transformaciones de energía no electromagnética en electromagnética

### 4.22.1. Aplicaciones

Sea el siguiente caso sencillo (fig.255). La corriente continua $i$ fluye por el conductor se sección $S'$, impulsada por un campo eléctrico $\vec{E}$. Aquí no hay campo $\vec{E}_{eq}$ (no hay f.e.m. dentro del cilindro imaginario de longitud $\ell$ y radio $r$).

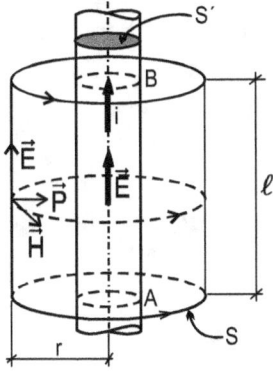

Figura 255

Como $\vec{E}$ es un campo coulombiano, debe ser

$$\oint_{C}\vec{E}\cdot\vec{dc} = 0$$

con esto probamos que fuera del conductor también existe $\vec{E}$, en efecto, en el circuito 1-2-3-4-1 (fig.256) se tiene, asumiendo que el campo eléctrico es de dirección paralela al eje del cilindro,

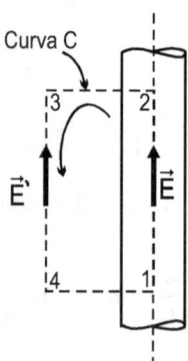

Figura 256

$$\oint_{1-2-3-4-1} \vec{E} \cdot \vec{dc} = \oint_{1-2} \vec{E} \cdot \vec{dc} + \oint_{3-4} \vec{E'} \cdot \vec{dc} = 0$$

(las integrales en 2-3 y 4-1 son nulas por ser el campo perpendicular a $\vec{dc}$) de modo que debe ser $\vec{E'} = \vec{E}$.

El vector de Poynting $\vec{P} = \vec{E} \times \vec{H}$ apunta hacia adentro indicando que ¡fluye potencia del espacio hacia el conductor!

Calculamos

$$\oiint_S \left( \vec{E} \times \vec{H} \right) \cdot \vec{ds} = -\left| \vec{E} \right| \left| \vec{H} \right| \cdot 2\pi r \cdot \ell$$

el (-) resulta porque es $\cos \pi = -1$ (producto escalar). Sabemos que $H = \dfrac{i}{2\pi r}$, luego

$$-\left| \vec{E} \right| \left| \vec{H} \right| \cdot 2\pi r \cdot \ell = -\left| \vec{E} \right| \, i \, \ell$$

Por otro lado, por el concepto de gradiente $\left| \vec{E} \right| \cdot \ell = V_A - V_B$, luego

$$-\left| \vec{E} \right| \cdot \ell = V_B - V_A = \Delta V_{AB}$$

(diferencia de potencial entre los extremos encerrados del conductor), de modo que el primer miembro, en efecto, es potencia: $i \, \Delta V_{AB}$. Veamos el segundo miembro: la primera integral es nula, pues por ser corriente continua ningún campo varía y por ende la energía acumulada tampoco. analicemos las dos últimas integrales: si $v'$ es el volumen del conductor encerrado es

$$-\iiint_v \frac{J^2}{\sigma}\, dv = -\iiint_v \frac{J^2}{\sigma}\, dv' = -\frac{1}{\sigma}\left( \frac{i}{S'} \right)^2 \cdot \iiint_v dv' = -\frac{1}{\sigma}\left( \frac{i}{S'} \right)^2 \cdot \left( \ell \, S' \right)$$

siendo $R_{AB} = \dfrac{\ell}{\sigma S'}$, resulta $-i^2 R_{AB}$ (potencia disipada por efecto Joule). veamos la última integral: al no existir $E_{eq}$, es nula. Al fin se cumple la igualdad

$$\left| i\, \Delta V_{AB} \right| = \left| i^2 R_{AB} \right|$$

***En resumen***: la potencia electromagnética, dada por el flujo del vector de Poynting, entra desde afuera hacia el conductor y allí se disipa en forma de calor.

Veamos otro caso sencillo pero con f.e.m., es decir, con campo equivalente $\vec{E}_{eq}$: en la fig.257 se tiene un trozo de conductor de longitud $\ell_2$ conectado a una batería de longitud $\ell_1$, (por supuesto, todo es parte de un circuito no del todo dibujado).

Sabemos que en una batería se tiene un campo no coulombiano $\left( \vec{E}_{eq} \right)$ que genera la f.e.m. $\varepsilon$ y un campo antagónico coulombiano $\vec{E}_1$. Tomemos como volumen $v$ el del propio conductor. Los $(\cdot)$ y las $(\times)$ denotan las líneas de $\vec{H}$ en la superficie lateral. Veamos la integral del primer miembro de la (88):

$$\iint\limits_{S} \left( \vec{E} \times \vec{H} \right) \cdot \vec{ds} = \iint\limits_{S_1} + \iint\limits_{S_2}$$

donde $S_1$ y $S_2$ son las superficies laterales de la batería y del conductor respectivamente, (en las "tapas" no hay flujo, pues $\vec{E} \times \vec{H}$ es tangente a las "tapas").

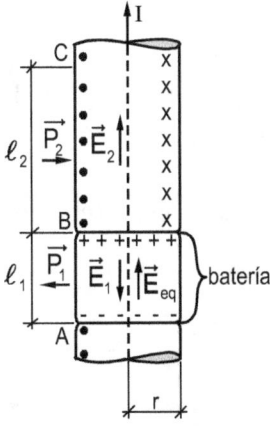

Figura 257

En la batería $\vec{E}_1 \times \vec{H} = \vec{P}_1$ da hacia fuera: ¡la energía fluye hacia fuera, es decir, hacia el campo electromagnético!. En el conductor, de longitud $\ell_2$ da hacia adentro, como en el caso anterior, de modo que las integrales resultan:

$$\left|\vec{E}_1\right|\left|\vec{H}\right| \cdot 2\pi r \ell_1 - \left|\vec{E}_2\right|\left|\vec{H}\right| \cdot 2\pi r \ell_2$$

y como $\left|\vec{H}\right| = \dfrac{I}{2\pi r}$

$$\left|\vec{E}_1\right|\ell_1 \cdot I - \left|\vec{E}_2\right|\ell_2 \cdot I$$

y por gradiente:

$$E_1 \ell_1 = V_B - V_A \qquad ; \qquad E_2 \ell_2 = V_B - V_C$$

de modo que:

$$I\left(V_B - V_A - V_B + V_C\right) = I\left(V_C - V_A\right) = I\,\Delta V_{AC} \quad \text{(potencia)}$$

Veamos las integrales del segundo miembro: otra vez la primera es nula por el motivo señalado en el ejemplo anterior, la segunda da $-I^2 \cdot R_{AC}$ (incluye la resistencia interna de la batería) y la última es

$$+\iiint_v \vec{J} \cdot \vec{E}_{eq} \, dv = \frac{I}{S} \iiint E_{eq} \, S \, d\ell_1 = I\, E_{eq}\, \ell_1$$

pero $E_{eq}\,\ell_1 = f.e.m.(\varepsilon)$, de modo que la (88) queda

$$I\,\Delta V_{AC} = -I^2 R_{AC} + \varepsilon\, I$$

acorde a lo intuitivo: la potencia en todo el tramo $\left(\ell_1 + \ell_2\right)$ es la diferencia entre la potencia que entrega la batería $\left(\varepsilon\, I\right)$ menos lo que se disipa $I^2 R_{AC}$.

Otro caso interesante es el de una línea bipolar de energía (con corriente contínua para mayor sencillez), fig.258

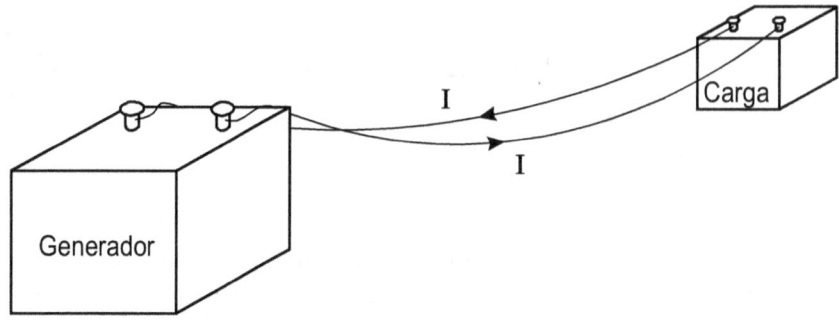

Figura 258

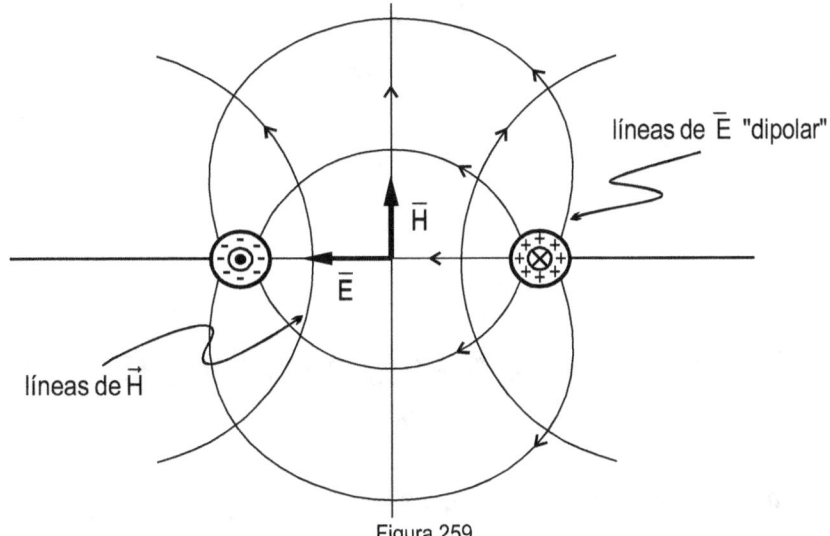

Figura 259

El vector de Poyting tiene ahora dos componentes: una componente, la asociada con el campo eléctrico longitudinal es la ya analizada, apunta hacia los hilos conductores indicando que en ellos se disipa energía electrodinámica en calor. La otra componente (¡poco divulgada!) es más importante, apunta del generador hacia la carga, indicando que fluye energía hacia ella. Veamos el porqué de esta componente. En la fig.259 tenemos la línea vista de "punta".

La $\otimes$ indica la corriente de "ida" y $\odot$ indica la corriente de retorno. Como hay diferencia de potencial entre los conductores, se tiene un efecto capacitivo y aparecen cargas libres en la superficie de los hilos: tenemos así una especie de "dipolo largo". El campo eléctrico "dipolar" con el campo mag. $\vec{H}$ da el vector de Poyting $\vec{E} \times \vec{H}$ que apunta hacia la carga.

# 5

# Nociones de Corriente Alternada (C.A. o A.C.)

## 5.1. Introducción. "Números complejos" y "fasores"

El cálculo de circuitos lineales en C.A. se sistematiza con el uso de los números complejos[6], es más, el mecanismo de las operaciones para hallar corrientes, tensiones, impedancias equivalentes, etc., es análoga al de circuitos en C.C.con tal de tener en cuenta las propiedades de los números complejos.

Hagamos una rápida introducción a los complejos (en lo estrictamente necesario aquí), por si el lector no los conoce.

### 5.1.1. Definición.

> *Denominaremos complejo, en la forma cartesiana, a una expresión del tipo $\overline{Z} = x + yj$, donde "x" es un número real denominado "parte real" del complejo. Anotaremos así: $\Re e\overline{Z} = x$. También "y" es un número real denominado "parte imaginaria" del complejo. Anotaremos así: $\Im_m \overline{Z} = y$. El coeficiente multiplicativo "j" de la parte imaginaria es la "unidad imaginaria", que se define como*
>
> $j \triangleq +\sqrt{-1}$, *tal que* $j^2 = -1$

Las operaciones con $x + yj$ se realizan igual que con un "binomio" real, con tal de tener en cuenta que $j^2 = -1$, por ejemplo

$$\overline{Z}^2 = (x + yj)^2 = x^2 + 2xyj + y^2 j^2 = x^2 - y^2 + 2xyj$$

de modo que

$$\Re e\overline{Z}^2 = x^2 - y^2$$

$$\Im_m \overline{Z}^2 = 2xy$$

---

[6]. En lugar de decir "números complejos", diremos de ahora en mas simplemente "complejo".

Es muy útil la representación vectorial del complejo $\overline{Z}$: el par ordenado de números reales $\left(\Re e\overline{Z};\ \Im_m\overline{Z}\right)$ con el origen "0" del sistema de ejes cartesianos (fig.1), forma un vector $\overline{Z}$ aplicado en "0". El plano $(x,y)$ aquí se denomina "plano complejo" (de Argand-Gauss). Se diferencia del plano "real en que éste tiene una base de versores $\hat{i}$, $\hat{j}$, tal que $\hat{i}^2 = \hat{i}\cdot\hat{i}=1$, $\hat{j}^2 = \hat{j}\cdot\hat{j}=1$, en cambio en el plano complejo, sobre el "eje $x$" se tiene simplemente la unidad real 1, y en el "eje $y$" la unidad imaginaria $j$.

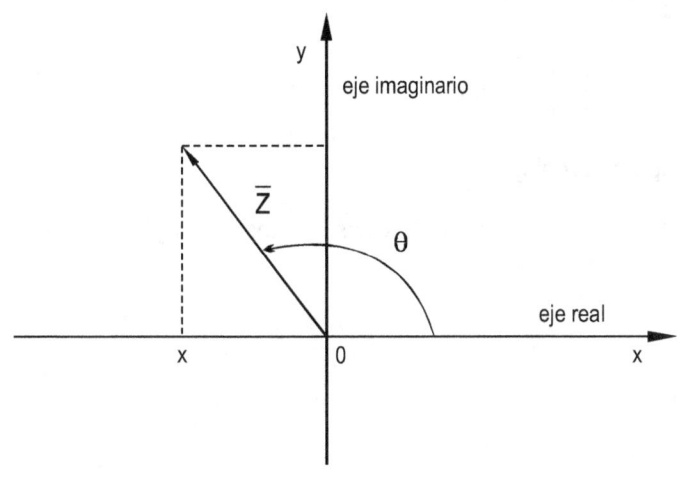

Figura 1

Digamos que para pasar del plano real al complejo hacemos

$$\hat{i}\to 1 \qquad \hat{j}\to j$$

en efecto, el vector real $\vec{Z}=x\,\hat{i}+y\,\hat{j}$ pasa a ser el vector complejo

$$\vec{Z}=x+y\,j$$

observe el lector el uso de $\left(\vec{\phantom{x}}\right)$, $(-)$, $\left(\hat{\phantom{x}}\right)$: flecha para los vectores reales, raya para complejos y el último símbolo para los versores.

> **Nota**
>
> *En los libros de matemática en general se utiliza la letra "i" en lugar de "j" para la unidad imaginaria, pero en electricidad se tiene el temor que el alumno confunda i con la corriente, lo que demuestra que los "autores no confían mucho en el entendimiento del lector".*

El módulo del complejo es $\left\|\overline{Z}\right\|=\sqrt{x^2+y^2}$. Es la "longitud del vector $\overline{z}$. ¡Cuidado! No es $\left\|\overline{Z}\right\|=\sqrt{x^2+\left(y\,j\right)^2}$, pues esto da $\sqrt{x^2-y^2}$.

El argumento principal del complejo es el ángulo $\theta$ (entre $0$ y $2\pi$) que el vector $\overline{Z}$ forma con el semieje $+x$, medido en el sentido antihorario (fig.1). Anotaremos así':

$$Arg\ \overline{Z} = \theta$$

Forma polar del complejo $\overline{z}$: según la fig.1 vemos que $x = \left\|\overline{Z}\right\| \cos\theta$, $y = \left\|\overline{Z}\right\| sen\ \theta$, de modo que:

$$\overline{Z} = x + y\ j = \left\|\overline{Z}\right\|(\cos\theta + j\ sen\ \theta)$$

es claro que $\Re e\ \overline{Z} = \left\|\overline{Z}\right\|\cos\theta$, $\Im_m \overline{z} = \left\|\overline{z}\right\| sen\ \theta$.

### 5.1.2. Forma exponencial de un complejo

Debido a las igualdades de **Euler** (deducidas de los desarrollos de Taylor o MacLaurin del seno y del coseno)

$$sen\theta = \frac{e^{j\theta} - e^{-j\theta}}{2j}$$

$$\cos\theta = \frac{e^{j\theta} + e^{-j\theta}}{2}$$

reemplazando en la forma polar se llega a

$$\overline{Z} = \left\|\overline{Z}\right\|e^{j\theta}$$

---

**Nota**

*La forma cartesiana $\overline{z} = x + yj$ es más útil cuando hay que sumar o restar complejos, en cambio la forma exponencial es más útil cuando hay que dividir o multiplicar. Muchos técnicos, a la forma exponencial la escriben así*

$$\overline{Z} = \left\|\overline{Z}\right\|\underline{|\theta}$$

---

## 5.2. Fasores

Son vectores complejos cuyo argumento $\theta$ (o fase) es una función lineal del tiempo $t$

$$\theta = \omega t + \theta_0$$

donde $\theta$ se denomina "fase" y $\theta_0$ "fase inicial", "$\omega$" es la "frecuencia angular", que también es la "velocidad angular" con que gira el fasor, en sentido antihorario.

Los fasores son útiles para representar a las funciones armónicas seno y/o coseno. En la fig.2(a) vemos al fasor $\overline{V}$, representando a la función

$$V(t) = V_{max} sen\left(\omega t + \theta_0\right)$$

Está dibujado para un instante $t > 0$ cualquiera

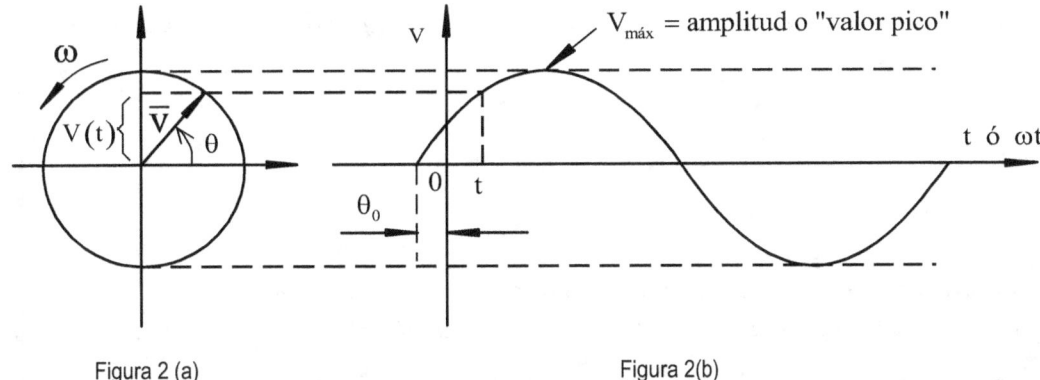

Figura 2 (a)                    Figura 2(b)

En la fig.3(a) y (b) se tiene el caso en que la fase inicial es nula, es decir, la función armónica es

$$V(t) = V_{max} sen\left(\omega t\right)$$

Se han dibujado varios instantes 1,2,3,4,5.

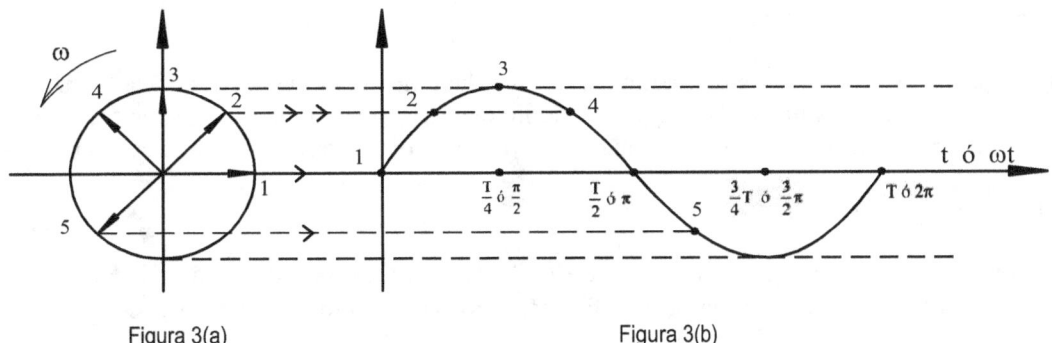

Figura 3(a)                    Figura 3(b)

Es claro que

$$V(t) = V_{max} sen\left(\omega t\right) = \Im_m \overline{V}$$

es decir, los valores instantáneos son los valores que toma la parte imaginaria del vector complejo $\overline{V}$ durante su rotación. Si la ley en el tiempo fuese $V(t) = V_{max} \cos\left(\omega t\right)$ sería = a $\Re e \overline{V}$. Es costumbre en electricidad utilizar la parte imaginaria (eje y).

## 5.3. Corriente alternada. Uso de los complejos.

Sea ⊖ el símbolo que indica la presencia de una "fuerza electromotriz armónica o "alternada"

$$\varepsilon(t) = \varepsilon_{max} sen\left(\omega t\right)$$

Teniendo en cuenta que toda "fuente" real posee una "caída interna" de tensión, en lugar de la f.e.m. utilizaremos la tensión "en bornes de la fuente"

$$V(t) = V_{max} sen(\omega t)$$

**Nota**

$\omega$ *se denomina "frecuencia angular" en rad/s. Si T es el período de la sinusoide, es*

$$\omega = \frac{2\pi}{T}$$

*como*

$$\frac{1}{T} = f$$

*es la "frecuencia" a "secas", se tiene* $\omega = 2\pi f$, *donde f se da en ciclos/seg. = Hertz = Hz.. En nuestro país es* $f = 50$ Hz *para la red de distribución de energía eléctrica, o sea* $\omega = 2\pi f \cong 314 \frac{rad}{s}$. *En Estados Unidos es* $f = 60 Hz$

*Los 3 elementos de circuitos que utilizaremos son:*

Resistencia "$R$", capacidad "$C$", autoinductancia "$L$"

$$[R] = \Omega \ ; \qquad [C] = F \ ; \qquad [L] = Henry = Hy$$

En las fig.4,5,6 se representan a estos elementos, con las relaciones matemáticas entre la "tensión" instantánea $V(t)$, carga eléctrica instantánea $q(t)$, corriente eléctrica instantánea $i(t)$. Estas relaciones son válidas cualquiera sea la función $V(t)$, aunque nosotros aquí solo trataremos con el caso armónico

$$V(t) = V_m sen(\omega t)$$

suponiendo además que la fase inicial es cero (para no "arrastrar" inutilmente el ángulo constante $\theta_0$). Estas relaciones son útiles para hallar $i(t)$ en función de $V(t)$ como luego veremos.

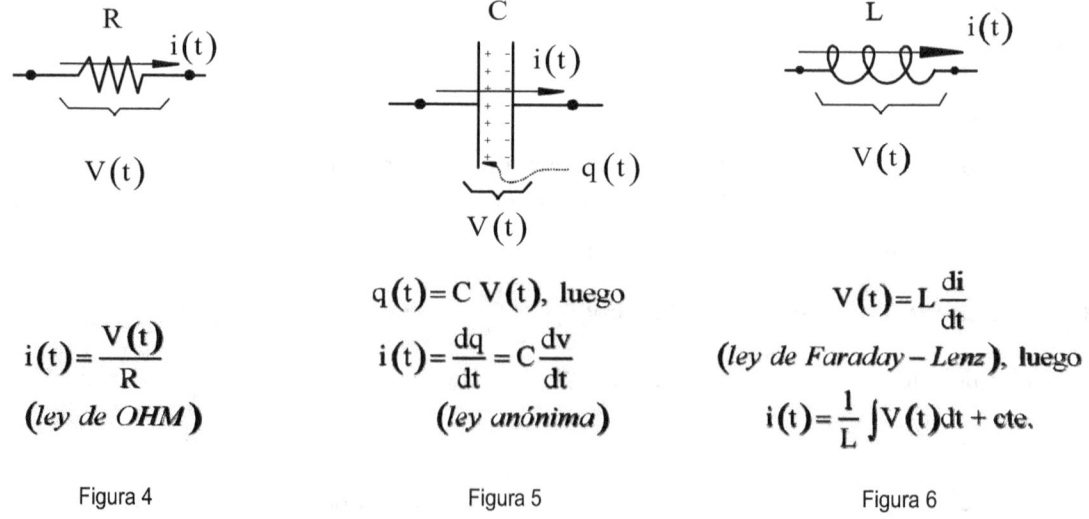

| R | C | L |
|---|---|---|
| $i(t) = \dfrac{V(t)}{R}$ | $q(t) = C\, V(t)$, luego | $V(t) = L\dfrac{di}{dt}$ |
| *(ley de OHM)* | $i(t) = \dfrac{dq}{dt} = C\dfrac{dv}{dt}$ | *(ley de Faraday – Lenz)*, luego |
| | *(ley anónima)* | $i(t) = \dfrac{1}{L}\int V(t)dt + cte.$ |

Figura 4          Figura 5          Figura 6

Como vemos, solo en el caso del resistor se puede obtener la corriente por simple división de $V(t)$ por R. En el caso del capacitor hay que derivar $V(t)$ y en el caso de la bobina hay que integrar $V(t)$.

Veamos ahora cada caso individualmente y como se introducen los complejos.

### 5.3.1. Resistor

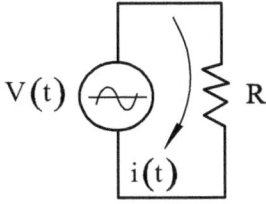

Figura 7

$$i(t) = \frac{V(t)}{R} = \frac{V_m}{R} sen(\omega t) = I_m sen(\omega t)$$

donde

$$I_m = \frac{V_m}{R}$$     **(amplitud o valor pico de *i(t)*)**

De modo que la corriente $i(t)$ está en fase con la tensión $V(t)$. En la fig.8(a) y (b) se muestran los fasores $\overline{V}$ e $\overline{I}$ (en fase) y las gráficas $V(t)$ e $i(t)$.

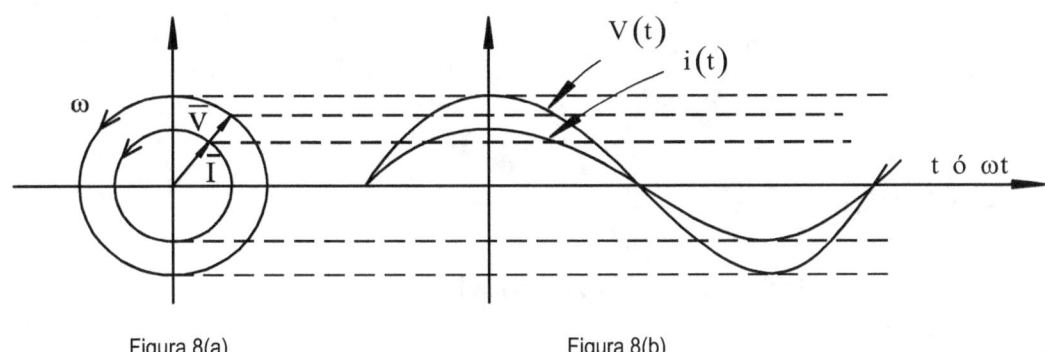

Figura 8(a)                    Figura 8(b)

Podemos escribir, con complejos

$$\overline{I} = \frac{\overline{V}}{\overline{R}}$$

Admitiendo que los valores instantáneos son las partes imaginarias, es factible escribir

$$i(t) = \Im_m \overline{I} = \Im_m \frac{\overline{V}}{\overline{R}}$$

pero no es usual "arrastrar" la indicación $\Im_m$, de modo que aquí en más quedará sobreentendido. Exponencialmente se puede escribir así

$$\overline{I} = \frac{V_m}{R} e^{j\omega t}$$

Como vemos que $\overline{R}$ no a afecta a la fase de $\overline{V}$ podemos decir que $\overline{R}$ es un complejo sin parte imaginaria, es decir, $\overline{R}$ es un número real

$$\overline{R} = \mathrm{Re}^{j0°} = R$$

### 5.3.2. Capacitor

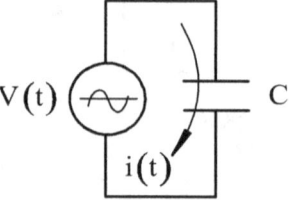

Figura 9

Como

$$V(t) = \frac{q(t)}{C} \to q(t) = C \cdot V(t)$$

derivando

$$i(t) = C\frac{dv}{dt}, \text{ para } V = V_m sen(\omega t)$$

resulta

$$i(t) = \omega C V_m \cos(\omega t)$$

Para hacer resaltar la diferencia de fase entre $i(t)$ y $V(t)$, hacemos

$$\cos(\omega t) = sen\left(\omega t + \frac{\pi}{2}\right)$$

luego

$$i(t) = \omega C V_m sen\left(\omega t + \frac{\pi}{2}\right)$$

es decir la corriente, está adelantada $\frac{\pi}{2} rad$ (o 90°) respecto de la tensión *V(t)*. La amplitud o valor pico es $I_m = \omega C V_m$. En las fig.10(a) y (b) se muestran los fasores $\overline{V}$, $\overline{I}$ y las gráficas *V(t)*, *i(t)*. (Se han elegido escalas de dibujo de modo que las amplitudes sean iguales, para mejor comparación).

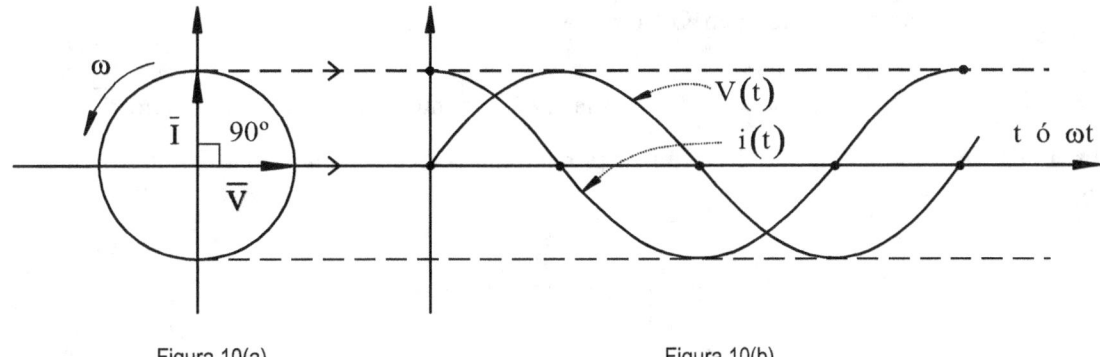

Figura 10(a)                    Figura 10(b)

### 5.3.3. Reactancia capacitiva $\overline{X}_c$

¿Cómo obtener el fasor corriente $\overline{I}$ a partir del fasor tensión $\overline{V}$? Queriendo "imitar" a la ley de OHM para el capacitor, es deseable obtener $\overline{I}$ dividiendo a $\overline{V}$ por "algo" que de una sola vez, dé la amplitud de $i(t)$ y la fase. Para empezar, la amplitud de $i(t)$ se puede obtener así

$$I_m = \omega \, C \, V_m = \frac{V_m}{\dfrac{1}{\omega \, C}},$$

pero además hay que tener en cuenta que $i(t)$ está adelantada $\dfrac{\pi}{2}$ respecto de $V(t)$. Para obtener el fasor $\overline{I}$ dividiendo a $\overline{V}$ debemos definir otro complejo que denominaremos "reactancia capacitiva $\overline{X}_c$", así

$$\overline{X}_c \triangleq \frac{1}{\omega C} e^{-j\frac{\pi}{2}}$$

de modo que

$$\overline{I} = \frac{\overline{V}}{\overline{X}_c}$$

en efecto

$$\overline{I} = \frac{V_m \, e^{j\omega t}}{\dfrac{1}{\omega \, C} e^{-j\frac{\pi}{2}}} = V_m \, \omega \, C \, e^{j\left(\omega t + \frac{\pi}{2}\right)}$$

así tenemos que

$$i(t) = V_m \, \omega \, C \, sen\left(\omega t + \frac{\pi}{2}\right) = \Im_m \overline{I}$$

Es interesante señalar que

$$\left[\overline{X}_c\right] = \left[\frac{1}{\omega C}\right] = \frac{1}{S^{-1}F} = \Omega$$

es decir, la reactancia capacitiva se mide en $\Omega$ como la R.

Como $e^{-j\frac{\pi}{2}} = -j$, se puede escribir $\overline{X}_c = -\dfrac{j}{\omega C}$. En la fig.11 se muestra el vector complejo $\overline{X}_c$: no tiene parte real, es "imaginario", NO GIRA, quizás por esto no conviene denominarlo "fasor". En la fig.11 también se muestra a $\overline{R}$.

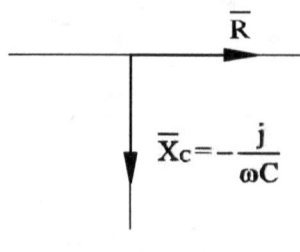

Figura 11

En cursos de "menor nivel" matemático se refieren a la reactancia capacitiva por su módulo solamente, es decir

$$\left\|\overline{X}_c\right\| = \frac{1}{\omega C}$$

sin aclarar que solo hablan del módulo.

En síntesis

$$\overline{V} = V_m e^{j\omega t}, \qquad\qquad \overline{X}_c = \frac{1}{\omega C} e^{-j\frac{\pi}{2}} = -\frac{j}{\omega C}$$

luego

$$\overline{I} = \frac{\overline{V}}{\overline{X}_c} = \frac{V_m}{\dfrac{1}{\omega C}} e^{j\left(\omega t + \frac{\pi}{2}\right)} = I_m e^{j\left(\omega t + \frac{\pi}{2}\right)}$$

### 5.3.4. Bobina o "inductor"

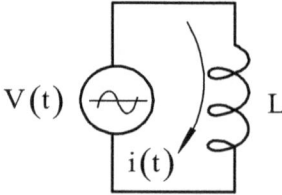

Figura 12

Por ley de Faraday es

$$V(t) = L\frac{di}{dt}$$

luego despejando *di* e integrando se tiene

$$i(t) = \frac{1}{L} \int V(t)dt + cte.$$

que con

$$V(t) = V_m sen(\omega t)$$

resulta

$$i(t) = \frac{V_m}{\omega L} \left( -\cos\left(\omega t\right) \right) + cte.$$

Generalmente se supone que la fuente se conectó al inductor en un instante apropiado para que la cte. de integración (que es una corriente continua) sea nula. Esto se suele hacer en muchos libros sin comentario. Haciendo así tenemos

$$i(t) = \frac{V_m}{\omega L} \left[ -\cos\left(\omega t\right) \right]$$

para resaltar que *i*(*t*) está atrasada $\frac{\pi}{2}$ respecto de *V*(*t*) hacemos

$$-\cos\left(\omega t\right) = sen\left( \omega t - \frac{\pi}{2} \right)$$

luego

$$i(t) = \frac{V_m}{\omega L} sen\left( \omega t - \frac{\pi}{2} \right) = I_m sen\left( \omega t - \frac{\pi}{2} \right)$$

En las fig.13(a) y (b) se tienen fasores $\overline{V}, \overline{I}$ y las gráficas

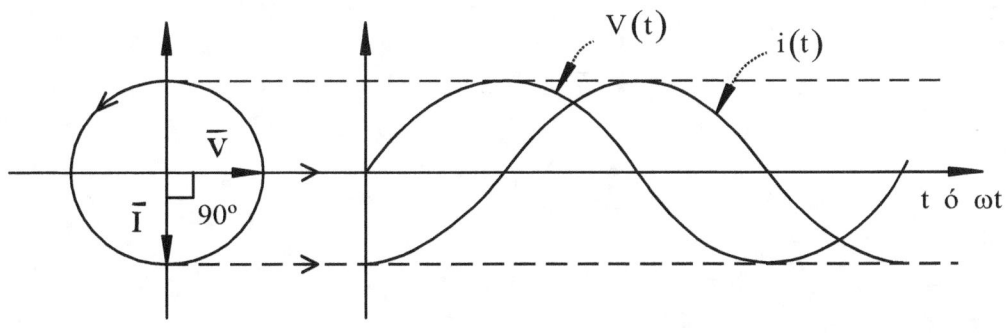

Figura 13(a)                Figura 13(b)

### 5.3.5. Reactancia inductiva $\overline{X}_L$

Para obtener el fasor $\overline{I}$ dividiendo al fasor $\overline{V}$ hay que definir otro complejo denominado "reactancia inductiva $\overline{X}_L$"

$$\overline{X}_L \doteq \omega L e^{j\frac{\pi}{2}}$$

de modo que

$$\overline{I} = \frac{\overline{V}}{\overline{X}_L} = \frac{V_m\, e^{j\omega t}}{\omega\, L\, e^{j\frac{\pi}{2}}} = I_m\, e^{j\left(\omega t - \frac{\pi}{2}\right)}$$

así es:

$$i(t) = J_m \overline{I} = I_m sen\left(\omega t - \frac{\pi}{2}\right)$$

con $I_m = \dfrac{V_m}{\omega L}$

Como $e^{j\frac{\pi}{2}} = j$, se puede escribir $\overline{X}_L = j\omega L$. En la fig.14 se muestra al vector $\overline{X}_L$, no tiene parte real, es "imaginario", no gira. También se muestran $\overline{R}, \overline{X}_c$

Es interesante señalar que

$$\left[\overline{X}_L\right] = \left[\omega L\right] = seg^{-1} \cdot Hy = \Omega$$

es decir que también la reactancia inductiva se mide en $\Omega$.

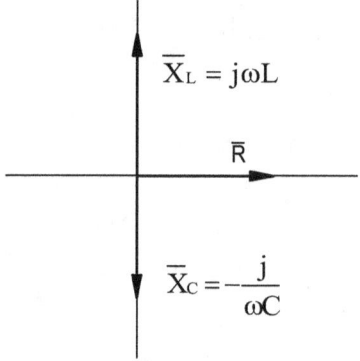

Figura 14

*En Síntesis*

$$\overline{V} = V_m e^{j\omega t}, \qquad \overline{X}_L = \omega L e^{j\frac{\pi}{2}}$$

luego

$$\overline{I} = \frac{\overline{V}}{\overline{X}_L} = \frac{V_m}{\omega L} e^{j\left(\omega t - \frac{\pi}{2}\right)} = I_m e^{j\left(\omega t - \frac{\pi}{2}\right)}$$

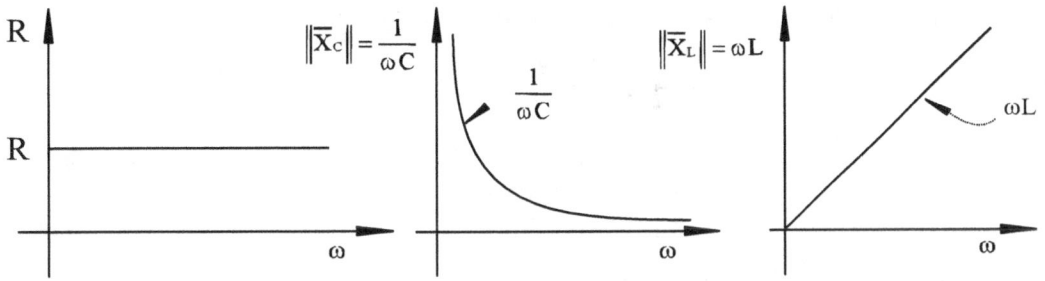

Figura 15

El capacitor ofrece "alta reactancia" en baja frecuencia y "baja reactancia" en alta frecuencia: para $\omega = 0$ (corriente continua) es un "circuito abierto": $\|\overline{X}_c\| \to \infty$ y para $\omega \to \infty$ es "un cortocircuito" $\|\overline{X}_c\| \to 0$. Lo contrario ocurre para la bobina.

A muy alta frecuencia aparecen fenómenos que no se pueden despreciar, explicables con las ecuaciones de Maxwell: se alteran los propios valores de C, L, R.

### 5.3.6. Conexión R-L-C en serie. Impedancia serie $\overline{Z}$

Hasta ahora hemos conectado a la fuente un solo elemento por vez, veamos ahora que ocurre con los 3 elementos en serie.

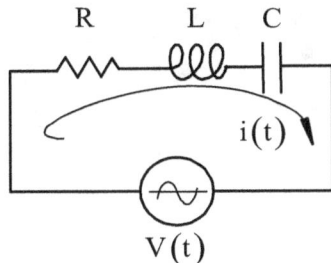

Figura 16

Comenzamos a aprovechar las ventajas del uso de los complejos, en efecto, con solo sumar vectorialmente $\overline{R}$, $\overline{X}_L$, $\overline{X}_c$ (fig.17) se tiene el efecto de los 3 elementos en serie. Esta suma se denomina "impedancia $\overline{Z}$", en serie.

En la fig.17 se ha supuesto que

$$\left\|\overline{X}_L\right\| = \omega L > \left\|\overline{X}_c\right\| = \frac{1}{\omega C}$$

se dice que el circuito es "inductivo" pues predomina el efecto de la bobina.

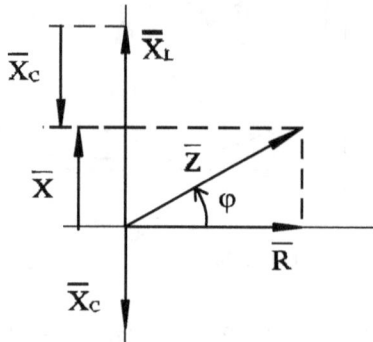

Figura 17

Sumando $\overline{R}$, $\overline{X}_L = j\,\omega\,L$, $\overline{X}_C = -\dfrac{j}{\omega\,C}$, resulta

$$\overline{Z} = R + j\left(\omega L - \frac{1}{\omega C}\right)$$

Se denomina simplemente "reactancia" a la suma

$$\overline{X} = \overline{X}_L + \overline{X}_c = j\left(\omega L - \frac{1}{\omega C}\right)$$

de modo que

$$\Re e\,\overline{Z} = R, \qquad\qquad\qquad \Im_m \overline{Z} = \omega L - \frac{1}{\omega C}$$

El módulo de $\overline{Z}$ es

$$\left\|\overline{Z}\right\| = \sqrt{R^2 + \left(\omega L - \frac{1}{\omega C}\right)^2}$$

y el argumento (ángulo respecto de $+x$) es

$$Arg\,\overline{Z} = \varphi = arc\,\mathrm{tg}\,\frac{\left(\omega L - \dfrac{1}{\omega C}\right)}{R}$$

es decir

$$\varphi = arc \ tg \frac{\mathfrak{I}_m \overline{Z}}{\mathfrak{Re} \ \overline{Z}}$$

Para la fig.17 es $\varphi$ positivo. Al ser el argumento independiente del tiempo, el complejo $\overline{Z}$ no gira, al igual que sus componentes.

El complejo $\overline{Z}$ se puede escribir en forma exponencial así

$$\overline{Z} = \left\| \overline{Z} \right\| e^{j\varphi} \qquad \qquad (\varphi \text{ lleva su propio signo})$$

El fasor corriente $\overline{I}$ se obtiene como

$$\overline{I} = \frac{\overline{V}}{\overline{Z}} = \frac{V_m \ e^{j\,\omega t}}{\left\| \overline{Z} \right\| e^{j\varphi}} = \frac{V_m}{\left\| \overline{Z} \right\|} e^{j(\omega t - \varphi)} = I_m \ e^{j(\omega t - \varphi)}$$

de modo que la corriente $i(t)$ tiene un "defasaje" $\varphi$ respecto de $V(t)$, en el caso supuesto $i(t)$ está atrasada $\varphi$ respecto de $V(t)$, pues

$$\omega L > \frac{1}{\omega C}$$

En las figs. 18(a) y (b) se muestran los fasores $\overline{V}, \overline{I}$ y las gráficas $V(t)$, $i(t)$.

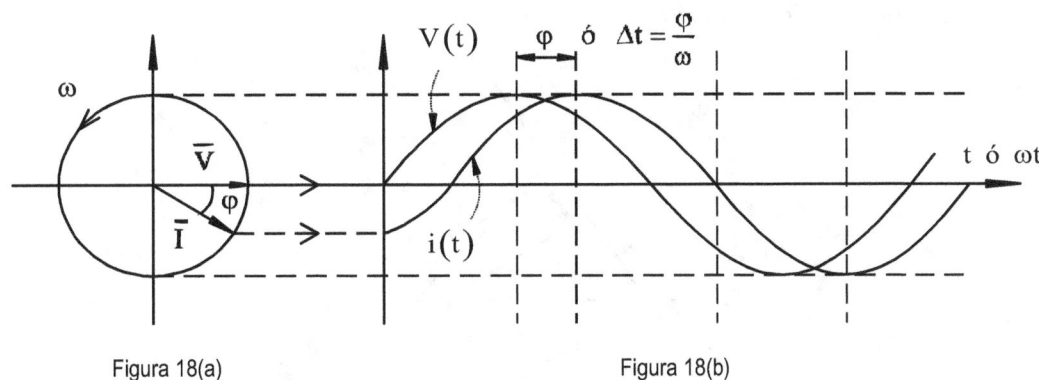

Figura 18(a)                                    Figura 18(b)

### 5.3.7. Diferencias de potencial (o "tensiones") en los bornes de cada elemento y su relación con el total $\overline{V}$ (diagrama fasorial de tensiones y corriente)

Seguimos aprovechando las ventajas de los complejos y así el lector seguramente va comprendiendo que el "mecanismo" de cálculo es análogo al utilizado con la ley de OHM en C.C., solo cuidando de no olvidar que estamos frente a magnitudes "vectoriales complejas".

### 5.3.8. Tensión en R

$$\overline{V}_R = \overline{I}\,\overline{R} = I_m e^{j(\omega t - \varphi)} R = V_{Rm} e^{j(\omega t - \varphi)}$$

de modo que la tensión en $\overline{R}$ está en fase con $\overline{I}$ (fig.19)

### 5.3.9. Tensión en L

$$\overline{V}_L = \overline{I}\,\overline{X}_L = I_m e^{j(\omega t - \varphi)} \omega L e^{j\frac{\pi}{2}} = V_{Lm} e^{j\left(\omega t - \varphi + \frac{\pi}{2}\right)}$$

adelantada 90° respecto de $\overline{I}$ (fig.19).

### 5.3.10. Tensión en C

$$\overline{V}_c = \overline{I}\,\overline{X}_c = I_m e^{j(\omega t - \varphi)} \frac{1}{\omega C} e^{-j\frac{\pi}{2}} = V_{Cm} e^{j\left(\omega t - \varphi - \frac{\pi}{2}\right)}$$

atrasada 90° respecto de $\overline{I}$ (fig.19)

Sumando vectorialmente debe resultar la tensión total (aplicada por la fuente)

$$\overline{V} = \overline{V}_R + \overline{V}_L + \overline{V}_C$$

Observe el lector que una tensión parcial, por ejemplo $\overline{V}_L$ puede ser mayor que el total $\overline{V}$, cosa que en C.C. es imposible. Olvidar que estas magnitudes son vectores complejos conducen a graves errores y revela una total incomprensión del tema.

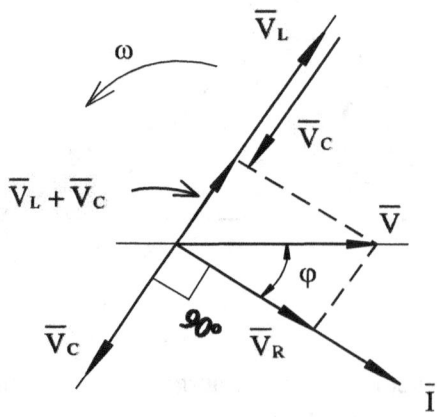

Figura 19

*Sugerencia.*

Haga el lector el caso $\left\|\overline{X}_C\right\| > \left\|\overline{X}_L\right\|$ ("circuito capacitivo")

### 5.3.11. Conexión R-L-C en paralelo

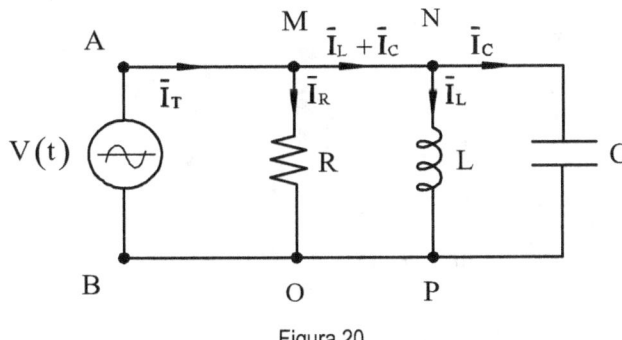

Figura 20

La tensión $\overline{V}$ es común a los 3 elementos (fig.20). Aprovechando este hecho, es fácil hallar los fasores corriente en cada elemento:

$$\overline{I}_R = \frac{\overline{V}}{R} = \frac{V_m e^{j\omega t}}{R} = I_{Rm} e^{j\omega t} \qquad \text{en fase con } \overline{V} \text{ (fig.21)},$$

$$\overline{I}_L = \frac{\overline{V}}{\overline{X}_L} = \frac{V_m e^{j\omega t}}{\omega L e^{j\frac{\pi}{2}}} = I_{Lm} e^{j\left(\omega t - \frac{\pi}{2}\right)} \qquad \text{atrasada } \frac{\pi}{2} \text{ respecto de } \overline{V} \text{ (fig.21)}$$

$$\overline{I}_C = \frac{\overline{V}}{\overline{X}_C} = \frac{V_m e^{j\omega t}}{\frac{1}{\omega C} e^{-j\frac{\pi}{2}}} = I_{Cm} e^{j\left(\omega t + \frac{\pi}{2}\right)} \qquad \text{adelantada } \frac{\pi}{2} \text{ respecto de } \overline{V} \text{ (fig.21)}$$

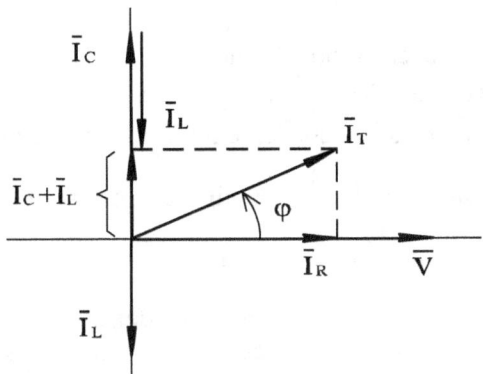

Figura 21

La corriente total $\bar{I}_T$ por la "ley de nudos vectorial" es

$$\bar{I}_T = \bar{I}_R + \bar{I}_L + \bar{I}_C$$

En la fig.21 se ha supuesto otra vez que $\left\| \bar{X}_L \right\| > \left\| \bar{X}_C \right\|$, por ello es $\left\| \bar{I}_L \right\| < \left\| \bar{I}_C \right\|$ sin embargo la corriente total resultó adelantada respecto de $\bar{V}$ (efecto contrario al serie).

### 5.3.12. Admitancia $\bar{Y}$

Aunque no sea imprescindible, es habitual definir la admitancia como la recíproca de la impedancia $\bar{Y} \triangleq \bar{Z}^{-1}$, de modo que la corriente se obtiene como producto $\bar{V}\,\bar{Y}$.

Podemos escribir para el circuito paralelo

$$\bar{I}_T = \frac{\bar{V}}{R} + \frac{\bar{V}}{\bar{X}_L} + \frac{\bar{V}}{\bar{X}_C} = \bar{V}\left( \frac{1}{R} + \frac{1}{j\omega L} + \frac{1}{-\dfrac{j}{\omega C}} \right)$$

o bien, multiplicando por $j$ denominador y numerador

$$\bar{I}_T = \bar{V}\left( \frac{1}{R} - \frac{j}{\omega L} + j\omega C \right) = \bar{V}\left[ \frac{1}{R} + j\left( \omega C - \frac{1}{\omega L} \right) \right]$$

por lo tanto, la admitancia $\dfrac{\bar{I}_T}{\bar{V}} \triangleq \bar{Y}$ resulta para el circuito de la fig.20:

$$\bar{Y} = \frac{1}{R} + j\left( \omega C - \frac{1}{\omega L} \right)$$

La unidad de medida de $\bar{Y}$ es $\left[ \bar{Y} \right] = \Omega^{-1}$ denominada *"mho"* o *"siemens"*.

Observe el lector la posibilidad de un fenómeno interesante. Si $\left\| \bar{X}_L \right\| = \left\| \bar{X}_C \right\|$ de modo que

$$\left\| \bar{I}_L \right\| = \left\| \bar{I}_C \right\|$$

como los vectores están opuestos, en este caso ¡no circula corriente entre los nudos M-N (o P-O) del circuito de la fig.20! pues $\bar{I}_L + \bar{I}_C = 0$, ocurriendo una "aparente" violación de la ley de nudos, pero no es así, pues la suma es vectorial. Además ¡La corriente total $\bar{I}_T$ sería igual a la parcial $\bar{I}_R$ !

Alguien que no conozca la teoría aquí desarrollada no podría entender estas situaciones.

### 5.3.13. Generalización para cualquier circuito serie-paralelo

Comprobemos una vez más que los complejos permiten extender el cálculo de C.C. a la C.A. por ejemplo, en la fig.22 los rectángulos ⬓ indican esquemáticamente a las impedancias (cada rectángulo puede contener R, L, C).

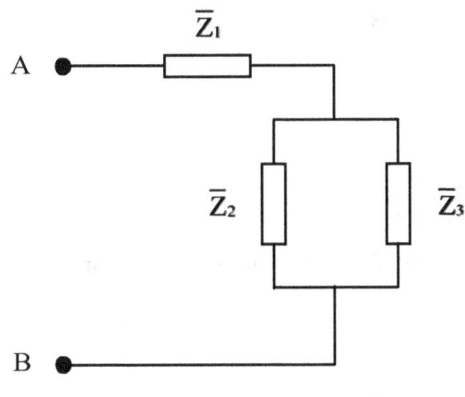

Figura 22

La impedancia equivalente $\overline{Z}_{AB}$ se calcula como si fuesen resistencias, pero teniendo en cuenta que son números complejos

$$\overline{Z}_{AB} = \overline{Z}_1 + \frac{\overline{Z}_2 \overline{Z}_3}{\overline{Z}_2 + \overline{Z}_3}$$

Todo esto solo implica mayor trabajo matemático que en C.C.

## 5.4. Resonancia

Sea cualquier circuito formado por resistores, capacitores e inductores ("elementos pasivos"), no importa cuán complicadas sean las conexiones (fig.23). Desde ciertos bornes de "entrada" el circuito poseerá una impedancia equivalente $\overline{Z}_{AB}$ (o admitancia $\overline{Y}_{AB} = \overline{Z}_{AB}^{-1}$) que podrá escribirse como

$$\overline{Z}_{AB} = \Re e\, \overline{Z}_{AB} + j\Im_m \overline{Z}_{AB}$$

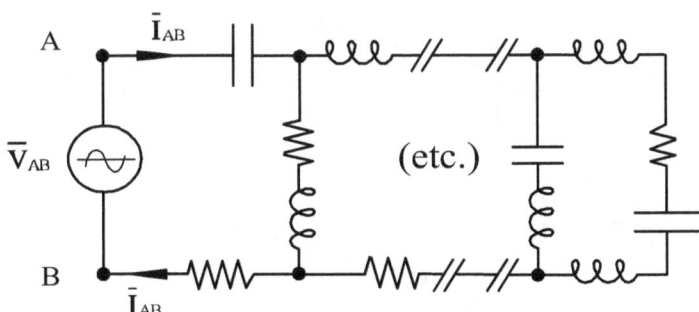

Figura 23

Si nos tomamos el trabajo de calcular $\overline{Z}_{AB}$ comprobaríamos que en la parte real no solo figuran resistencias sino también capacidades e inductancias, en general. Supongamos que variando el valor de algunas de estas magnitudes o bien variando la frecuencia de la fuente logramos *anular la parte imaginaria* de $\overline{Z}_{AB}$, de modo que $\overline{Z}_{AB}$ sea un número real: el circuito en estas circunstancias, desde los bornes A, B se comporta como "resistivo puro", es decir, **parece** que solo posee resistores. Esta situación se denomina "estado de resonancia". La corriente que entra y sale por A, B ($\overline{I}_{AB}$ en la fig.23), está en fase con la tensión aplicada entre A-B ($\overline{V}_{AB}$ en la fig.23).

### 5.4.1. Resonancia en el circuito R-L-C serie

Recordemos que

$$\overline{Z}_{AB} = R + j\left(\omega L - \frac{1}{\omega C}\right)$$

Suponemos que variamos la frecuencia $\omega$. Es fácil "ajustar" el valor de $\omega$ para que se anule la parte imaginaria y así entre en estado de resonancia:

$$\omega L - \frac{1}{\omega C} = 0 \quad \rightarrow \quad \omega = \omega_{res} = \frac{1}{\sqrt{LC}} ,$$

de modo que para esta frecuencia $\omega_{res}$ la impedancia $\overline{Z}_{AB}$ queda reducida al mínimo valor $R$

$$\overline{Z}_{AB} = R$$

por ende, la corriente en el circuito se hace máxima

$$I_{res} = \frac{\overline{V}}{R} = \frac{V_m}{R} e^{j\omega t}$$

en fase con la tensión. Las tensiones de resonancia en el capacitor y en el inductor son fasores de igual módulo y opuestos (en "contrafase"), fig.24.

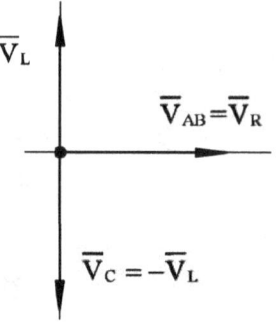

Figura 24

De modo que la tensión total $\overline{V}_{AB}$ es igual al valor de la tensión en los bornes del resistor

$$\overline{V}_{AB} = \overline{V}_R + \overline{V}_L + \overline{V}_C = \overline{V}_R$$

pues $\overline{V}_L + \overline{V}_C = 0$.

En la fig.25 se tiene la amplitud de la corriente en función de la frecuencia $\omega$

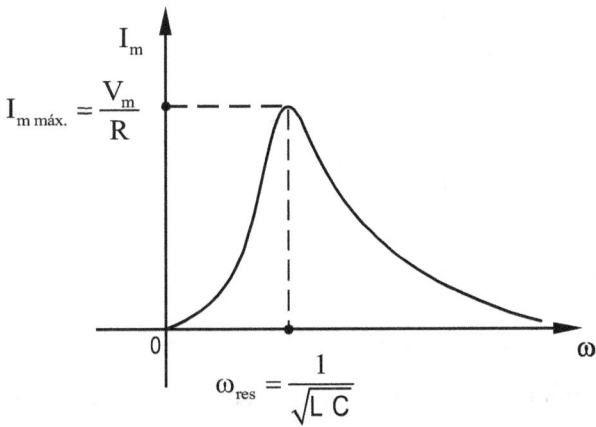

Figura 25

Esta función es:

$$I_m = \frac{V_m}{\sqrt{R^2 + \left(\omega L - \dfrac{1}{\omega C}\right)^2}}$$

para $\omega = 0$ (C.C.), $\dfrac{1}{\omega C} \to \infty$, luego $\left\|\overline{Z}\right\| \to \infty$ y así $I_m = 0$

para $\omega \to \infty$, $\quad\quad \omega L \to \infty$, luego $\left\|\overline{Z}\right\| \to \infty$ y así $I_m \to 0$

para $\omega = \omega_{res} = \dfrac{1}{\sqrt{LC}}$, $\quad\quad \overline{Z} = R$ y así $I_m$ se hace máxima $I_{máx} = \dfrac{V_m}{R}$

### 5.4.2. Resonancia en el circuito R-L-C en paralelo

Anulamos la parte imaginaria de la admitancia

$$\overline{Y} = \frac{1}{R} + j\left(\omega C - \frac{1}{\omega L}\right)$$

suponiendo otra vez que la variable es la frecuencia $\omega$:

$$\omega C - \frac{1}{\omega L} = 0 \ \to \ \omega = \omega_{res} = \frac{1}{\sqrt{LC}}$$

de modo que da el mismo valor que para el circuito serie, pero el efecto de la resonancia en el paralelo es diferente, en efecto: en la resonancia los fasores corriente en L, $\left(\overline{I}_L\right)$ y corriente en C, $\left(\overline{I}_C\right)$ son de igual módulo y opuesto (en contrafase), fig.26, de modo que la corriente total queda reducida a la que circula en el resistor $\overline{I}_T = \overline{I}_R + \overline{I}_L + \overline{I}_C = \overline{I}_R$, pues $\overline{I}_L + \overline{I}_C = 0$.

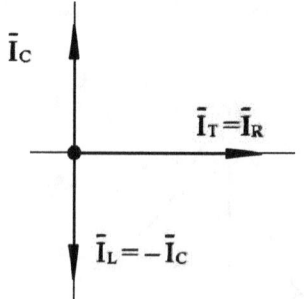

Figura 26

Así, la corriente total se hace mínima en resonancia (efecto contrario al circuito serie).

En la fig.27 se muestra la gráfica de amplitud de la corriente en función de $\omega$.

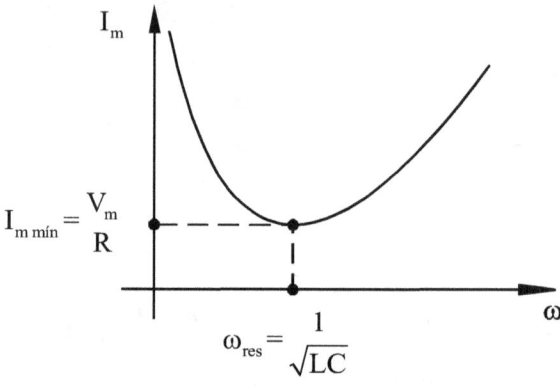

Figura 27

Para

$$\omega = 0 \ (C.C.), \ \frac{1}{\omega L} \to \infty \ \text{(la bobina es un cortocircuito para la fuente)}$$

de modo que $\left\| \overline{Y} \right\| \to \infty$ y así

$$I_m = V_m \left\| \overline{Y} \right\| \to \infty$$

en realidad, la impedancia de la propia fuente impide que $I_m$ tienda a infinito, sino que adquiere el valor de cortocircuito

$$I_{cc} = \frac{\varepsilon}{\left\| \overline{Z}_{Interna} \right\|}$$

para $\omega \to \infty$, $\omega C \to \infty$, luego $\left\| \overline{Y} \right\| \to \infty$ y también $I_m = V_m \left\| \overline{Y} \right\| \to \infty$. Ahora el capacitor es un cortocircuito.

En la fig.28 se muestran varios voltímetros (ideales) con sus lecturas (valores eficaces), supuesto que la tensión total es de 220V y el circuito serie se encuentra en resonancia.

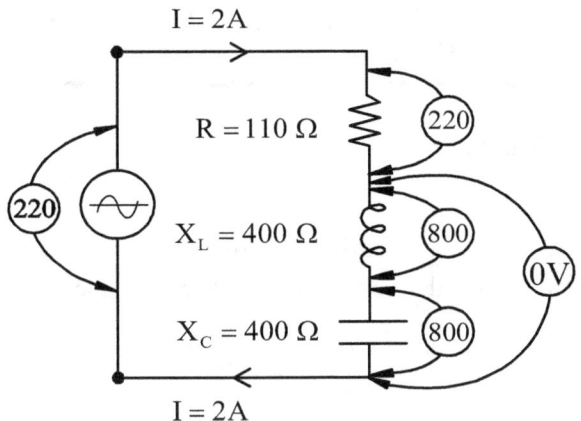

Figura 28

En la fig.29 se muestran varios amperímetros (ideales) con sus lecturas (valores eficaces), suponiendo que la fuente y los elementos son los mismos del circuito serie.

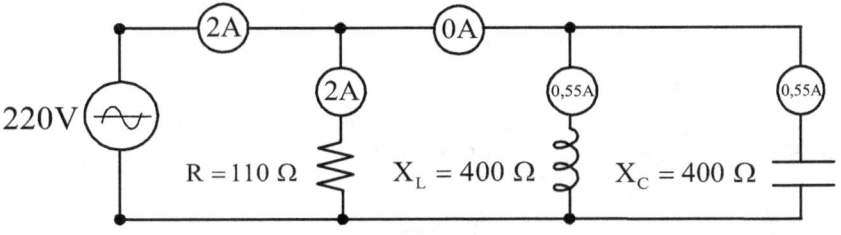

Figura 29

Piense el lector que extraño pueden resultar los valores medidos si no se comprende la teoría de la C.A.

## 5.5. Potencia en C.A.

En C.A. habitualmente se mencionan 4 "tipos" de potencia:

1) Potencia instantánea $p(t) \doteq v(t)\, i(t)$

2) Potencia media o "activa" $P \doteq V_{ef} I_{ef} \cos \varphi$

3) Potencia reactiva $Q \doteq V_{ef} I_{ef}\, sen\ \varphi$

4) Potencia "aparente" $S \doteq V_{ef} I_{ef}$

donde $\varphi$ es el ángulo entre el fasor tensión $\overline{V}$ y el fasor corriente $\overline{I}$, que es el mismo que el argumento de $\overline{Z}$.

---

**Nota.**

*Aunque claro está que toda potencia se mide en watt, para aclarar el tipo de poten-cia de que se habla es habitual decir que la activa P se mide en W, la reactiva Q en "**Volt-Amper-reactivos**" = **VAR** y la aparente **S** en **VA**.*

---

De ahora en más suprimiremos el subíndice "*ef*" para los valores eficaces y mantendremos la "*m*" para los valores pico.

Supongamos que la diferencia de fase entre el fasor tensión $\overline{V}$ aplicada a un circuito cualquiera (fig.30) y la corriente $\overline{I}$ que "entra y sale" del circuito es $\varphi$, de modo que

$$i(t) = I_m sen(\omega t - \varphi)$$

luego la potencia instantánea es:

$$p(t) = v(t)\, i(t) = V_m I_m sen(\omega t)\, sen(\omega t - \varphi) \qquad\qquad [1]$$

pero

$$sen(\omega t - \varphi) = sen(\omega t)\cos\varphi - sen\,\varphi\cos(\omega t)$$

de modo que

$$p(t) = V_m I_m \cos\varphi\, sen^2(\omega t) - \frac{V_m I_m}{2}\, sen\,\varphi\, sen(2\omega t)$$

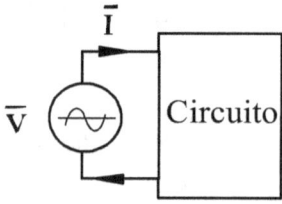

Figura 30

En la fig. 31 se grafican $v(t)$ e $i(t)$ (supuesta $i$ atrasada, es decir $\varphi$ positivo), en la fig.32 el produc-to

$$p(t) = v(t)\, i(t)$$

Observe que cuando se anula $v$ o $i$ es nulo $p$  y que $p$ toma el máximo valor absoluto cuando "$|v| = |i|$". Además observe que las áreas (+) son diferentes a las (-) (la gráfica de $p(t)$ no es simétrica respecto al eje $t$, es decir , como luego veremos, $P$ posee un valor medio $\neq 0$).

En al fig.33 se tiene el primer sumando

$$V_m I_m \cos\varphi\, sen^2(\omega t)$$

siempre positivo o nulo y en la fig.33 el segundo sumando

$$-\frac{V_m I_m}{2} \, sen \, \varphi \, sen(2\omega t)$$

de áreas (+) iguales a las (-). Observe además que la potencia cumple un ciclo en la mitad del período $T$ de *v(t)* (o de *i(t)*). La fig.32 es la "suma de la fig.33 + fig.34".

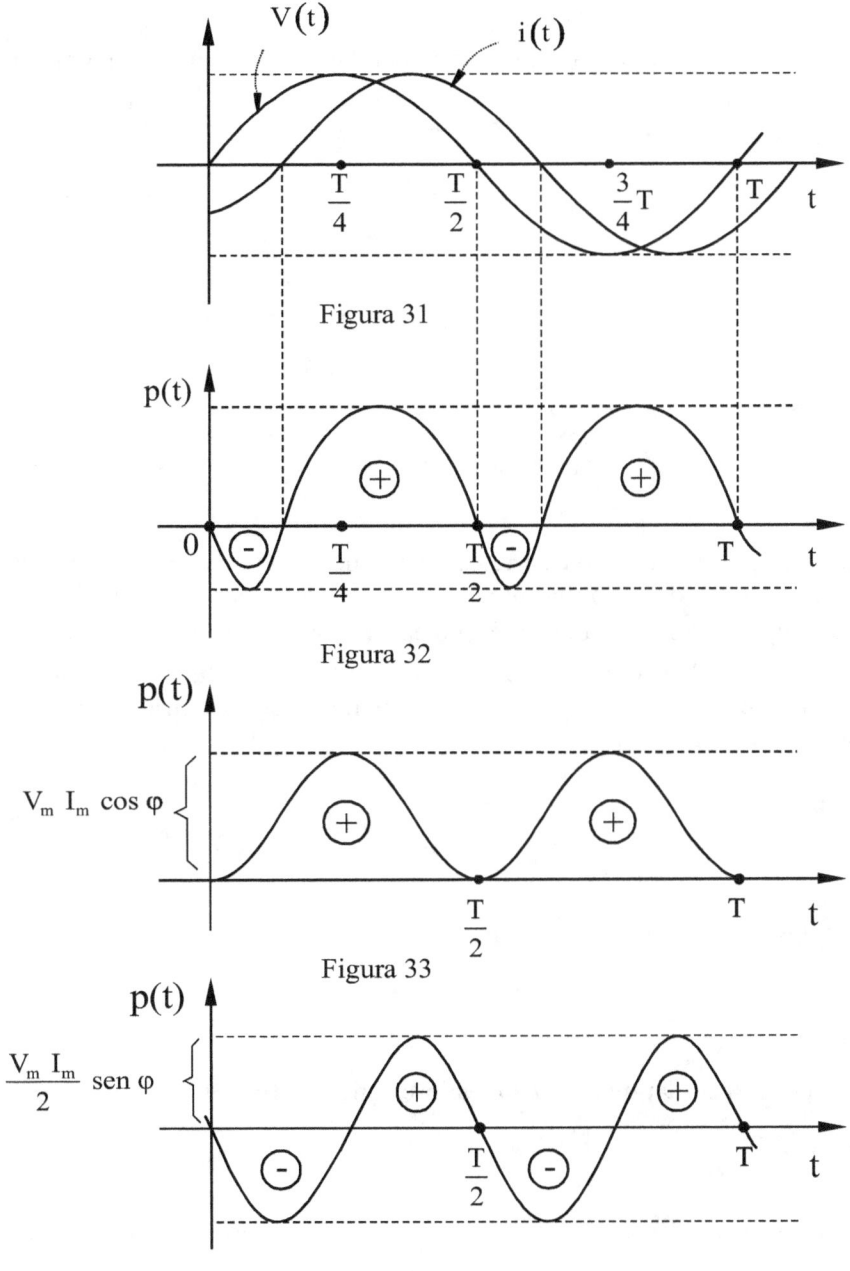

Figura 31

Figura 32

Figura 33

Figura 34

### 5.5.1. Valor medio de la potencia instantánea

Por la definición de valor medio de una función periódica (aquí de período $\frac{T}{2}$) es

$$p_m = P \triangleq \frac{1}{\frac{T}{2}} \int_0^{\frac{T}{2}} p(t)dt = \frac{2}{T} \int_0^{\frac{T}{2}} V_m I_m \cos\varphi \, sen^2(\omega t) \, dt - \frac{2}{T} \int_0^{\frac{T}{2}} \frac{V_m I_m}{2} sen\,\varphi \, sen(2\omega t) \, dt$$

esta última integral es nula pues las áreas (-) se cancelan con las (+), la primera integral da

$$P = \frac{V_m I_m}{2} \cos\varphi$$

pues

$$\int_0^{T/2} sen^2(\omega t)\,dt = \frac{T}{4}$$

luego como

$$V_{ef} = V = \frac{V_m}{\sqrt{2}}, \qquad I_{ef} = I = \frac{I_m}{\sqrt{2}}$$

resulta

$$P = VI \cos\varphi$$

denominada "potencia activa" porque es la parte de la potencia que se disipa en la carga, sin ser "devuelta" a la fuente. Para entender esto interpretemos los signos de las áreas: el signo (+) corresponde a la energía que fluye de la fuente a la carga (no es devuelta), en cambio el signo $(-)$ corresponde a la energía que fluye de la carga a la fuente (es devuelta). Esto último es posible pues si en el circuito existen capacitores y bobinas en ellos se acumulan energías eléctricas y magnéticas respectivamente, que no se "disipan"

## 5.6. Casos particulares

### 5.6.1. Resistor puro

En este caso $\overline{I}$ está en fase con $\overline{V}$, $\varphi = 0$ luego $P = VI$ o bien

$$RI^2 \text{ o } \frac{V^2}{R}$$

igual que en C.C., con tal de recordar que $V$ e $I$ son valores eficaces (o raíz media cuadrática).

### 5.6.2. Capacitor puro

En este caso $\overline{I}$ está adelantada $\frac{\pi}{2}$ respecto de $\overline{V}$, $\varphi = \frac{\pi}{2}$ luego $P=0$, no hay potencia activa, la potencia que se entrega a la fuente en un hemiciclo es devuelta por el capacitor en el siguiente hemiciclo.

### 5.6.3. Inductor puro

Idem al caso anterior (salvo el signo). En estos 2 últimos casos no "hay disipación de energía".

## 5.7. Potencia aparente compleja $\overline{S}$ y potencia reactiva compleja $\overline{Q}$

Es posible interpretar que $P = VI\cos\varphi$ es la parte real de un vector complejo $\overline{S}$ denominado "potencia aparente". En la fig.35 hemos dibujado al vector $\overline{S}$ suponiendo que $\varphi > 0$ (circuito inductivo). Podría creerse a primera vista que $\overline{S}$ es el producto de los fasores $\overline{V}$ e $\overline{I}$, pero no es así pues $\overline{S}$ no es una función del tiempo (no gira), en cambio el producto $\overline{VI}$ gira con velocidad $2\omega$, en efecto

$$\overline{VI} = V_m e^{j\omega t} I_m e^{j(\omega t - \varphi)} = V_m\, I_m e^{j(2\omega t - \varphi)}$$

Tampoco es $\overline{VI}$ el fasor potencia instantánea, pues esta es

$$p(t) = \Im_m \overline{V} \cdot \Im_m \overline{I} = V_m sen(\omega t) I_m sen(\omega t - \varphi)$$

que no es igual a

$$\Im_m \overline{V}\,\overline{I}$$

Para lograr $\overline{S}$ hay que multiplicar $\overline{V}$ por el conjugado de $\overline{I}$ (que indicaremoscon $\overline{I}^{\,*}$)

$$\overline{S} = \overline{VI}^* = \frac{V_m}{\sqrt{2}} e^{j\omega t} \frac{I_m}{\sqrt{2}} e^{-j(\omega t - \varphi)} = V\, I\, e^{j\varphi}$$

vemos que no depende de $t$ y además se cumple que:

*Parte real* $\Re e\, \overline{S} = VI\cos\varphi$ (***potencia activa***). Es la potencia que el circuito "disipa" o transforma . No es devuelta al la fuente.

*Parte imaginaria* $\Im_m \overline{S} = VI\, sen\,\varphi$ (***potencia reactiva***). Es la potencia que no se disipa, está "entretenida" entre la fuente y la carga.

En la fig.35 se muestran $\overline{S}$, $\overline{P}$, $\overline{Q}$ para $\varphi > 0$ . Se denomina *"triángulo de potencias"*

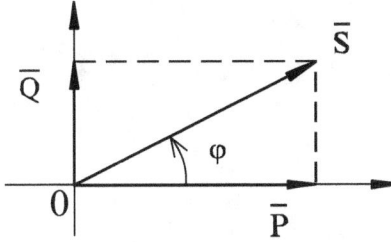

Figura 34

**Nota**

*¡Cuidado! hay autores que utilizan un ángulo* $\theta$ *que es el* $-\varphi$ *nuestro y hacen* $\overline{S}$ *hacia abajo para una carga inductiva.*

## 5.8. Circuito serie R-L-C

Es interesante señalar que al ser la corriente $I$ (eficaz) común a los 3 elementos R,L,C, es posible escribir

$$P = I^2 R; \qquad Q = I^2 X = I^2\left(\omega L - \frac{1}{\omega C}\right); \qquad S = I^2 Z$$

de modo que

$$\overline{S} = I^2 \overline{Z} = I^2\left[R + j\left(\omega L - \frac{1}{\omega C}\right)\right]$$

**Nota**

*Al* $\cos\varphi$ *se le denomina "factor de potencia" y las empresas de energía eléctrica exigen que* $\cos\varphi$ *sea alto, así no hay gran potencia reactiva "entretenida" entre las fuentes (generadores) y las cargas. En clase se harán más comentarios y ejercicios.*

# Bibliografía

✦ **Reitz-Milford**. *Fundamentos de la Teoría Electromagnética*. Editorial Uteha.

✦ **Panofsky-Phillips**. *Classical Electricity and Magnetism*. Editorial Adison Wesley

✦ **Nikolski, V.V**. *Electrodinámica y propagación de ondas*. Editorial Mir.

La presente edición de
*Electromagnetismo (Física II)* - se
terminó de imprimir en Universitas
en el mes de marzo de 2020.

Impreso en Argentina

www.ingramcontent.com/pod-product-compliance
Lightning Source LLC
Chambersburg PA
CBHW081507220526
45467CB00010B/2824